編著

蔡宜潔 ╳ 吳利平 ╳ 王

U0078473

年輕人，想什麼？
當個主管也太難了！

被動、自以為是、愛頂嘴、特立獨行……
年輕人就是這麼愛搞怪，身為上司應該怎麼辦？

『現在的年輕人啊！真的很難管啊！』

想要多多親近下屬，卻與他們格格不入？
年輕人到底在想什麼？要怎麼樣才可以凝聚員工的向心力？
本書提供三十六種現代企業管理方法，助你輕鬆坐穩主管位子！

崧燁文化

目錄

目錄

目錄

目錄

前言

　　人才的競爭，決定著現代企業競爭的成敗。成功的企業和成功的老闆無一不是在用人方面有獨到之處。人有百百種，形形色色，如何把一個人用得恰當，用得正確，是一部永遠也念不完的經。

　　一個由優秀員工組成的團體，能夠戰勝任何艱難險阻，使事業蒸蒸日上；如果用人不當，在用人上出現麻煩，會損耗公司的元氣，牽扯老闆的精力，整天忙於應付人事紛爭，就不可能有時間和精力操持公司業務。

　　因此，主管必須認真考察自己的下屬，做到因人而用，因事而用，因才而用，不能胡亂安排，否則只是多養幾個廢物。用人的工作就是建立團隊，制定目標，協調團隊以最終達成目標。

　　用人的學問博大精深，奧妙無窮，「得一人而得天下，失一人而失天下」，用人高手可以四兩撥千斤，決勝千里，易如反掌，而用人平庸的領導者就算是手下強將如雲，也會感到無所適從，遲早會一無所有。用人要有條有理，有板有眼，有進有退，有剛有柔，有該管有不管的，個中分寸，不能一言蔽之。

前言

　　本書結合傳統奇謀「三十六計」中的謀略方法和現代企業管理的方法，分別從選才、用才、管理、賞罰等方面，總結了成功企業用人的經驗和教訓，既有一般的原則，又有具體的實施方法，適應中小企業、私人企業老闆的實際情況，是老闆用人不可多得的工具。

第一計
德才兼備

選才的目標原則

　　選才比識人更進一步，這就要看領導者在識人的基礎上靠什麼方法選出自己的人才。俗話說：「不成規矩，怎成方圓。」領導者選人若離開一定的標準，無目標的進行找人，而不是選才，可以想像企業團隊雜亂無章，不成體統。所以領導者從高從嚴、有眼光有才智的選才，必須得堅持一定的原則。

　　作為指導選擇用人行為的思維，應該是：根據不同的職位需求，來選擇具有與此相應的能力的人才。在這一思維影響和制約下形成的原則，就是大膽選擇最能圓滿完成任務、最能首先實現管理目標的人才，即目標原則。

　　目標原則的確立及其在用人實踐中的靈活運用，情況比較複雜，通常會遇到許多難點和敏感區，甚至很容易「犯忌」。為了正確領會這一重要的用人

第一計　德才兼備

原則，我們從下面 3 個方面來作進一步闡述：

（一）目標原則的確切含義

有人以為，提倡目標原則，就是「重才輕德」，有悖於德才原則的宗旨，這顯然是一種「誤解」。

其實，目標原則不僅和德才原則完全一致，而且是德才原則在選擇人才階段的最充分、最具體的表現。

所謂目標原則，就是指在遴選人才階段，領導者為了實現既定的管理目標，而根據不同的職位的需求，來選擇具有相對應的德才能力的人。這一重要的用人原則，通常只適用於對人才的遴選階段。

根據這一定義，我們不難看出，目標原則至少包含著以下 7 層含義：

① 選擇人才的唯一標準，必須是人才的能力與職位的需求相對應。

② 選擇人才時優先考慮的，是人才具有哪些可供選擇的突出要素（即長處和優勢），這些突出要素，構成了某個人才能被其他人才群體所接受的「搭配素養」，在許多情況下，德才素養「完美」的人，也許其「搭配素養」不一定占有明顯優勢，而有些德才素養存在一些「不足」的人，卻在另一方面擁有較好的「搭配素養」，這正是目標原則著意挖掘的重點。

③ 德與才的配比狀況，直接影響和決定了人才完成任務的能力的高低，與此同時，人才獲取的有效價值能否被客觀環境所接受、所承認（既順利轉化為存在價值），又和德的四大要素密切相關，這就決定了領導者在選擇「最能圓滿完成任務」的人時，勢必兼顧下屬的德和才，而不可能置德於不顧，對此，目標原則是不至於引起什麼「誤解」的。

④ 德才「完美」但卻不能「實現目標」，那麼，這種「完美」就失去了意義和價值，反之，儘管德才不那麼「完美」，但卻能順利「實現目標」，那麼，這種不盡「完美」的人，才是值得領導者優先選擇的。

⑤ 在某一環境不能「實現目標」的人，並非在任何環境都不能「實現目標」，為此，實現目標原則，勢必推動和鼓勵人才流動的進一步推廣和深化。

⑥ 世上絕無固定不變的目標，因而也就絕無永遠擅長實現這一目標的「突出要素」，從這個意義上講，任何人才，唯有不斷更新知識，增加才華，才能不被目標原則所淘汰。

⑦ 運用目標原則選擇人才，是否會選中某個德劣才優者呢？作為一種在特殊情況下的「被迫」選擇，這不僅是可能的，而且也是完全必要的，當然，這只是在極特殊的情況下發生的極個別的現象。

（二）目標原則的靈活運用

在通常情況下，**領導者衡量下屬實現目標的能力的高低**，主要應充分考慮以下 6 個方面的重要因素：

① 以人才能力是否和職位能力相對應來衡量實現目標的能力。這是一種比較常見的選才方式。在職位固定的情況下，領導者為了選擇合適的人選，勢必根據職位的不同層次、不同類別以及他在整個管理機構中占據的位置，發揮的作用，來考慮勝任這一職位工作的最佳人選。

② 以事情的性質和難度來衡量實現目標的能力。這也是一種十分常見的選才方式。在職位不固定的情況下，領導活動對參與者的能力要求，就會在事情的性質和難度上表現出來。為此，領導者在考慮將

某件事交給誰辦時，首先就得考慮此事的性質和難度，它在整個領導活動中所占據的位置，以及他對整體的影響。只有清楚的認知到這一點，在領導者心目中，他所要實現的目標才能清晰的顯示出來，根據這一目標要求去選擇合適的人選，才能令領導者滿意。

③ 以人才是否具有符合團體組合要求的「搭配素養」來衡量實現目標的能力。

在眾多的人才團體中，幾乎沒有一臺「機器」對「零件」的要求是完全相同的，它不像生產機床，某一型號的零件可以組裝到任何一臺同一型號的機床上去。這一點，決定了組建人才團體的複雜性，同時也為領導者提供了廣泛選擇用人的「伸縮度」。

領導者在組建人才團體時，必須優先考慮團體的組合要求，並以此來確定選才的具體標準。所以，當某些德才素養很不錯的人才竟然落選，而另一些德才素養並不「完善」，但在搭配素養上卻具有明顯優勢的人才反而受到領導者的「青睞」時，我們對此也就不會再感到奇怪了。

④ 以整體人才效益的成長值來衡量實現目標的能力。領導者用人的根本目標，歸根究柢，就是為了充分激發多數人的積極性，盡可能提高整體人才效益（包括每個人的人才效益）。有時候，局部人才效益和整體人才效益是一致的，當領導者選用某個人才或某幾個人才時，不僅那幾個被選用的人受到鼓舞，提高了工作積極性，而且絕大多數員工也感到十分滿意，受到了鼓舞，從而極大的提高了整個地區和單位的整體人才效益；也有時候，局部人才效益和整體人才效益不盡一致，甚至完全相反，當領導者選用了某個「人才」或某幾個「人才」時，一下子就把絕大多數員工「惹惱」了，大家都不再好好做了，這就造成整體人才效益的「減值」。顯然，今後遇到後一

種情況，就得慎重權衡利弊關係了。在通常情況下，整體人才效益的成長值，可有 3 種情況：

其一，得大於失。

其二，得等於失。

其三，得小於失。

充分發揚民主，盡量增加選才行為的透明度，是領導者在選才階段必須遵循的一條行為準則，也是正確執行目標原則的一條有效途徑。唯有做到這一點，才能避免出現「提拔一個，挫傷一片」的被動局面。

⑤ 以能否深刻領會和堅決貫徹領導者的意圖來衡量實現目標的能力。這是一種存有一定爭議的選才方式。領導者選擇下屬，如同教練選擇運動員一樣，倘若某甲球藝再精，品德再好，上了球場就是不能按照教練的意圖打球，那麼，他怎麼可能去實現教練確定的目標呢？領導活動，比運動員的打球自然要複雜得多，為了順利實現領導者確定的目標，必須嚴格要求每一個下屬都能深刻領會並堅決貫徹領導者的作戰意圖，唯有這樣，所有的參加者才能組合成一個團結協調的、有戰鬥力的整體，在方向一致的前提下形成一股強大的「合力」，十分圓滿的完成領導者交辦的任務。因此，從領導者角度出發，這種選才方式是可取的。

⑥ 以是否具有「突出要素」來衡量實現目標的能力。這是一種難度比較高的選才方式，它要求領導者具有非凡的策略眼光和敏銳的觀察力。在構成人才的德才結構的各種要素中，對於每個人才來說，總有某一兩種要素顯得比其他要素突出，從而在這些方面形成這個人才所特有的「強項」。也有時候，在一群人中，某甲的「強項」和其他人的同類要素相比，並不占有明顯優勢，與此相反，某甲的「弱

項」和其他人的同類要素相比，卻反而占有令人驚訝的絕對優勢，於是，某甲的「弱項」和其他人的同類要素相比，在整個人群中，就轉化為唯我莫屬的「強項」，而他在這方面的某一兩種要素，也就自然成了突出要素了。

在選才過程中，領導者衡量下屬實現目標的能力，需要考慮的因素，當然遠不只上述 6 個方面，但最主要的是這 6 個方面。

領導者只要能夠始終抓住衡量實現目標的能力這一重要環節，並根據不同的目標，不同的情況，以及不同類型的被使用對象，實事求是的及時調整選才的「尺度」，就一定能夠靈活運用目標原則，為自己選出最理想的實現目標的下屬。

從實用的角度出發

領導者必須牢記一點，選才就是知人善用。一個「用」字，說明不能讓人才閒置起來，而要因人而用、因事而用。這兩個「用」的標準，切忌被草率待之。

人才是陶冶而成的，選用時千萬莫眼光太高，斷言無人才可用。如果領導者換個眼光選用，就其才用其才，那不處處都是人才了嗎？

求得人才的最佳方法是「以類相求，以氣相引」。這就是說首先我們要有求賢若渴的精神，必須像戰國時代的巨賈白生做生意那樣善於經營，或者像凶猛迅捷的雄鷹獵取食物那樣勇敢頑強，不達目的誓不甘休。其次要準備好迎接人才的條件。鑄選銅錢，首先要有模子，捉野雉首先要馴養雛作為媒鳥；要想得到人才，自己首先要有個重視人才、愛護人才的智慧。賞識提拔也要由人才的分量而出。選拔人才的方法中還特別值得一提的，就是應當先

求將而後選兵。當將才樹立後，他會按照自己的標準去選擇屬下，或用自己的德行去影響屬下，這樣必須使上下步調和諧一致，對敵則無往而不勝；若是本末倒置，那就好比想抖落衣服上灰塵的人，不提衣服的領子，反而揪住它的一部分，這樣做的結果不是在保護衣服，反而是在損壞衣服，其結果是必將自斃。

在選拔人才的方法中最不可取的方法是以利相誘，這樣會使應徵者的動機不純，使你不能了解其真實面目；當你覺得他可以放心時，他說不定何時反戈一擊，投向給他更多利益的人。所以，以利相誘是一種短視行為，但這與前面所說的為人才準備良好的條件並不矛盾。選拔人才是為了使用，善待人才，這是我們首先應該為人才想到的天經地義的事情。

人才的不同類型

大千世界，沒有兩片相同的樹葉，也沒有性格完全相同的人。不同性格、性情的人適宜做不同的工作。用人者必須掌握手下人各自不同的性格特徵，來全面衡量一個人的才能，因人而異，量才而用。

（一）正常型

心胸開朗，辦事執著，專心任事，心無旁鶩，神經情緒穩定，不產生激動與失常之行為。能自主、沉著、不怕失敗和困難、適應能力強、平易近人、機智、友善、可愛、且不胡亂猜忌別人。

（二）自私型

傾向自我中心，希望不勞而獲，專為自己打算，一點不肯吃虧，常輕視

捉弄別人。人性多屬自私，但後天教養及其環境可使其潛移默化。

(三) 深沉型

深於城府、有素養、有謀略、堅忍、能守祕密。

(四) 粗疏型

愚笨輕佻，口不擇言，遇事不經考慮遂下判斷，率先發表意見，輕諾，行動粗枝大葉。

(五) 狂熱型

具有過分強烈的熱情，易為某種理由的運動而瘋狂，常極端冷酷，隱藏仇恨，有時突然爆發，陷入瘋狂憤怒中；運用監督適當，能令其從事需要極強注意力的精細工作。

(六) 學者型

多有點自傲，說話有條理，有分寸，從容，不在乎世俗。

(七) 膚淺型

私智自用，小慧自炫，遇人好道己長，好發表意見，大驚小怪，小事煞有介事，不能抑制感情流露。特徵是說話囉嗦，令人厭煩。

(八) 狂慮型

常處於兩種交替階段，時冷時熱，活躍時喜社交、樂觀、趾高氣揚；消沉階段則相反，易沮喪、悲觀、憂慮、怠惰、反應冷淡。

（九）幻想型

以白日夢幻想來逃避眼前現實，通常智力較高，其想像力若用之於正途，可為甚高之創造力。

（十）猜疑型

具高度想像力而偏向於猜疑，常常產生攻擊他人之意念，一味責備別人，自大、自誇、吹噓、難自我控制。特徵是未提示明確的證據，絕不聽信任何說明或理由。

（十一）虛偽型

掩過飾非，喜歡做作，謙遜過分（過謙者多詐，過默者藏奸），皮笑肉不笑，給你不虞之譽，甘言對人，但甜言蜜語盡是虛情假意。有人曾言：「虛偽之人為智者所輕蔑，愚者所嘆服，阿諛者所崇拜，而為一己之虛榮所奴役。」

（十二）不羈型

喜歡自由自在不受拘束，得志為亂世奇才，失意則玩世不恭。

（十三）無用型

平時說得天花亂墜，一遇實際問題則束手無策。

（十四）遠大型

一面努力現在，一面不滿現狀；有目標、有毅力、致中和、尚禮義、追求進步、實踐創新，失敗從不灰心畏縮，充滿信心希望：能為人所不能為，為人所不敢為；身心平衡，頭腦機敏；克制感情，關心他人；勇於認錯，勤

於進取，能屈能伸，不貪不侈。此型人物前途遠大。

(十五) 老實型

秉性忠厚，心地單純，反應遲鈍，易為人欺。

(十六) 自大型

高視闊步，予智自雄，色厲內荏，驕傲狂妄，好為大言卻無辦法，老大而不求立功，瞧人不起，不務實際，炫耀過去，厭聽別人長話，常多牢騷。特徵是唯我獨尊，目中無人，態度傲慢，令人側目。

(十七) 陰險型

笑裡藏刀，內心惡毒，喜背後說人壞話，挑拔離間，行動詭祕，態度曖昧；當面奉承，口蜜話甜；暗加陷害，詭詐陰險；貌似朋友，熱情撲面，實則利用，借刀殺人；造謠生事，心狠手辣，尚自以為手段高明，得意非凡。

(十八) 勢利型

毫無信義，只講利害，有奶便是娘，擅長吹牛拍馬，得勢時受其諂媚尊敬，失勢時受其漠視，甚至出賣。

(十九) 流氓型

橫眉豎目，滿臉凶相，肆意謾罵，一身流氣；迷信暴力，欺壓善良，恐詐哄，乃其專長；有時亦偽裝可親，自命英雄好漢，為非作歹成習，惡性往往難改。一旦為大奸巨惡所利用，則鷹犬之材，爪牙可任；其氣焰之囂張，乃因國家法治之不張及好人之袖手旁觀。有時混入朝堂，為害之大，更難估算。

（二十）豬鬃型

醜如野豬，狡似騷狐，虺蝎為心，豺狼成性，擅長信口雌黃，任性誣衊他人。其行為乖僻，居心叵測，集自私、虛偽、陰險、勢利、流氓之大成。但因其性奸反名忠，心毒卻稱義，往往易在混水中興風作浪，利用環境，栽誣害人；鬼蜮伎倆，凶殘作風，而使仁人寒心，正士切齒。對於此類魔鬼門徒，社會蟊賊，絕不能姑息縱容，唯有宰豬拔毛，除惡務盡。

似是而非的「人才」

人世間有許多假象，人身上也有許多似是而非的東西，看似優點，實則致命之缺點。用人者不要被假象所迷惑，要透過現象看本質，才能發現和用對具有真才實學之人，而不會魚目混珠。

（一）華而不實者

這種人口齒伶俐，能說會道，口若懸河，滔滔不絕，乍一接觸，很容易給人留下良好印象，並當作一個知識豐富、又善表達的人才看待。但是，須分辨他是不是華而不實。華而不實的，善於說談，而且能將許多時髦理論掛在嘴上，迷惑許多識辨力差、知識不豐富的人。

三國鼎立之時，北方青州一個叫隱蕃的人，逃到東吳，對孫權講了一大堆漂亮的話，對時局政事也做了分析，辭色嚴謹正然。孫權為他的才華而有點動心，問陪坐的胡綜：「如何？」胡綜（也是一個了不起的人才）說：「他的話，大處有東方朔的滑稽，巧捷詭辯有點像禰衡，但才不如二人。」孫權又問：「當什麼職務呢？」「不能治民，派小官試試。」考慮到隱蕃大講刑獄之道，於是孫權派他到刑部任職。左將軍朱據等人都說隱蕃有王佐之才，為他

的大材小用叫屈，並親為接納宣揚。因此，隱蕃門前車馬如雲，賓客盈集。當時人們都奇怪這種有人說隱蕃好，有人說隱蕃壞的情況。到後來，隱蕃作亂於東吳，事發逃走，被抓回而誅。對似是而非人的辨識的確不易。

（二）貌似博學者

這一類人多少有一些才華，也能旁及到其他各門各類的知識，泛泛而談，也還有些道理，似乎是博學多才的人。但是，如果是博而不精、博雜不純，未免有欺人耳目之嫌。貌似博學者大多是青少年時讀了些書，興趣愛好者還廣泛，但是因為小聰明，或者是未得明師指點，或者是學習條件與環境的限制，終未能更上一層樓，去學習更精專、更廣博的東西。待學習的黃金年齡一過，雖有精專的願望，但是已力不從心，最終學識停留在少年時代的高峰水準上，不能再進一步。即使有這樣那樣的深造環境，由於意志力的軟弱，也只得到一些新知識的皮毛。這種人是命運的悲劇，尚可以諒解。如果是以貌似多學在招搖撞騙，則不足為論了。

（三）不懂裝懂者

不懂裝懂的人，生活中著實不少，尤其以成年之後為甚，完全是因為愛面子、怕人嘲笑的緣故。有一種不懂裝懂者是可怕的，他會因不懂裝懂，替企業帶來許多損失，尤其是技術上的。還有一類不懂裝懂者，是為了迎合討好某人，這種情況，有的是違心而為，在那種特殊場合下不得不如此，有的則是拍馬屁，一味奉承。

（四）濫竽充數者

這一類人有一定的生活經驗，知道如何明哲保身，維護個人形象。總是在別人後面發言，講前面的人講過的觀點和意見，如果整合得巧妙，也是一

種藝術，使人不能覺察他濫竽充數的本質，反而當作精闢見解。這種人也有他的難處，如南郭先生一樣，想混一口好飯吃。如果無其他奸心，倒也不礙大事，否則，趁早炒魷魚，或疏遠之為妙。

（五）避實就虛者

這一類人多少有一點才能，但總嫌不足，用一些旁門左道的辦法坐到了某個職位上去。當面對實質性的挑戰時，比如現場提問，現場辦公，因無力應付，就很圓滑的採用避實就虛的技巧處理。按理說，這也是一門本事。這種人當副手也還無大礙，但以小心為前提，否則他會悄悄的捅出一個無法彌補的大問題來。

（六）鸚鵡學舌者

自己沒有什麼獨到見解和思想，但善於吸收別人的精華，轉過身來就對其他人宣揚，也不講明是聽來的。不知情者，自然會把他當高人來看待。這種性質，說嚴重一點，是剽竊，因不負法律責任（如果以文字的形式出現，比如論文、書刊，則性質比言論要重得多），因而會大行其道。這種人沒什麼實際才能，但模仿能力強，未嘗不是其長項，也可加以利用。

（七）固執己見者

這種人不肯服輸，不論有理無理都一個樣。這類理不直但氣很壯的人，生活中處處可見。對待他們一個較好的辦法是敬而遠之，不予爭論。如果事關重大，必須說服他，才能使正確的政策方針得以實施。首先應分析他是哪一類人。本來賢明而一時糊塗的，以理說之，並據理力爭，堅持到底；私心太重而沉迷不醒的，則用迂迴曲折之道，半探半究的講到他心坎上去；實在是個糊塗蟲，不可理喻，頑固不化的，就動用權力強迫之。

細微之處見真才

　　領導者的眼力之所以重要，是因為必須從小中見大，從近中求遠。能奔馳千里的駿馬，如果遇不上善於駕駛的馬夫，就會被牽去與驢騾一同拉車；價值千金的玉璧，如果遇不上善於識玉的玉工，就會被混合於一般石頭之中。人才如果遇不上伯樂，就會被埋沒。這充分說明識才至關重要。

　　荷葉剛剛露出水面一個小小葉角，早有蜻蜓立在上邊了。好的人才一出現，就會被目光敏銳者所發現。

　　沒有比了解辨識人更難的事情，也沒有比了解辨識人更大的事情，如果真正能了解辨識人，那麼天下就沒有辦不成的事情。

　　不了解人就不能很好使用人，沒有很好的使用人就是因為沒有了解人。

　　對一個人了解越深刻，使用起來就越得當。

　　俗話說，一葉可知秋，任何事情在局勢明朗之前，肯定都會有其前兆。具有慧眼的人會根據這些細微之處，正確判斷出事態的發展而採取相應的行動。要想獲得成功就必須把自己培養成形勢判斷的高手，從而把行動的主動權牢牢掌握在自己手中。

　　大海也不知道自己有多大，所以可以容納江河，君子的積德，也就像這大海一樣。所以大泉容納小泉，水池容納大泉，水溝容納水池，水渠容納水溝，溪流容納水渠，川流容納溪流，湖澤容納川流，江河容湖澤，而最後歸到大海。做領導者的只有德能和度量都具備，而後下屬就沒有不服從的了。領導者如果能用德能招收人才，用度量容納人才，那麼事業就能蒸蒸日上。相反，如果領導者德能不寬廣，又不能招引人才；度量不宏大，又不能使人安心，那麼就必然招來災禍。

　　清代林則徐曾寫過一副堂聯：「海納百川，有容乃大；壁立千仞，無欲則

剛。」「有容」，即有寬廣的胸懷，寬以待人；「乃大」指胸懷寬廣之人，必如江海之大，容納百川，成我大事。古今無論是卓越的政治家，還是傑出的企業家都是既能用人之長，又能容人之短的。用人處事倘若看不到別人長處，聽不進不同意見，一有缺點就貶，一有過失就免，這樣「則世無可用之才」。從細節識人，觀其習慣，知其修為，察其先兆，知其後果，察其已知，推其未知，則窺一孔而知全貌，高素養的用人者不妨使用此法。

如果領導者能從細微處著眼，看見別人看不見的東西，那麼就能讓人才在某一點上閃光發亮，為企業製造意想不到的價值。

透過現象看本質

領導者不能被下屬外表弄花眼，而應由表及裡，抓住他的實質，才能選定下屬。

別人對你的第一印象，往往是從服飾和外表上得來的，因為穿著服飾往往可以表現一個人的身分和個性。畢竟，要對方了解你的內在美，需要長久的過程，只有儀表能一目了然。

（一）平常喜歡穿著隨意不修邊幅的人，會使人產生不尊重別人的感覺。活潑、鮮豔、式樣隨意一些的服飾，使人感到富有生活情趣，不拘一格。

（二）人們對於穿得整齊的人，總是較有依賴感的。

（三）衣冠不整、蓬頭垢面讓人聯想到失敗者的形象。而完美無缺的修飾和宜人的體味，能使你在任何團體中的形象大大提高。

（四）在服飾儀表方面，成功人士的衣著一般趨向保守和不逾越身分，並盡可能符合公司的要求。

（五）專業人員的服裝標準常常可以根據該公司經營的種類、產品或服務的性質、公司位置、公司歷史與傳統等等來確定。站在電梯或什麼出口處，比較一下進進出出的人們的衣著形象，可以感知他的職業和地位。

（六）對工作負責的人為了自己的工作，不會胡亂穿衣。穿特質過得去的衣服，才具有成功者的形象。

（七）過分裝飾打扮的人是沒有自信心的表現。

　　一個應試者衣冠楚楚自然會令老闆賞心悅目，但要記住：華麗的外表未必能說明應試者本事的大小。公司需要的是人才，而不是時裝模特或電影明星。一個穿著隨便的人也許會成為公司業務發展的棟梁之才。

　　人靠衣裳馬靠鞍，三分長相七分妝。服裝和諧美，在於與穿著者的年齡、性格、職業、膚色、地區、風俗習慣等相稱。年幼者，活潑、好動，宜穿寬鬆便於活動的服裝；年輕者，尚時髦、好風流，宜穿流行、豔麗色調和多裝飾、能展現身材曲線的服裝；中年人，宜穿典雅、溫和的色調和協調大方的服裝；老年人，穩重，宜穿淡雅樸素和諧的色彩和對稱、莊重的服裝。

　　一般領導者還容易犯的另一種觀貌識人的錯誤是過於注重文憑。當應試者亮出知名大學的文憑時，有的領導者會因此被震懾住，而對於那些畢業於名不見經傳的學校的人往往根本不加考慮。在這個問題上，當領導者需要記住：作為雇主，你將要倚重的是他本人的才能，而不是他所畢業學校的名氣。如果一個領導者很容易被應試者的文憑所迷惑的話，他往往會失去人才而得到一群庸才。

　　在用人的實際過程中，有些領導者往往被下屬的外表和漂亮的言辭所欺騙，委以重任，結果是「一顆老鼠屎壞了一鍋粥」。因此，不以貌取人，而以才用人是領導者必須掌握的識人原則，否則你自己也是庸人一個。

當個「好伯樂」

領導者的本領不在於自己猛衝猛打，而在於自己能像個伯樂一樣，挑出幾匹好「馬」，齊心協力做出一番事業來。因此，領導者一定要掌握揣人之情、知其所欲的本領，下面的三個方法不妨一試：

（一）在對方最高興的時候，去加大他們的欲望，他們既然有欲望，就無法按捺住實情。

（二）在對方最恐懼的時候，去加重他人的恐懼，他們既然有害怕的心理，就不能隱瞞住實情。

（三）已經受到感動之後，仍不見有異常變化的人，改變對象，向他親近的人去遊說，這樣就可以知道他安然不為所動的原因。

楚山的璧玉價值萬金，如果卞和不把它剖開，就和石頭一樣了。說明辨識人才很重要。

得到十匹好馬，不如得到一個伯樂；得到十把寶劍，不如得到一個莫邪。

駿馬雖然跑得很快，但如果沒有遇見伯樂，也就無法一日而行千里了。比喻人才要靠人辨識、發現。

識人標準有三：一曰德，二曰量，三曰才。德即剛直無私，忠誠廉潔，而不能只是庸庸碌碌，無人誹謗也無人讚揚。量，指能接受正確意見，容納賢才，而不能只是城府深，能忍耐，保住俸祿和地位。才，指奮發有為，能隨機應變，而不能只是耍小聰明，口齒伶俐，寫公文熟練。

透過交談去直接了解人性是最重要的方式。要注意在交談中不能有任何不適合的氣氛和環境。應當創造一個自然的、愉快的、輕鬆自如的談話氣氛。不一定要有目的的提什麼關鍵問題，可以隨心所欲的談些無關緊要的話題。在談話中，透過對方發表的對各種問題的看法和採取的態度，去掌握他

的心理、個性和胸懷，要善於區分對方的話語中哪些是真實的、能夠展現其個性的語言，哪些是信口開河、不表示任何意義的語言。

　　激將識人之法對於了解男性或性格剛強的人的心理是很有效的。激將法的祕密在於其所運用的叛逆心理。所謂叛逆心理，指的是在某種特定條件下，某些人的言行跟當事人的主觀意願相反，產生一種與常態性質相反的逆向反應。這種現象在日常生活中是屢見不鮮的。比如某篇文藝作品本來不大引人注意，但一經評論，便會引起人們的極大興趣：某些東西越是嚴禁，人們就越是希望得到它。舉一個最簡單的例子，你當著某人的面，說他做不了某件事情，對此有些失望等等，他便會立刻想方設法去做成這件事，讓你知道你對他的猜想錯了。透過這一激一反，你可以從中觀察出他的心理特點和性格中的獨特之處。在運用這種方法時，要注意分寸，要從善意出發。

　　透過觀察去了解他人是一個良好途徑。觀察法是指在特定的環境中，對某個人的各種表現、待人接物等等方面進行考查，得出綜合印象，再經過自己的分析加工，最後掌握其本質特點。這種方法是最易於實行的一種方法。因為它既不需要觀察者去親自接觸其觀察的對象，也不需要有意安排或預先準備，只須經常與其一起參加活動，能夠在各種場合中看到其表現就行了。觀察法又分為橫向觀察與縱向觀察。前者是說要觀察其在與各種人交往，遭遇各種事情時的態度、方式、風格、優點、弱點等；後者是說要有一段時間的觀察，比如 1 個月、2 個月、半年、1 年等。因為僅透過一兩次的觀察，很難完整的了解一個人，必須要經過一段時間，從動態的方面去掌握對象，才會形成完整的印象。

　　上述幾種方法都是當事人親身與所要了解人正面接觸上獲得結果的。而調查法則不必如此。它透過與被了解者的朋友、家人、同事、上下級等交談，從這些人反應中獲得資訊。這種方式所獲得的資訊，僅是第二手資

訊，不如前三種方法所獲得的資訊可信度高。一般來說，你所接觸的被了解者周圍人的範圍越廣，這些人的個性越成熟，你得到的印象就越正確。但是，若想真正了解一個人，最好的辦法還是親自與他打打交道，這是最有效的方法。

有人說，領導者是指揮大師，不懂得幾招硬工夫，是無法調度手下的。這話有道理，要求領導者親自體察下屬的一言一行，掌握其能力，在心中形成一個譜，切忌聽信一面之辭。

第二計
度身量衣

一定要適合自己

　　招人不是抓住一個是一個，關鍵要看他（她）是否符合自己的需求，是否和自己對盤。否則，那些被招來的人就會成為領導者的包袱。因此，急自己之所急，需自己之所需，防止盲目招人的方法，千萬別犯「閉門買履」的錯誤。

　　「最好的不一定適合自己，適合自己的卻是最好的。」領導者在招人的同時，別忘了這句「愛情」法則也同樣適用，只能穿適合的「鞋」，才不卡腳，不拖拉，用人也不外乎此理。

　　從公司內部選拔人才，新領導者得從外面聘用合適的員工。一般來說，現代企業通常採用公司內外同時展開公平挑選的方法，以便讓公司中懷才不

遇或自視才高的人有機會與其他人競爭。

其實聘用員工也是新領導者最重要、最具吸引力的工作之一。它使新領導者有機會把新人才和經驗引入公司，以便將來打造新的組合。

徵才是公司的一扇門，必須打開大門讓有用的人才進來，新領導者要掌握有效的徵才方法，敞開大門，把適合公司的人才源源不斷的請進來。

國外在招聘人才方面有其特別的一套方法。

如有的公司在招聘員工時，十分強調專業性，要求應徵者具有很好的專業知識。

有的在招聘考試時，請專業心理學家設計專題，或者自己出考題，進行深入的測試。

更有些公司在面試結束後，舉辦一次宴會，酒不限量，看看應徵者如何應付喝酒。如果有人醉倒一旁，他們就不能接納這種與海外客戶打交道時將會出洋相的員工。

有的領導者還試圖尋找他們的性格弱點，注意態度而不是學術成就，注意其人的個性而非資格。

不管採取什麼方法，新領導者在招聘員工之前要非常清楚公司到底需要什麼人。公司到底需要什麼樣的人才，這是招聘成功的關鍵。當你決定招聘員工之前，你必須清楚的了解這次工作需要怎樣一個人，同時對公司內的各個職位進行了解，哪些職位缺人，有哪些具體要求？在打算公布招聘宣傳廣告之前，還可向自己提出如下問題：

（一）公司朝什麼方向發展？擴展多樣化還是縮小規模？

（二）我真的需要派人員到這個職位上去嗎？

（三）能否重新安排工作，以至不用招聘？

（四）能否將工作分包出去？

（五）能否重新培訓公司裡的某個人去擔任這個職務？

（六）有沒有為將來的發展更新職務說明書？

（七）有沒有寫過個人工作規範？需要什麼特別品格、資格和技能？

之後，新領導者可以按如下步驟操作：

（一）寫出職務說明書

（二）擬出個人工作規範

（三）找出合適的申請者

（四）挑選面談應試人

（五）準備面談

（六）與候選人面談

（七）體檢

（八）確定最佳申請人，發出錄取通知

招人才的祕訣

對領導者而言，招人是保證企業內部人才不發生斷層的基本手段。一個企業人才越多，企業的活力就越大；相反，人才缺少，只能引起危機意識。因此，招人是一種「接棒」的方法。成就大業，領導者有一呼百應之能力；招用員工，領導者以知人善任為指導原則。那麼，領導者如何招來所需之人呢？

（一）了解你要找什麼樣的人

在面談之前，確實的了解清楚某一特定工作所需的技術能力及人員特質。

（二）坦白陳述事實

過度渲染工作的情形，可能會取信一位可用的人進入公司，但是他卻不可能長久待在公司。最佳的政策是坦白：對公司的狀況坦白，對工作的性質也坦白，對成長的機會更要坦白。

（三）不要只重視外表

不要受到應徵者的外貌和人格的影響，而忘了考慮這個人是否能真正做好這個工作，以及他是否有做的意願。

（四）接受員工推薦的人選

研究顯示經由公司內部人員推薦而僱用的人，任職期間長。員工對公司有相當的了解。他們不至於推薦不好的人而丟自己的臉。

（五）重新僱用離職員工

當然這是基於假設離職的員工不是品德不佳或績效不好，而且適合於此一特定的工作。

（六）不要超額僱用

僱用一個人之前，應先考慮現有員工的工作負荷是否真的過重，是否真的需要額外僱用一個專職人員。

優秀的員工喜歡工作忙碌，也願意擔負更多的責任 —— 只要他們對工作報酬感到滿意。

（七）選擇優秀的人員招募機構

如果能選擇一家對公司空缺的工作很內行的人才代表公司，一定能找到

更好的人才。

不拘一格用人才

對待不同的下屬、不同的條件，要區別對待，充分發揮他們的優勢。

對表現比較好的人，一是用他的長處，使他用自己的實績顯示自我。二是用人才互補結構彌補他的短處，保證他的長處得以發揮。

表現一般的人，給其在他人面前表現自己的機會，求得別人的信任和自己的心理平衡。也要注意鼓勵他們用自己的行動證明自己的能力。

表現較差的人，可以給他們略超過自己能力的任務，使他們得到成功體驗，建立起可以不比人差的信心，同時注意肯定他們的長處，一點點帶動起來。

對有能力、有經驗、有頭腦的人，可以採取以目標管理為主的方式。在目標、任務一定情況下，盡量讓他們自己選擇措施、方法和手段，自己控制自己的行為過程。還可適當擴大他們的自主權，給他們迴旋的餘地和發展的空間。

對能力較弱、經驗較少、點子不多的人，可以採取以過程管理為主的方式。用規程、制度、紀律等控制他們的行為過程；或用傳幫帶的方式，使他們逐漸累積經驗，提高能力。

對有能力的年輕人，可以給他們開拓性的、進取性的、有一定難度的工作。對有經驗的中老年人，可以讓他們做穩定性的、改進性的、完善性的工作。

對個性突出、缺點、弱點明顯的能人，一是用長。長處顯示出來了，弱點便被克制，也容易得到克服。二是做好心理和情感溝通的工作。一年裡

談幾次話，肯定成績，指出問題，溝通感情，使他們感到領導者的關心和理解，自己也會兢兢業業。三是放開一點，採取忍的辦法。不要老是盯住人家，而是給人家留有一定的餘地，協助也只是在大事上、在關鍵性的問題上。否則，束縛住手腳就很難有所作為。

對有特殊才能的人，一定要盡可能給他們最好的條件和待遇。特殊人才，特殊待遇，這是我們應該遵守的原則。他們之中有的人不是安分者，可能有這樣那樣的毛病和問題，以致很不好管理。對此我們不只是要容忍，而且應該做好周圍人們的工作，以便使他們能夠集中精力發揮長處和優勢。在特殊的情況下，還應該放寬對他們的紀律約束和制度管理，甚至採取明裡掩蓋、暗中支持的辦法。

對有很強能力的人，可採取多調幾個職位、單位的辦法，既能夠讓他們發揮多方面的、更大的作用，又可以激發他們樂於貢獻、多出成績的積極性。

對年輕又有能力的人，則應該給幾個輕便的臺階，讓他們盡快的負起更大的責任。如果有可能，可以為他們創造條件，讓他們去創辦新的事業。

對被壓住了的能人，一個辦法是把他們調出去，給他們顯示自己本領的機會，也給他們從另外的角度審視自己的空間。等有了成績，被大眾認可，在必要時就可以調回來加以任用。另一個辦法是把壓他們的人調開，讓能人上來。這都要根據具體情況決定。

對尚未被認可的能人，一是採取逐漸滲透的辦法，讓人們逐漸認識他們的長處和成果。二是給機會顯示其才能，以實績讓人們信服。

對道德上有缺陷的能人可採取這樣幾種辦法：

一、任命其為副職，以正職制約他。

二、派給他副手，告訴是協助他工作，同時也要接受他的幫助。

三、派給他能夠監督、約束他的工作人員，比如會計、審計、監察人員，在職能權力上約束他。

四、滿腔熱情的給他素養好的直接下級人員，以此作防禦層。應該注意的是，不要用同級人員來制約他，這很容易鬧矛盾。

對跟自己親近的能人，一是調離自己的身邊，讓其顯示自己的才能。好處是，因為和自己的關係好，到底是不是能人還可以再看；真正有能力，別人也會服氣。二是採取外冷內熱的辦法嚴格要求，使他們不依靠領導者，而是依靠自己，不斷的求得發展。

摸透底細

首先，能力是一種自然的、固有的東西，它表現為人們用智力和體力處理周圍環境問題。例如，如果你要招聘一個銷售人員，這個職位要求要連續幾個小時的打不受人歡迎的電話，那麼，你必須考慮這位新員工是否不僅能撥電話，而且對於回絕事件能應付自如。顯然，一個在要求別人接受自己方面有較高需求的人不適合這項工作。

其次，能力是一個不斷成長的潛在的東西，它會超過今天的具體需求。如果你僱用了一名接待員，他或她將來能夠榮升到更高的位置（也許是一個顧客服務代表）上去嗎？他或她在營業中能夠成長、能夠學會新的本領和技能嗎？這是一個具有管理潛能的人嗎？

當你為一個職位面試一名應徵者時，總是需要看他的能力。如果你的員工當中沒有人在能力成長方面能夠滿足公司的需求，那麼，你的公司發展的內趨力方面就存在很大的問題。

記住：對於一個真正想做某項工作並且有能力很快學會所要求的技能的

人，你幾乎可以教會他或她任何東西；但是，對於一個沒有內在資源或個人潛能去做比他或她現在所能做的事更多的人來說，你就無法寄予什麼希望。

擁有最好的員工

要為顧客提供最好的服務，必須擁有一些最好的員工。

可是，許多公司不願留住最好的員工，甚至不願讓所有人都成為最好的員工，或者說他們不會這樣做。他們權衡得失，挑選最好的，付出的薪資卻是最低的。他們僱用短期員工，擔心在淡季時多付薪資。但是一名成功的經理人，必須不惜重金去找到一些最好的員工。為此付出的時間、精力和資源是值得的。不然，你僱用的只是那些不中用的或根本無用的人。一個成功的公司應該努力找到最好的員工。

盡量花時間測試每位應徵者，盡力找出他們擅長什麼，他們是否真正適合你的工作，他們具有什麼工作技能，你是否容易訓練和改變他們。你應僱用那些有積極心態和良好性格、容易和你及你的員工相處的人。他們還必須誠實、勇敢。

第一印象往往具有一些欺騙性，因此，在招聘員工時，不要完全指望第一次面試。多研究一下他們的應徵資料，了解一下他們有關的背景，充分進行面試。你可以帶上你所挑中的候選人員，帶他們參觀一下公司，觀察他們對公司的興趣程度，詢問他們一些問題，讓他們講一下自己所做的事情，讓他們每個人表述一下自己。最後，你會發現最合適的人。當然，你也不能完全依靠自己的判斷，你應讓更多的人參與錄取工作。參與的人越多，最後的決定就可能越準確。你應當仔細傾聽老闆、同事和員工的意見，而不僅是自己的意見。

但是最後的決定必須由你做出。因為是你在對整個企業或整個部門負責。你必須決定誰來為你工作，不要讓其他人為你做出選擇性的決定。

最好的員工會使你的工作變得十分輕鬆容易，他們與顧客相處也十分容易。那些不會微笑，不積極主動，根本沒有想法的人似乎隨處可見，僱用這樣的人只會使你變成像他們一樣的經理。因此，能否找到最好的員工，也許是你作為經理面臨的一個最大的挑戰。如果在這一方面決定正確，今後面臨的問題可能就更少。

一定要找到最佳的員工！

從自己出發

創業當老闆，聘請了員工，除了要了解員工，也應該了解自己，因為對待員工的態度，常受自己的性格影響。有些老闆性格多疑，對員工極不信任，連收銀機也不准他們接近，所有款項都要由他經手，他們和員工之間，一定會保持距離，員工有意和老闆親切一些，亦可能被猜疑，自討沒趣。

你也可能是樂天一派，對公司業務永遠保持樂觀，具有積極性，你的態度會影響員工的工作態度。老闆積極，他們也會自動的積極。因此，你可以用身教的方式，勤勤懇懇的工作，身為下屬，也就不敢怠慢，要和老闆看齊。那些見到老闆勤懇而自己卻懶洋洋的人實在不可救藥。

如果你的性格懦弱消極，你不能聘用剛強積極的員工。你船頭怕鬼，船尾怕賊，和剛強的員工格格不入，就是聘用了他們，由於性格不合，員工就是有才，你也留不住他。你或許甚至害怕他們的剛強，害怕公司的利益被他們侵吞剝削。

因此，創業以前，你應該先問一問自己，是不是擁有當老闆管理員工的

性格，沒有這種性格，最好是開設一人公司，自己做老闆，同時也是會計、行政人員、祕書、雜工、送貨。

在辯論中考察人

辯論有用道理取勝的，有用言辭取勝的。用道理取勝的，先區分黑白是非的界限，再展開論述，把幽微深奧的部分講清楚後，再講明全部道理。用言辭取勝的，離開主題和本質，雖然從細枝末節駁倒了對方，卻把主旨給弄丟了。偏才之人，才能見解有相同的，有相反的，也有相互間雜的。相同的就相互融合，相反的就相互排斥，相間雜的就相互包容。因此善於與人談話的人，常根據對方所喜歡的話題來交談，一旦發覺對方不感興趣，就馬上切換話題，如果不是很有把握，也不隨意反詰對方。不善於談話的，往往說些模稜兩可、無關痛癢的話題，如此一來，雙方很難進行深入融洽的交流，漸漸的因彼此尷尬而中斷話題。善於講述道理的人，一句話就能講清一件事或幾件事。不善於講述道理的，一百句話也可能沒講清一件事。如此囉嗦不清，別人就不會再聽他講話。這是言語論說的三種偏失。

透過辯論，可以判斷一個人的才學高低，以及才學真假。領導者在量才用人時，如果能製造機會，引發一場爭論，讓大家唇槍舌劍一番，自己隔岸觀火，很容易衡量出上述各點。

（一）說得別人心悅誠服與說得別人啞口無言的人

有的人在與人辯論時，總是擺事實，講道理，道理講得清清楚楚，明明白白，說得人心服口服，不能不服。這種人思路清晰，看問題能抓住本質，反應也快，而且態度從容，不急不徐，不疾不速，有娓娓道來之勢，為人做

事有理有據有節，分寸掌握良好。這種人穩健大方，從從容容而能機巧變通，可擔大任。

另有一種人，在爭論中也能取勝，往往說得人家啞口無言，或者說得別人拂袖而去，不再願跟他爭論。這種人多是靠言辭的犀利尖銳而戰勝對方的。他們目光犀利，能迅速抓住他人講話的漏機反駁，窮追猛打讓對方手忙腳亂。他們辭采飛揚，妙語如花，又能博得旁人的一些歡笑和點頭。但因以對方的不足為立論點，不能正確全面的陳述自己的觀點，因此對方雖敗而不服。

這種人機智敏捷，反應迅速，活潑伶俐，一張巧舌能把錯說成對，黑說成白，儘管對方和他無理，卻在一時之間駁不倒他。他們是業務、外交、法律界好手。但要注意他輕浮不穩的毛病，當心聰明反被聰明誤，應引導他們學會靜下心來踏踏實實工作與思考，培養浩然正氣，方可成大用。

（二）善於尋找話題與善於與人打交道的人。

與人交談時，如果大家見解相同相近，就如山水流向大河，彼此融融而洽。如果意見相反，爭了幾句就負氣而去，或者彼此模稜兩可，談得不冷不熱，不親不近，漸漸的因尷尬而止。善於與人交談的人，當發現彼此觀點相悖時，會立刻轉換話題，用巧妙的方式不斷試探，或採用迂迴技術，逐漸找到對方感興趣的話題，慢慢的回到主題上去。

這種人富於機智，容易得到大家的好感，而且意志堅定，善於思考和察顏觀色，千方百計去實現自己的計畫，敢說敢做，且有力量堅持到成功。他們用心智做事，適合擔任社會職務。不善於交談的，說話往往處於被動位置，公式化的一問一答，或者說些模稜兩可的應酬話。一旦說到他感興趣的話題上，立刻變成了另一個人似的，滔滔不絕，侃侃而談，語若滾珠，

甚至會激動起來，彷彿於寂寞山中遇到知音。聽者也能從中得到許多有用的東西。

這類人對生活有熱情，苦苦鑽研自己的興趣所在，會成為某一領域的專家。不喜歡熱鬧地方，而愛清靜自處，生活欲望也比較清淡，適合於從事研究工作。

（三）善於講清道理的人與不善於講清道理的人

善於講明道理的人，往往說一不二，是精明幹練的人選。

不善於講清道理的人，講話稀裡糊塗又抓不著關鍵，說了半天沒講明事情的原因和經過，或者永遠打擦邊球，說不到本質上去。這種人思路不清晰，頭腦混沌，難以擔當責任，不宜委派重要事務給他們。

沙裡淘金

被埋沒的人才有如待琢之玉，似塵土中的黃金，沒有得到大眾的承認，沒有顯露出自己的價值。若不是獨具慧眼的識才者是難以發現的。千里馬之所以能在窮鄉僻壤、山路泥濘之中、鹽車重載之下被發現，是因為幸遇善於相馬的伯樂。千里馬若不遇伯樂，恐怕要終身困守在槽櫪之中，永無出頭之日。許多人才都是被「伯樂」相中，又為其創造了一個發展成長、施展才華的機會，才獲得成功的。

領導者要想較多較好較快的辨識和發現人才，必須注意以下幾點：

（一）聽其言識其心志

人才都是尚未得志，他們在公開場合說官話、假話的機會極少，他們的

話，絕大多數是在自由場合下直抒胸臆的肺腑之言，是不帶「顏色」的本質之言，因而就更能真實的反映和表達他們真實的思想感情。劉邦和項羽在未成名之前，見到秦始皇威風凜凜的巡行，各說了一句話。劉邦說：「嗟乎！大丈夫當如此也！」項羽則說：「彼可取而代之也！」兩個都有稱王稱霸的雄心，卻表現出兩種性格，劉邦貪婪多欲，項羽強悍爽直。短短一句話，劉、項二人的志向表露得清清楚楚。

（二）觀其行看其追求

　　一個人的行為，展現著一個人的追求。一個講究吃喝打扮的人，所追求的是口舌之福和衣著之麗；一個善於請客送禮的人，所追求的是吃小虧占大便宜；一個做工作吊兒郎當，伺侯上司卻十分周到殷勤的人，所追求的是個人私利等等。任何一個人，一旦進入了自己希望進入的角色，就會為了保住角色而多多少少的帶點「裝扮相」，只有那些處在一般人中的人才，他們既無失去角色的擔心，又不刻意尋覓表現自己的機會，所以，他們一切言行都比較質相自然。領導者若能在一個人才毫無裝扮的情況下透視出他的「真跡」，而且這種「真跡」又包含和表現出某種可貴之處，那麼大膽啟用這種人才，十有八九是可靠的。

（三）析其作辨其才華

　　人才雖處於成長發展階段，有的甚至處在成才的初始時期，但既是人才，就必須具有人才的先天素養。或有初生牛犢不怕虎的膽略，或有出汙泥而不染的可貴品格，或有「三年不鳴，一鳴驚人」之舉，或有「雛鳳清於老鳳聲」的過人之處。總之，既是人才，就必然有不同常人之處，否則就稱不上人才。一位善識人才的「伯樂」，正是要在「千里馬」無處施展腿腳之時，辨識出牠與一般馬匹的不同，若「千里馬」已在馳騁騰越之中顯出英姿，何

用「伯樂」辨識。

（四）聞其譽察其品行

善識人才者，應時刻保持清醒頭腦，有自己的獨立見解，不受「語浪言潮」所左右。對於已成名的顯人才，不跟在吹捧讚揚聲的後面唱讚歌，而應多聽一聽反對意見；對於未成名的人才所受到的讚譽，則應留心在意。這是因為，人們大多有「馬太效應」心理，人云亦云者居多，大家說好，說好的人越發多起來，大家說孬，說孬的人也會隨波逐流。當人才處在潛伏階段，「馬太效應」對他毫不相干。再者，人們對他吹捧沒有好處可得。所以，人們對人才的稱讚是發自內心的，是心口一致的。用人者如果聽到大家對一位普通人進行讚揚時，一定要引起注意。古往今來，許多人才都是用人者聽到別人的讚譽而得知的。劉備就是聽到人們對諸葛亮的讚譽而「三顧茅廬」請得賢才的，周文王也是在百姓的讚譽聲中得知渭水邊的賢才姜太公的。人才多出身卑微，而出身卑微的人一旦受到人們的讚譽，就是其價值得到了「民間」的承認，用人者就要大膽起用。

因此，領導者要想真正認識人才，必須了解三點：他的基本生活情況怎樣？他的思想性格是什麼？他的工作能力有多大？

在商言商

許多民營業者靠自己的聰明和艱苦奮鬥，創立了自己的企業，他們深知自己的成就來之不易，為了保護自己的事業，他們深知自己的成就來之不易，為了保護自己的事業，他們往往不信任外人，由自己的妻子、兒女或其他親屬來擔任企業的要職，殊不知，這樣做具有很大的危險性。

第二計　度身量衣

身負要職的人對自己忠誠很重要，但再忠誠的人如果勝任不了工作也沒有用。小公司中，常常見到重要的職位都由自己的血親或姻親占據著。人們普遍認為親戚是不會背叛自己的，也就是說，他們可靠些。如果是外人的話，不知道他什麼時候會辭職不做，而且辭職後可能會做相同的生意，成為自己的競爭對手。如果是自己的親戚，就不會發生這種事。

在親戚擔任要職的人中，常常有沒能力，根本做不了工作的人。如果有這種人在，其他職員就提不起勁，雖說是個無能的「要人」，他們卻會自恃「我是老闆的親戚」的自傲感，到處顯威風，周圍的人對此將無法忍受，人們會變得歇斯底里，一邊想這種人能不能早點退休走人。

忠誠是指絕不背叛老闆和公司，就是無論是好是壞，都要懷有為了老闆和公司全身心的奉獻自己的意願。對老闆來說，有這種人在自己身邊，可以安枕無憂。

但是從公司經營的角度來看，因為這種人的存在，而使公司的工作處於一種荒疏的狀態，就得不償失了。必須是能勝任工作的人，才能為公司帶來利潤，才能使公司得以發展。關鍵的問題是如何把各種類型的人都很好的組合在一起，並使之發揮最大效力，這也是當老闆的一項重要工作。

老闆應該有遠大的眼光，要想在商界立足，要想使自己的事業成功，必須記住：「在商言商。」一切為了公司，一切為了事業。

第三計
固本求源

維持人才平衡

「擇優錄取」是領導者選拔人才的一項基本原則，有了這項原則，就能讓比較優秀的人才走到臺前來，擔任重要角色；否則優劣不分，必將導致矛盾的出現。

盡量維持積極的人才平衡和心理平衡，是做好擇優工作的一個重要前提，也是選才者必須優先考慮的一個重要因素。

由於各種內外在因素的制約和影響，選拔對象之間的德才素養和實績表現，呈現出千姿百態的不平衡狀態，有的強些，有的弱些；有的此強彼弱，有的彼強此弱；有的明強暗弱，有的明弱暗強。對於這些選拔對象，選才者當然應該在擴大視野的基礎上，首先對其進行科學、準確的考察和鑑別；然

第三計　固本求源

後再經過認真的類比和篩選，擇優用之。為了確保擇優的準確性和合理性，我們主張進行積極的平衡，反對消極的平衡。也就是說，透過擇優，要使各類人才心情舒暢，充分發揮其聰明才智 —— 獲得心理平衡。要做到一點，就必須在選才實踐中，注意掌握好以下三個環節：

（一）按照標準，好中選優。凡是符合標準的各類人才，都應根據不同人才的能力，並考慮到不同職位的要求，將其分別選拔到適當的職位上，這樣做，就能較好的維持積極的人才平衡和心理平衡。反之，如果對不同能力的選拔對象，不加區別，一律選用；或者該重用的而沒有重用；甚至不該用的反而重用，就會出現人才關係上和心理上的嚴重不平衡，帶來不必要的損失。

（二）按照社會效益，果斷擇優。擇優要大膽、果斷，不要遲疑、寡斷。既然選拔人才的根本目的，在於獲得較好的社會效益（包括經濟效益），那麼，按照社會效益的優劣，來及時調整我們的選才決策就顯得尤為重要了。在實際生活中，我們常常會遇到這種情況：某甲德才平庸，績效低劣，可是領導者礙於情面，卻仍然讓其做下去，而不及時「換」用能力勝於他的某乙。這樣做，不僅工作受到損失，而且某乙心裡不服，並在心理上影響一大批員工群眾。這就出現了極為嚴重的人才不平衡和心理不平衡。如果組織上能夠按照社會效益，果斷、及時的「換」用某乙，使得工作在短期內完成，那麼，不僅某甲本人無話可說，而且對周圍的一大批群眾，也會產生良好的心理影響，從而獲得積極的人才平衡和心理平衡。

（三）按照平衡效果，廣泛擇優。在選才實踐中，由於選才者之間存有認知誤差和行為誤差，以及團隊基本素養的不平衡，造成系統與

系統之間存有系統誤差，單位與單位之間存有單位誤差。這些大大小小的認知誤差和行為誤差，最終造成這一部分優秀人才得到了及時提拔，而那一部分優秀人才卻壓著不動，從而未能在宏觀上和微觀上獲得良好的平衡效果。為了扭轉這種不正常的人才現象，就要求選才者既要做好本單位範圍內的小平衡，又要擴大視野，廣泛擇優，根據整體平衡效果，做好全系統甚至是若干個系統範圍內的大平衡。如果其他系統、其他單位將優秀的人才都提拔了，而你那系統，你那單位卻行動遲緩，按兵不動；或者其他系統、其他單位都能夠選拔符合標準的人才，唯獨你那系統、你那單位，卻選拔了一些與大範圍內同級員工水準相差太遠的次等人才，那麼，最好的解決辦法，就是請這些感覺遲鈍的選才者，到選才工作做得較好的系統單位去走一走，看一看，及時彌補一下自己的認知誤差和行為誤差。這樣做，對於獲得全局和整體的平衡效果，使得有更多的合格人才及時得到起用，無疑是大有幫助的。

總之，擇優用才，必須時刻注意維持積極的人才平衡和心理平衡。

心中要有本帳

領導者所渴求的人才是什麼，應當自己心中有一本帳，從那些最好的方面去選人，從那些最實際的需求去選人，而不是一旦缺了什麼人，就急得亂抓亂摸。領導者要想讓心中這本帳明晰起來，大致必須弄明白以下 12 種要素：

第三計　固本求源

(一) 反應能力

反應敏捷是處理事情成功必備的要素，一個能將交易處理成功的人必須反應快速。一件事情的處理往往需要洞察先機，在時效的掌握上必須快人一步，如此才能促使事情成功，因為時機一過就無法挽回。

(二) 談吐應對

談吐應對可以反應出一個人的學識和修養。好的知識修養，得經過長時間磨練和不間斷的自我充實，才能獲得水到渠成的功效。

(三) 身體狀況

身體健康的人做起事來精神煥發、活力充沛，對前途樂觀進取，並能擔負起較重的責任，而不致因體力不濟而功敗垂成。

我們往往可以發現，在一件事情的處理過程中，越是能夠堅持到最後一刻，才越是有機會成功的人。

(四) 團隊精神

要想做好一件事情，絕不能一意孤行，更不能以個人利益為前提，而必須經過不斷的協調、溝通、商議，集合眾志成城的力量，以整體利益為出發點，才能做出為大眾所接受的決定。

(五) 領導才能

企業需要各種不同的人才為其工作，但在選擇幹部人才時，必須要求其具備領導組織能力。某些技術方面的專才，雖能在其技術領域內充分發揮，卻並不一定完全適合擔任領導幹部的職位，所以企業對人才的選用必須從基層開始培養幹部，經過各種磨練，逐步由中層邁向高層，使其人適得其位，

一展長才。

（六）敬業樂群

一個有抱負的人必定具有高度敬業樂群的精神，對工作的意願是樂觀開朗、積極進取，並願意花費較多時間在工作上，具有百折不撓的毅力和恆心。

一般而言，人與人的智慧相差無幾，其差別取決於對事情的負責態度和勇於將事情做好的精神，尤其是遇到挫折時能不屈不撓、繼續奮鬥，不到成功絕不罷手的決心。

（七）創新觀念

企業的成長和發展主要在不斷的創新。科技的進步是日新月異的，商場的競爭更是瞬息萬變，維持現狀就是落伍。

一切事物的推動必以人為主體，人的新穎觀念才是致勝之道，而只有接受新觀念和新思潮才能促成進一步的發展。

（八）求知欲望

為學之道不進則退，企業的成員需要不斷的充實自己、力求突破，了解更新、更現代化的知識，而不該自滿、墨守成規，不再做進一步發展，因而阻礙了企業成長的腳步。

（九）對人態度

一件事情成功的關鍵，主要取決於辦事者待人處事的態度。

對人態度必須誠懇、和藹可親，運用循循善誘的高度說服能力，以贏得別人的共鳴，才較易促使事情成功。

（十）操守把持

一個再有學識、再有能力的人，倘若在品行操守上不能把持住分寸，將會對企業造成莫大的損傷。

所以，企業在選擇人才時必須格外謹慎，避免任用那些利用個人權力營私舞弊者，以免假公濟私的貪贓枉法者危害到企業的成長，甚至造成無法彌補的損失。

（十一）生活習慣

從一個人的生活習慣，可以初步了解其個人未來的發展，只有生活習慣正常而有規律，才是一個有原則、有抱負、腳踏實地、實事求是的人。

所以從一個人生活習慣的點點滴滴，可以觀察到他未來的發展。

（十二）適應環境

領導者在選擇人才時，必須注重人員適應環境的能力，避免選用個性極端的人，因為此種個性的人較難與人和睦相處，往往還會擾亂工作場所的氣氛。

一個人初到一個企業，開始時必定感到陌生。如何能在最短時間內了解企業的工作環境，並能愉快的與大家相處在一起，才是企業單位所期望的人員。反之，處處與人格格不入，或堅持自我本位的人，都可能擾亂整體前進的腳步，造成個人有志難伸、企業前途難展的困境。

先從內部尋找

領導者就是一位知根知底的管家，知道自己缺乏什麼樣的人才，知道

怎樣才能找到人才。因此，選出什麼樣的人才是衡量領導水準的一個重要標誌。

毫無疑問，選拔人才的前提除辨識之外，還要對公司內的職位職責和要求分析，即公司到底需要什麼樣的人。否則因人設事，人浮於事。

選拔人才有兩種管道：一是公司到外面去挑選，如到大學、其他公司、相關部門、失業人員中去挑選。二是在公司內部產生。即從本單位員工中提升有才能的人。

在公司內部選拔人才既有利於提高本單位人員道德規範，又可避免高特質的人才外流。「此處不留爺，自有留爺處。」如果公司認為自己內部的員工都是無能之輩，那就可能埋沒人才，流失人才。

有的公司為了吸引人才，往往不惜重金從外面招聘員工，其薪資待遇往往高出本公司員工的幾倍，甚至幾十倍。這種情況往往導致公司原有員工心理不平衡，引起一大批老職員的不滿，導致其積極性下降。

美國玫琳凱化妝品公司主張從本公司內部提拔幹部。如果公司內部有合格的人選，他們一般不聘請外人來公司任職。

他們的做法是：當一個部門的領導層出現空缺時，該部門的經理必須向公司人事部門正式提出擔任這一職務必須具備的條件，人事部門即在每棟辦公大樓的布告欄上公布這一消息，公司裡的每一個人都可以申請擔任這個職務。無論申請者現在做什麼工作都沒有關係。如果有人不喜歡自己現有的工作。或者認為新職務是個晉升的機會，並認為自己是合格的人選，就可以提出申請。人事部門將與每一個希望得到這個職務的員工面談，有時只有一個空缺，而申請者很多，他們就與所有申請者面談，從中擇優錄取，如果認為申請者都不理想，他們才聘請外人補缺。在許多情況下，補缺的是他們自己的人。

他們認為這種做法對他們有積極作用。因為這種晉升的機會創造了一個良好的風氣，它激勵員工們從長遠角度考慮自己與公司的關係。它向剛加入公司的人表示，他們不會永遠待在最低層。它也使那些在基層工作的人看到希望，或許幾年後他就不用在那裡工作了，除非他自己願意。無論是倉庫裡的包裝工人，會計部門的職員，還是從事文字處理工作的人員。如果他不喜歡現有的工作，都可以在公司內找到其他工作。如果他願意提高技術，增加對公司運轉情況的了解，公司也可以給他提供多種其他工作。這種做法使人員外流減少到最低限度，他們認為訓練一名精通業務的員工要花幾個月的時間，如果失去他損失就太大了。

　　並且，這種做法還會產生連鎖反應。例如，經理層出現一個空缺後，可能會有十幾個人申請補缺。一旦公司選中某人補缺後，又會有另外十幾個人要求得到補缺者擔任的職務。等到這個空缺有人填補後，也許在更低位置上的某人又頂上來。正是：一根釣魚竿，可釣一大串。

及時發現身邊的寶貝

　　人才是塊寶，可遇不可求。但是一味的等人才，是不現實的，也是一種糊塗的做法。這就要求領導者在機會中抓住人才。

　　人才選拔活動是在一定的時空框架中進行的，除了拓寬選人視野，在空間上有所突破之外，還必須具有時效觀念，做到及時起用人才。美國一位管理學家說：「煤在地底埋上 10000 年仍舊是煤，而人的資源如不被利用，就退化變質了。」這種人才資源退化變質的特性，決定了人才的選拔起用講究時效，不然，就會讓寶貴的人才資源在退化變質中白白的耗損掉。社會上的人才有各種不同的境遇。尤其是那些有可能被埋沒的人才，他們處境艱難。

有的仍是無名之輩，有的正在落難之際，有的甚至快要殞落。選拔人才應該有一種刻不容緩的緊迫感，透過及時的發現、選拔，把這些人才及時的起用，充分發揮他們應發揮的作用。

（一）識於未名之時

社會上的人才有顯人才和潛人才之分，顯人才是指已為社會承認的人才，而潛人才則是指那些尚未被社會承認的人才。人才未名，這是潛人才的主要特徵。未名的潛人才很容易被社會忽視，容易遭受環境的壓抑和埋沒而走向夭折。法國青年伽羅瓦首先提出「群論」，只因他是未名的小字輩，法國科學院的數學權威們對他不屑一顧，論文曾兩次被丟失，直到他死後 14 年論文才得以發表，人們才發現他是一位早逝的數學天才。

當然，在歷史上慧眼如燭、發現人才於未名之時的人物也有不少。魯迅舉薦年輕作家蕭紅、蕭軍、柔石和葉紫等人時，正是他們處於無名之輩的時候。

（二）拔於落難之日

人才的成長不是一帆風順的，他們的人生道路常常是曲折的。由於社會的動盪、事業的挫折、家庭的不幸和個人的遭遇，往往有些人才會處於困難的逆境中。儘管逆境有磨勵和鍛鍊人意志的作用，逆境被人們說成是「寶劍鋒自磨礪出，梅花香從苦寒來」，但是身處逆境，不得不以意志為之抗爭，而且即使獲得「劍鋒」和「花香」的結果，也是付出了慘重的代價。所以，與其讓人才在逆境中磨，不如為人才創造良好的環境，使他們早成才，早發展，早為社會做出貢獻。對於已經身處逆境，正是落難之際的人才，更要以一種搶救人才的緊迫姿態及時的把他們從困境中解放出來，放到有利於他們成長和發展的良好環境中去。

拔人於落難之日，需要有知人識人的慧眼，更需要有一顆愛才、惜才的真誠之心。

（三）啟於被蓋之際

小人物被大人物蓋住，學生被先生蓋住，不出名的被大名鼎鼎的權威蓋住的社會現象經常出現。原因是複雜的。有的是一項新的發明創造需要經受時間考驗，要由社會對它審視一番之後才能決定是否承認它，這是新生事物本身成長的必經過程。但有的是由於不良社會意識的因素所造成的。人們的保守思想、傳統觀念、習慣勢力和嫉妒心理等等，這也是造成蓋住人才的重要原因。用人活動要擺脫這些埋沒壓抑人才的不良社會意識影響，盡量避免出現使人才被蓋住的現象，同時，也要善於辨識和發現那些被蓋住的人才，及時的幫助他們從被蓋的處境中走出來，讓社會早日承認他們的價值。

（四）用於殞落之前

越是優秀的人才，越是要及時起用，因為那些優秀人才就像成熟的果子一樣，假如不及時採摘，就會難免因熟落而遺棄於樹下。1920 年代末期，舉辦了一次國畫展覽，身為國立美術院院長的徐悲鴻也來看展覽，他從許多展品中，一眼看中了齊白石具有神韻的蝦圖，他表示要請齊白石去美術學院當教授。他不顧有人對他聘請已近 60 歲而且沒有名聲的齊白石持有的異議，特地登門拜訪齊白石，把他請進了美術學院。從此，齊白石走出茅屋，蜚聲畫壇，成為現代國畫的一代宗師。試想，如果不是周文王慧眼識才，姜太公恐怕就會老死荒野；如果不是徐悲鴻聘用齊白石，這位木匠出身的窮畫家又怎能稱雄畫壇。

種種現象顯示，只有領導者能夠及時發現人才，才能拯救人才於危難之中，並得到重用。

集體決策選才

人才，尤其是高階人才，一方面需要領導者提供基本情況和資料，另一方面需要集體研究和決定，真正把最有用、最有價值的人才納入團體中。要做到這一點，領導者功不可沒。

採用集體決策的方式擇優選擇企業的管理者，不失為一種好辦法。它不僅可以有效的防止個人獨斷專行或任人唯親行為的產生，而且有助於真正的把公司的優秀人員選拔到領導者職位上來。美國霍尼維爾公司在這方面的做法是很有特色的，該公司選拔各級管理者有一套嚴格的組織程序，它由中心管理小組集體決策，全權把關負責，小組的每一個成員都要對決策負責，選拔管理者的系統和完整性有效的保證了決策的科學性，使公司的優秀人員有機會擔任管理者職務以充分發揮自己的才能。

現介紹該公司中心管理小組選拔一名業務開發部主任的具體做法。

（一）準備

中心管理小組由 10 人組成，在每次例行會議上著重討論選拔一名業務開發部主任的問題。由於業務開發部是一個十分重要的部門，主任一職須由一個既懂業務、了解客戶心理、擅長於市場行銷和合約管理，又富有經驗和魄力的人來擔任。小組組長要求小組成員根據這些條件積極參與合適人物的物色工作。

（二）腦力激盪法

小組首要的工作是弄清楚所有有志於承擔業務開發部主任這一重擔的人中間有多少是具有資格的候選人。為此，組長必須就人選問題與公司其他管

理人員進行多次商議，與此同時，人力資源部主任與中心管理小組其他成員著手整理公司的人才資料檔案，從中挖掘可供挑選的人才，連同大多數候選人所在部門的領導推薦的，但也有個別毛遂自薦的，從這個意義上說，業務開發部主任的選拔工作頗具競爭性。

根據議程，先由小組成員提出四個候選人，組長將名字寫在黑板上，並分別註明他們的現任職務。然後，前業務開發部主任介紹這四個候選人的大致情況，並指出第四個候選人能力欠佳，建議將他暫時除名。在小組成員一致表示同意後，組長又提出了第五個候選人，其他成員也可以先後提出眾多的人選，並在黑板上一一列名，供下次會議討論。

中心管理小組採用這種腦力激盪法，其目的在於鼓勵大家充分發表意見，力爭將最優秀的人選提拔出來。

（三）篩選

一個星期以後，小組開會討論每個候選人的評價問題。會上，組員們各抒己見，氣氛活躍，有的側重於候選人的資歷和能力；有的強調候選人的氣質、價值觀念和潛力；有的則注重候選人的判斷能力和工作應變能力。儘管看法不同，說法不一，但有一點是共同的，這就是候選人如果缺乏市場行銷技能或不善經營，其他條件即使再好，也應當篩下。經過這樣的初步篩選，候選人名單又減至五人。篩選結束後，組長又馬上著手做兩件事：一是分別通知五名候選人的上司，小組要與該候選人單獨面談；二是向那些被篩除的候選人的上司說明其落選的理由。

（四）面談

小組的每個成員都必須單獨與每個候選人面談 1 小時，談話前，每個候選人都會獲得各種資訊資料，諸如會談者的姓名、工作概況、選拔過程、選

擇標準、系統研究中心的概況等。面談要求達到如下目標：

① 面談雙方互通資訊，交換看法。

② 小組成員就管理上的一系列問題向候選人發問，要求他充分發表見解並提出改進措施。

③ 小組成員向候選人介紹曾為系統中心做出過出色成績的名人軼事，激發候選人對系統中心的信任。

④ 小組成員向候選人勾劃系統中心的價值與目標，強調系統中心的群體凝聚力，從而使候選人產生一種高度責任感。

面談結束後，由組長召集會議，溝通面談情況，決定其中的最佳人選。

（五）抉擇

中心管理小組經過集體磋商，在意見大致一致的基礎上再進行抉擇。為使決策過程順利進行，意見決定後，大家必須理解、接受和執行。當然，被選中的候選人並不一定是小組每一個成員的第一選擇，但大家應認知到，決定是合適的，即使不是最佳方案至少也是個較好的方案，在做出最終決策之前，除了充分考慮候選人的素養之外，小組還要盡量避免選擇高層管理部門所討厭的人，因為決策的終審權掌握在高層管理部門手中。

抉擇會議上，由人力資源部主任以總結的形式將每一個小組成員與候選人面談的結果發給大家，繼而開始辯論，最後確定了一個最合適的人選：即工作績效穩定，精明果斷，又善於與同事合作的人。

（六）遊說

抉擇會後，中心管理小組的組長向本公司高層管理部門匯報整個選拔過程、選拔標準和決策理由，高層管理部門如認為小組的決定是正確的，便予以批准，組長立即通知被選定的對象，要他走馬上任。至此，中心管理小組

集體決策，選拔業務開發部主任的工作宣告完成。

霍尼維爾公司選拔管理人員的過程充分說明，透過競爭產生的管理者，得到了中心管理小組全體成員的認可，其威信要比個人任命的人選要高。

職位培養

領導者培養人的方法有許多，培養人的途徑也不限於一二，但最有效的培養乃是工作實踐，沒有什麼培養場所比工作職位更理想。透過具體的工作有目的、有針對性的培養。才可稱之為真正有效的培養，工作即是培養，培養又是工作，這本身就表現出一種辯證觀。

善於育人者，一般都能把下屬的每項工作巧妙的當作培養人的活教材。笨拙的育人者，並無這種自覺意識，想到的只是盡快完成工作任務。兩相比較，前者，儘管比後者多耗費時間和精力，然而隨著時間的推移，兩種做法的效果會有天壤之別。

所謂工作中培養，可根據實際工作需求，調整分工，讓下屬去從事未做好或沒接觸的工作，促使其開動腦筋、積極思考，提高工作能力。同時，也可以從中發現其缺點和弱點，採取有針對性的培養措施。例如，要培養下屬具有夠強的思想作風，可安排他到艱苦職位、複雜環境和涉及切身利益的場合進行鍛鍊，透過考驗，看他們是否具有公僕精神，是否具有實事求是說真話，不圖虛名做實事的品德，是否具有大公無私，堅持原則、不講關係的品德。在此基礎上，再進行有的放矢的培養教育。

對那種已大體熟悉和掌握現在職位工作要領，並能較好的完成工作任務的下屬，要不失時機的交給他未曾接觸過的新工作，同時進行適度的指導。對陌生工作感到危難的人，要教育他們樹立只有做才能提高能力的觀點，樹

立全力以赴、全心全意投入新工作的思維，並在獲得進步和成功時，給予及時鼓勵和表揚。

人才不是天生的，人的成長和進步離不開實踐培養和鍛鍊。實踐的過程，既為他們提供了廣闊的舞臺以充分施展聰明才智，同時也有利擇優汰劣的競爭選拔，使人人進入緊張的競技狀態，激發帶動起內在動力和積極性，促成內在潛力的釋放。經驗證明，一個組織中充滿人人講效率、工作滿負荷的氣氛，這個組織中每個成員的工作能力往往提高很快，工作效率也較高。

德國詩人歌德有這樣一句著名的格言：「工作若能成為樂趣，人生就是樂園；工作若是被迫成為義務，人生就是地獄。」

此話雖然有些極端，但強調樂趣和興趣與工作的關聯性，是有道理的。

在培養人的過程中如果把工作弄得單調、枯燥、乏味，培養效果難免事倍功半。並不是人人都喜歡和習慣於工作，有的是迫不得已，有的是出於無奈。因此，培養人要設法增加工作的趣味性。人人都喜歡娛樂遊戲，如能設法使工作類似於遊戲，將有助於提高人的工作熱情，繼而提高工作能力。

觀察分析可見，下屬對工作的態度主要有兩類，即熱愛和厭倦。熱愛工作者把工作看成是一種享受，樂在其中，積極工作，一旦中止工作則惶惶不可終日。厭倦工作者卻把工作視為一種苦差事，並處處想方設法減輕和逃避這種工作。

心理學家經研究證實：熱愛和沉醉於工作中的人，激素分泌十分旺盛，並使工作意願更加強烈。而厭倦工作的人，激素分泌則逐漸下降，結果在情緒上鬱鬱寡歡，精神上很容易疲倦，對工作越發討厭和膩煩。

育人的任務之一，就是千方百計使那些對工作提不起精神，缺乏熱情的人發生轉變。以跑步為例，如果要人毫無目標和計畫的去跑，只能使人感到乏味，雖然沒跑多遠，也使人感到十分疲勞。若是預先告知跑的距離，以及

第三計　固本求源

到達終點後的榮譽和獎懲，自然會引起人的興趣，使單調的跑步成為一種追求和享受。連結到具體工作上，如果讓下屬參與制定工作目標和計畫，讓每個人了解個人在整體工作中的作用與影響，同樣也會使工作充滿吸引力。

有人認為，培養人的正宗辦法是送出去培訓深造，或者是專門系統的講授書本知識，其實這是一種誤解。因為以上所謂「正宗」的培養雖有作用，然而十分有限。在某種程度上說，這只是一種脫離實際的、象徵性的模擬訓練，充其量不過是培養人的一種輔助手段。

書本傳授和團體中訓練不管多麼完善，也很難保證育人的效果。因為從書本上只能學習原理、道理，從工作實踐中才能學到本領和技能。書本上往往回答理論上究竟為什麼，實踐才能解答是什麼、怎麼做。從這個意義上講，工作實踐、工作環境，才是真正的大課堂。在這個課堂中，有學不盡的內容，有學不完的教材。在這個課堂中，才能學到真本領，不斷成長才能。

第四計
巧取豪奪

是伯樂，就要找出千里馬

　　現代社會，企業的競爭，即意味著人才的競爭。在領導者的眼裡，往往自己企業的人才不如其他企業的人才棒，總想方設法「挖為己用」，所以，提醒領導者的一句話就是「是伯樂，就要找出千里馬」，挖就應當機立斷，多管道挖人。

　　一個人才當他還處在「潛」人才階段，是被及時發現還是得不到發現而自生自滅，是其成才路上的一個關鍵性的轉捩點，也是呼喚伯樂的時機。

　　東漢末年劉備三顧茅廬請諸葛亮出山相助的故事人人皆知。臺灣企業家王永慶效先人之行，五訪「茅廬」，方請得臺塑企業集團的首席顧問丁瑞鐵先生。

第四計　巧取豪奪

丁瑞鐵早年就讀於日本著名的東京商科大學，臺灣光復後，曾任省府和中國生產力中心董事兼副總經理。不久，轉入大同公司任協理，在金融界頗有地位。

1964 年，臺化公司成立前夕，資金短缺，經已故中小企業董事長陳逢源介紹，王永慶認識了丁瑞鐵。當時丁瑞鐵任大同公司協理，因而婉言謝絕了王永慶邀他到臺塑的誠意。但是王永慶沒有放棄，他深深知道人才難得，於是效劉備之法，先後五次盛情邀請丁瑞鐵。在真誠的感動下，丁瑞鐵終於答應王永慶，決定赴臺塑效力。丁瑞鐵赴任後，創下了民營企業直接向國外獲得長期低息貸款的先河，臺化所需要的資金就此解決。目前，在丁瑞鐵的鼎力相助下，臺塑創下了臺灣化纖紡織第一位，民營製造業第三位的成績。

王永慶不僅尋求丁瑞鐵之類的社會名才，就連街頭市井的普通百姓也不放過，他甚至羅致了包青天的第 43 代子孫。事情是這樣的：有一次，王永慶在紐約遇到了一個研究生化的華人，直覺告訴他此人能有所作為，於是王永慶邀這個學生去臺灣工作，這個學生沒講任何條件滿口答應，王永慶見他面孔黑黑，又姓包，於是想起宋朝剛直不阿的包拯包青天。王永慶說：「我在感動之餘，脫口而出，您很像包青天的後代。」這個學生說：「我是 43 代。」於是，這位秉性剛直的包家駒就成為臺塑企業醫學院的首席研究員。

挖別人牆腳

「挖牆腳」是現代企業搶奪人才的一種方法，但是有人會「挖」，挖起來神不知鬼不覺；有些人不會「挖」，挖起來笨手笨腳。

成功企業的產品能夠不斷創新和保持強勁的競爭力，是與它們贏得了人才密不可分。為了擁有人才，一些企業除了招聘員工十分考究外，還不斷對

員工進行職位培訓及專業知識進修。更高明的領導者，則以巧妙的手法從其他企業挖掘人才，發揮立竿見影的效果。

自 1957 年中內功創建大榮企業以來，就十分重視用挖牆腳的辦法獲得人才，那些從工會、貿易公司挖請來的人都具有相當豐富的經驗和見聞。他們的智慧配上中內功的新構想，促使企業迅速發展。

中內功挖牆腳首先是選中弟弟中內力的朋友；接著是在 1962 年，為了要創造新鮮食品的安全流通制度，而對神戶青果公司的兩名專家進行挖角；後來，又從貿易公司禮聘能力強的策略家；從工會挖請來有關勞工事務和會計方面的專家；接著又從三越公司企劃處挖請了長岡等人。對於中內功挖牆腳求才的事，日本評論家在《中內功的研究》一文中說：「長岡在 1974 年時，擔任野村昌平的董事長主任祕書，後來轉到大榮任職。長岡雖然離開三越，但是，他和野村的友誼十分深厚，1975 年，長岡和中內到東京，野村還邀請他們吃晚飯。」

由此可見，中內功深刻領會了孫子兵法的精華。

再舉一個例子：

美國著名企業管理家艾科卡是汽車工程師，但他卻是汽車推銷員出身，在福特汽車公司做了 32 年，其中 8 年任管理者。艾科卡當上管理者後，實行大膽的經營管理改革，在全公司上下推行新型汽車發展策略，使福特公司獲得很大的發展。後來，亨利·福特出於嫉妒，決定排擠艾科卡，並趕走了他。之後，艾科卡被美國第三大汽車公司克萊斯勒公司聘任為公司的董事長和業務管理者。

艾科卡到任後立即招募「福特人」，不僅招聘了退休的福特公司的三名管理者，而且挖走了在職的 300 多名高初階管理人員和工程技術人員。艾科卡花了整整四個月的時間，在邁阿密和拉斯維加斯進行多次交談，終於將福特

汽車公司主要大將傑拉德·格林沃爾德拉進克萊斯勒公司出任財務長，以拯救公司的財務混亂局面。後來，在傑拉德·格林沃爾德的幫助下，艾科卡又挖來了福特汽車公司財務部的業務員羅伯特·米勒，他的主要工作是與 400 家謹慎的銀行打交道；還挖請了福特汽車公司的兩個能幹的銷售經理傑西·派克和傑克·吉爾斯，以及在福特汽車公司擔任 20 多年的廣告員巴隆·貝茲和福特汽車公司副主管理查德·多奇，而且透過多奇又帶過來了一大批年輕的生產管理人員，被聘請到克萊斯勒公司的各生產製造部門，結果，福特汽車公司因人才的大量流失，業績年年下降，競爭實力大大削弱。

挖怪才的策略

眾所周知，怪才有怪脾氣，要用怪才就不能用常人的思維方法，這就要講究方法策略了。

一個企業裡面難免出現一些怪才，我們看看下面的例子：臺灣中鋼公司創辦初期，總裁趙耀東四處訪尋人才，把臺灣赫赫有名的建廠、建港、採購、貸款、管理等方面的各路人才都招攬到自己的麾下，從而使該公司發展迅速，事業蒸蒸日上。

例如，在趙耀東的誠聘名單裡，排列第一的就是臺灣財經界四怪之一，脾氣又臭又壞的建廠高手劉曾適。劉曾適雖然脾氣暴劣，但頭腦冷靜，心思縝密，素有「劉電腦」之稱。當時，「劉電腦」在基隆和平島臺船公司任協理，為了將他爭取到手，趙耀東八顧基隆沒有結果，仍不死心，到第九次，「劉電腦」終於心軟，應承了這位鍥而不捨、真誠的趙老闆。

再如，趙耀東網羅財經奇才陳世昌的辦法也為世人稱道。陳世昌具有「招財有方」的能力，他借錢的本事被趙耀東稱為世界第一。可是，當要陳世

昌出任中鋼財務顧問時卻被拒絕，一請二請不奏效，趙耀東乾脆就跪在這個奇才的面前。陳世昌大驚，慌忙下跪還禮。

趙說：「你不肯應承，我就不起來。」

陳說：「何必強我所難。」

如此對跪了整整 15 分鐘，這兩位均已年近花甲的老人，終於握手大笑而起，陳世昌被趙耀東的真誠所打動，應允出山相助。趙耀東常說：「辦中鋼這樣大的事業，最要緊的是選人才。」

趙耀東真誠求才的事廣為相傳。

不難看出趙耀東的挖人技巧，不僅有「三顧茅廬」之能事，更重要的是以真誠攻破怪才的最後防線，最終達到目的。

挖人大法

人才是一個企業中最寶貴的財產，作為領導者怎樣快速地擁有這份財產呢？捷徑就是要挖其他企業的牆角，下面教你 5 個要訣，不妨一試。

（一）重金作誘餌

（二）高位任他選

（三）拉攏說服其朋友

（四）滿足合理的要求

（五）解決他的後顧之憂

例如：印尼的華人實業家林紹良，以富有的資產名列印尼富商之首。美國《投資家》雜誌把他列為世界 12 大銀行家之一，有些國家的報刊認定他是「世界十大富豪之一」，一些在國際上享有盛名的報紙經過測算，推舉他為「世界第六鉅富」，林紹良究竟有多少資產？他自己也說不清楚，然而，目前

第四計　巧取豪奪

世界上較為一致的看法是他的資產總數已達到 70 億美元。

　　林紹良之所以能獲得今天這麼大的成就，一個重要的原因就是他用重金聘用了一個能幹且忠實的夥伴 —— 李文正。一個熟悉他的商人在報上公開披露：「林紹良的副業發展迅速，主要是他懂得量才有人，敢出重金。」

　　李文正原是香港一家銀行的總裁，而且以「醫治銀行能手」的稱號，被新聞界和銀行界所樂道，從而成為家喻戶曉、人人皆知的重要人物。他金融經驗豐富，才華橫溢，引起了林紹良的注意。1972 年，林紹良因事飛往香港，在飛機上巧遇剛辭去銀行總裁職務的李文正。在熱情的交談中，他當即邀請這位銀行家到他的「中央亞細亞銀行」裡來，並允諾給他 17.5% 的股份。當時，該銀行的實際規模比李文正創辦的銀行小得多，資產也只有香港的銀行的 1/33，存款額也只有 1%。但是這家銀行是林紹良的財政支柱，有林氏集團龐大的實體做後盾，該行定會有令人信服的業務發展潛力，因此，李文正欣然接受邀請。

　　林紹良慧眼識千里馬，兩人坦誠合作，使中亞銀行飛速發展起來。到 1983 年，中亞銀行的資產總額比原來增加 332 倍，存款額成長 1253 倍，在全印尼設有 32 處分行，形成了全印尼最大的私人銀行網。而且在新加坡、臺北、香港、澳門及美國的加州、紐約等地設有分支機構。中亞銀行不僅在印尼，在東南亞也被公認為是規模最大的銀行之一。

　　看著自己蓬勃發展起來的事業，林紹良十分感慨的說：「自己所學不多，本無力量經營如此龐大的企業，現今之所以能有所成就，主要是善於選擇共事的夥伴。」

　　臺灣企業家蔡長汀在用人的時候也具有同樣的特點。只要看中，不管他暫時能不能為企業帶來效益，也不管遠近親疏，總是不惜重金盛情邀請。有這麼一件事。

　　臺大化學系高材生牛正基先生，畢業後，赴美國布魯克林理工學院深造，獲得了高分子博士學位，在康乃爾大學研究兩年後，到某公司任開發部業務經理。牛正基先生是一個有著深厚業務功底的專門技術人才。蔡長汀當時正想辦一家高科技企業，求賢若渴。認識牛正基後，他簡直是踏破鐵鞋，三番幾次的邀請牛正基到自己的「環隆企業集團」裡來，並反覆的陳述著自己的構想。

　　由於牛正基先生在美國有優越的工作、研究和生活環境，對於是否來臺，一時舉棋不定。蔡長汀了解了這個情況後，不但為牛正基先生創業提供了優越的條件，而且在經濟上給予了豐厚的待遇。蔡長汀說：「我給他 20% 利潤，等於幫他創業，這對他來說，比在美國大公司當員工有意義多了。」牛正基終於被感動，告別了妻兒，隻身自美國赴臺灣與蔡長汀共創大業。

　　又如：美國電腦公司之中的後起之秀蘋果電腦公司正視自己的弱點，不惜重金聘請管理者，使公司得到迅速的發展。

　　該公司的創始人 28 歲的史蒂夫‧賈伯斯和前總經理麥克‧馬庫拉雖然都擅長於電腦技術，但缺乏銷售能力，所以剛開始公司發展不快。針對這一問題，公司不惜以年薪加獎金的辦法，以總額 200 萬美元的重金聘請美國百事可樂公司的原總經理、精通銷售學的約翰‧史考利擔任蘋果電腦公司的總經理。他到任後不負重託，在決定接受這一聘請之前，除了與蘋果公司進行商談外，還花費了整整三個月的時間分別與該公司的每一個管理者仔細交談，全面掌握了情況。於是他一上任，馬上提出了公司的發展策略計畫，並立志要將蘋果公司變成可與美國 IBM 公司相媲美的大企業。

　　美國福特汽車公司在亨利二世接管時奄奄一息，為了迅速的扭轉局面，他提出了一個條件，即不被束縛手腳，能夠完全放手進行他需要的任何改革。他的改革從選拔人才開始，他不惜用重金聘請管理人才，而且讓他們在

工作中擁有實職實權，充分發揮出他們的才能。

在第二次世界大戰期間美國空軍有一個資料管理小組，即以桑頓為首的10名卓有才華的年輕軍官組成的「桑頓小組」。戰爭期間，這10名軍官非凡的運籌能力和財會能力得到了鍛鍊，他們決定聯合起來，在和平時期作為一個管理小組受聘。素有神童之稱的這10個人，其中包括後來出任甘迺迪政府國防部長的麥納馬拉。當時這些年輕軍官向福特公司發了一份電報，電報稱，有10個在戰爭期間在空軍從事過有關規章制度管理工作的人在找工作。亨利二世在回電中表示，「來談談吧。」桑頓於是來和亨利二世會面。亨利二世說，福特公司確實需要這一班人所具有的那種經驗，因此決定錄取他們。當時這些年輕軍官所要求的薪資標準是比較高的，但亨利二世認為，對於這種高階人才，只要對發展公司事業有利，付給他們高薪也完全值得。

於是，亨利二世全部聘用了他們，並委以重任，在從1940年代到1960年代時間裡，在這10人中先後出現了四個公司高階管理者，他們為福特汽車公司的發展做出了很大的貢獻。

挖人並非一件很簡單的事，這裡的學問很深，需要管理者細細體會，從中悟出更高深的挖人策略，以便後人借用！

多方面求才

一個企業能夠獲得龐大的成功，並不僅僅在於擁有高特質的儀器設備和先進的廠房環境，更不在於它擁有暢銷的產品，更重要的是取決於人的智慧。人是靈活多變的，人可以隨機應變，也只有人，才可能在複雜多變的艱險環境中，尋找最理想的對策和解決方法，披荊斬棘，排除萬難，把經營風險、生產風險盡最大努力減到最低最合理的程度，從而在荊棘叢生、坎坷滿

途的商業路上「殺」出一條光明大道，在波濤翻湧、濁浪排空、暗礁林立的商海中乘風破浪，一帆風順。

日本著名的松下電器公司前任總經理山下俊彥便曾經這樣說：

「歸根究柢，企業是人的集團。無論總經理和一小批幹部多麼出色，倘若其中90%的人員只會消極的唯命是從，那麼這家企業就難以發展，若不是人人都有向新事物挑戰的氣魄，企業就不可能前進。」

一個成功的企業領導者，同時也必須是一個開發人才資源的「總工程設計師」，必須具有用才、育才、引才的競爭思維。

不要小看人才的管理，企業是人的集團，人聚集到一起，形成公司，形成企業，形成集團，競爭也便越來越激烈，越來越艱難，人與人的競爭，無非是人的智慧和聰明才智的較量。人的大腦是一個神祕的裝置，掌握了知識的頭腦便更成為了神祕的「魔盒」，成為一座取之不盡、用之不竭的「金礦」，成了「聚寶盆」。沒有誰能夠清楚，擁有一個人才，會為企業帶來多大的好處。

無論是白手起家的創業者，還是轉虧為盈的改革家，沒有哪一個是單單靠著先進的機器和設備發展起來的。最根本的便是人，人的智慧。聰明的企業家往往首先認知到這一點，並在這一點上入手，大作文章。掌握這些有形而無價的人才，去發掘他們無比龐大的潛力，必將使企業一步步騰飛起來。

第五計
廣種厚積

大學是個人才庫

近年來，隨著經濟的迅速發展，各大企業、大公司的業務不斷發展擴大，因而出現了人才奇缺，特別是高階管理人才和技術人才奇缺現象。為了解決這個矛盾，各大企業和大公司都做了「深挖洞，廣積糧」的準備，在千方百計的招攬大學畢業生這個問題上使盡了招數，因而出現了激烈的爭奪局面。

（一）郵寄宣傳品

向各大學郵寄介紹本公司情況的宣傳品。這種宣傳品往往是不寫收件人的姓名和地址，由郵遞員隨便塞入學生的信箱裡。這類宣傳品的數量極大。

（二）贈送禮品

為了提高公司的知名度，增加宣傳品的吸引力，不少公司在給大學生們的郵件內放入電話卡，收件人憑此卡可免費打公用電話，並專門在信封上用醒目的字寫著：內有電話卡。也有一些公司將宣傳品製成精美的掛曆或桌曆贈送給大學生們，他們高高興興的把它們掛在宿舍牆上或擺到桌上，每天都看上幾眼，從而使公司的知名度得到了提高。

（三）與在校學生拉關係

不少公司經常派出剛就業不久的員工返回其母校，與在校的學生拉關係，廣交朋友，散發公司的宣傳資料，廣為宣傳公司的好處。

（四）花錢收購宣傳資料

一些公司經常派人前去各大學，花錢收購別的公司寄給學生們的宣傳資料，以便研究對策。有的公司甚至還出錢請人搜集全國各大學即將畢業的學生的姓名及地址，以便直接將宣傳品寄到他們的住處，做到有的放矢。

（五）許下諾言

為了把有才能的學生弄到手，即使學生答應到某公司工作，該公司也絕不能掉以輕心，以防被別的公司挖走。為此，許多公司都為學生做出許諾：凡願到本公司任職的，可以享受種種好處。如免費讓新調入的大學生出國度假，免費去香港、美國的加州和夏威夷以及澳洲去旅遊，答應今後提供較長的假期和較高的薪資，允諾減少加班時間等。而一些稍小的公司，則允諾帶學生去國內海濱勝地遊玩一番。種種許諾的目的在於進一步籠絡住這些學生的心。

（六）「綁架」的手法

　　還有一些大公司和大企業，它們本來通知大學生去聽一個小時的職業介紹會，但大學生們一到它們的總部，經紀人員就以甜言蜜語或強迫手段，把那些大學生留了下來。

　　綜上所述，領導者只有懂了「深挖洞，廣積糧」這個道理，在以後的工作發展中，才能無後顧之憂。

滿足他們的需求

　　「蘿蔔白菜，各有所愛」，滿足不同人才的要求，解決他們的後顧之憂，是身為領導者所首要考慮的。

　　英國冰島冷凍食品公司的總經理為解決店內人員的培訓問題，決意尋找一個專職培訓的專業人員。

　　經過多方面的工作，他從馬科恩 - 斯潘塞公司請來了一名女性，而且他認為她是所能找到的最佳人選。實際上這種做法本身就有風險。有利的一面是，這個新聘請來的人顯然是受到冰島公司前景的極大鼓舞，不惜放棄馬科恩 - 斯潘塞公司對她的成功和保障所做的承諾。不利的一面是，她會不會因為冰島公司年銷售額還不到 1000 萬英鎊的小規模而灰心喪氣。因為馬科恩 - 斯潘塞公司正迅速接近 20 億英鎊，再說馬科恩 - 斯潘塞公司為她提供了許多可自由調用的資源，而這資源對冰島冷凍食品公司來說簡直是不可想像的。權衡再三，冰島冷凍食品公司總經理還是決定，不惜重金為她配備所需資源。這些資源包括：兩名大學畢業生做她的助手，建立一個錄影製作機構，並在每家分店安裝了錄影機和視聽設備。

這名女士到任後，製作出了一整套錄影資料，內容是商店高效率經營管理的各個方面，既高度專業化而又形象直觀、生動活潑。公司裡的各類人員透過這種方法培訓，節省了大量的培訓時間，以保證正常的營業時間，具有很強的吸引力，人才脫穎而出。

高薪的誘惑

俗話有言：千軍易得，一將難求。對現代領導者用人確實一言中的，既是人才，就絕不可放過，只要能被我所用，就應該不惜高薪來誘惑。

在美國紐約的華爾街，有一位華人金融家，他的名字叫蔡志勇。蔡志勇1950 年代初期投身於美國金融界，幾十年來任憑華爾街潮漲潮落，狂瀾迭起，他都能以自己神奇的智慧和力量化險為夷，絕處逢生。特別是在那一波三折、危機四伏的股票市場上，能夠步步為營，穩紮穩打，從而獲得了輝煌的業績。被譽為「點石成金的魔術師」、華爾街的「金融大王」。1987 年 2 月 1 日，蔡志勇榮任全美 500 家大型企業之一的美國容器公司董事會執行長和董事長。說到這裡，我們不能不說說威廉‧伍德希德這個洋「伯樂」是怎樣慧眼識蔡志勇這匹「千里馬」的。

威廉‧伍德希德是美國容器公司的董事會執行長和董事長，是一個「唯才是舉」的開明人士，他所領導的容器公司是一家實業公司，下屬多家製罐廠，多年來一直想在金融界求得發展，因此，一直想聘請像蔡志勇這樣的奇才來策劃經營，但苦於找不到合適的人選。蔡志勇在金融界超凡的才能引起了威廉‧伍德希德的注意，他慧眼識俊傑，立即與蔡志勇接洽商談。由於威廉‧伍德希德求賢若渴，愛才如命，又不愧是網羅人才的高手，竟不惜以1.4 億美元的現金和股權高價收購了由蔡志勇為董事長兼執行長的「聯合麥

迪森」財務控股公司，並邀蔡志勇出任容器公司董事。1.4 億美元這個驚人的「收買」價，明眼人一看就知，威廉・伍德希德收購「聯合麥迪森」是假，「收買」蔡志勇是真。

蔡志勇赴任後沒有辜負威廉・伍德希德的厚望與重託，憑藉著該公司的雄厚實力，在金融界大展其能，沒多久就使得容器公司有了突破性的進展。他先是動用 1.52 億美元收購了美國運輸人壽保險公司的股票，又以 8.9 億美元的鉅資收購了若干家保險公司、一家經營互惠基金的公司、一家兼營抵押及銀行業務公司……並再投資 2 億美元，進一步發展這些公司的業務。他連續四年將超過 10 億美元的資金用於容器公司的多種金融服務事業。

蔡志勇以金融業務為突破口，同時積極發展多樣化的業務，使該公司1984 年資產達 26.2 億美元，銷售額為 31.78 億美元；1985 年第一季的淨收入達 3,540 萬美元；而 1986 年第一季的淨收入高達 6750 萬美元，同期相比幾乎翻倍！證券業務更是令人驚嘆！僅以 1985 年為例，容器公司下屬的各保險公司售出的保險單面額高達 770 億美元。如今的容器公司已今非昔比，它已成為擁有 33 個容器廠的巨大企業，在全美 500 家大型企業中排在第 130 位。該公司的金融服務業已形成完整的體系和不斷發展的金融網絡。看到蔡志勇僅上任四年，就為公司增加了 10 億美元的資產。威廉・伍德希德更加器重蔡志勇，1982 年 2 月任他為執行副總裁，1983 年 8 月又將他升任為副董事長。威廉・伍德希德自鳴得意的坦言相告：「蔡志勇是容器公司金融服務業的『頂梁柱』，我們之所以收購他的公司，主要是為了把他吸收到我們公司裡來。」

1986 年威廉・伍德希德退休，按慣例，作為董事長，他在退休之前要向董事會推薦他的接班人。作為候選人，當時有兩名，一名是 57 歲的蔡志勇；一名是現任副總裁，55 歲的康諾。最終，他選擇了蔡志勇。因為他清楚的看

到，蔡志勇在事實上已成為美國容器公司「偉大的策略執行者」，也更具有「發展事業的信念和能力，更有進取心。」

威廉·伍德希德那 1.4 億美元真是花得值得，人們讚嘆威廉·伍德希德的英明選擇。

是金子就讓它發光

領導者提拔人才應當不拘一格，不能因為一個人有這樣或那樣的缺點就將其忽略，打入冷宮或束之高閣。是金子就該讓它發光，是人才就該人盡其用。這是一條最起碼的用人原則。

一個曾受到眾人誹謗，大家公認無可救藥的人，經過你的仔細考察，發現事實並非如此，這人很有才華。因而，你大膽決定將這位下屬提拔上來。

一個曾經當眾辱罵過你的下屬，仍然因為他專業能力強，而被你不計前嫌的提拔到你的身邊。

一個相貌醜陋、身材矮小的下屬，你並不是以貌取之，而是考慮到他的真才實學，把他從眾人之中選拔上來。

一個過去是你的同事，現在是你的下屬的老朋友在你選拔、升遷下屬時，他與別人條件相同，但是，你並不因為與他是老朋友，而失去公平，優先提拔他。

對一個曾經犯過錯誤的下屬，你能辨證的看待問題，發現這位下屬的可貴之處和亮點，經過一段對他的培養、考察，把他提拔到一個新職位上。

一個知識、能力都比你強的下屬，你不會因為嫉妒不提拔他，而是勇於把他提拔到重要的位置上來。

做到以上這些，才能使你的領導工作順利展開，你的領導威信才能逐步

建立。雖然你提拔的人才一時還不能做得令大家滿意，但你不必過於著急，是金子，終歸有一天會發光的，這只是遲早的事情。關鍵是你提拔的下屬是不是真正的金子，正確有效的提拔下屬，能很好的證明這位作為選拔者的領導者所具有的用人素養。

如果下屬能從你用人態度上感到你辦事的公平合理，那麼，你就會受到下屬的信任，你的領導地位才能更穩固。

勇於提攜後進

有些人或許令你十分頭痛，他們是你的企業中的「後進分子」，渾身上下都是毛病。你身為領導者，對這些人必須抱以誠懇的耐心，投入你的熱情，去幫助和提攜他們。

提攜後進，籠絡其心，大膽使用，這些人必將成為支持你、幫助你的力量，至少，可以使他們在工作中不拖你的後腿。

「提攜」的方式有很多種：

（一）升他官。這是最明確，也最為人所同的提攜，但也要看他的才能才行，扶不起的阿斗反而會害了你自己，成為你的負擔。

（二）調整他的職務。這不一定是升官，但卻可讓他的才能充分發揮，而不致「悶死」。

（三）給他動力。例如不綁他手腳，讓他可以獨立自主的做，以便磨練他的才能。

（四）替他解決困難。一文錢可以逼死英雄漢，如果某人真是英雄，那麼就幫他解決困難吧。

（五）幫他脫離危險。在懸崖前拉他一把，明告他、提醒他或暗示他，

讓他免於毀滅或受傷。

（六）鼓勵他。在他灰心的時候、遭遇逆境的時候、被小人打擊的時候，在精神上支持他、鼓勵他，讓他振作起來。這也是一種提攜。

不過提攜後進時，你也要有心理準備。

（一）承擔風險的心理準備。看人不可能百分之百準確，有時也會把庸才看成將才，也會因個人的好惡而把惡狼當家狗，因此你提攜了他之後，有時候會有被拖累、背叛的危險。

（二）承擔流言的心理準備。「提攜」的動作如過大過廣，會被人認為是在培植勢力，甚至引起別人的反感和抵制，在大的團體裡這種情形尤其常見。

總之，任何事情有利就有弊，但提攜後進這件事對你個人來說，是利大於弊的，而且也不能因為有弊就拒絕提攜有才能的人物。歧視和冷落，只能使「小泥鰍」變為「老泥鰍」；提攜和重用，「小泥鰍」或許可以成「大龍」。很多企業家、政治家一直有忠心耿耿的屬下追隨，都是因為他們樂於提攜後進，用感情綁住了他們，利己也利他，所以，如果你有能力，有條件，那麼就伸出你有力的雙手吧！

找出年輕人的特長

企業僱用人員，很重要的一條是要寫明年齡界限。許多企業老闆對年輕人採取了敬而遠之的態度。

但是，不喜歡年輕人，不想充分發揮年輕人的作用，對一個企業來說，並不是什麼好事。年輕人有非常敏銳的感覺，他們能迅速接受新知識、新技術，具有很大的潛能。他們往往是企業保持活力的中堅。年輕人過少，就會

使企業氣氛過於沉悶，趨於沒落。這是很令人擔憂的現象。

企業老闆應當投入年輕人的圈子，融入他們的思想、行動之中，積極管理、放心使用年輕人。

首先，老闆應當懂得尊重年輕人。一方面，年輕人一般都帶來了新的知識和技術，有的雖然一時用不上，但也不能棄而不用。老闆要動腦筋來考慮年輕人的特長，替他安排適當的工作職位，發揮他們的才能。另一方面，年輕人天生具有不承認權威的傾向，如果老闆不主動接觸他們，則上下難以溝通，以致產生隔閡。

其次，老闆應盡量多採取年輕人的意見、觀點，不能隨便加以排斥。對他們提出的意見、建議，要挑選有用的、合理的加以採納，並給予相應的獎勵。

以誠招人

人才是人之精華，因此，人才是難得的。尤其是在社會人才不足的條件下更是如此。但是，只要領導者愛人才，以真誠的態度對待人才，就能聚集一支人才團隊，讓他們在自己的企業裡光芒四射，顯盡其才。而對人才的吸引力，主要表現為以誠待人。

例如：美國一家汽車輪胎公司的經理麥特先生，有一次在一家酒館飲酒，無意中碰到了一個喝得酩酊大醉的年輕人，不想卻惹怒了他，於是對麥特大打出手。在酒館老闆的勸阻下，這個年輕人才住了手。事後，麥特從店主那裡了解到，這個年輕人在附近的一家工廠工作，經常來這裡飲酒。有什麼煩心的事嗎？原來，據說他發明了一種能增加輪胎強度的方法，而且申請到了專利。但他找到了幾家生產汽車輪胎的廠商，要求購買他的專利，可是

都沒談成，而且還被指責說這是異想天開。年輕人感到懷才不遇，整天悶悶不樂，來到這裡借酒澆愁。麥特知道了這些情況後，對前些日子的衝突表示理解，並且決定聘請他到自己的公司裡來。一天早晨，麥特來到了這個年輕人上班的工廠，等到了他，但年輕人卻表現得十分冷漠，不願再向任何人談起他的發明之事，扔下麥特徑直走向了工廠，而麥特卻一直等在工廠的大門口。到了中午，工人們都下班了，卻不見年輕人的蹤影。這時，有的工人告訴麥特，那年輕人做的是計件工作，上下班沒有一定的時間。這天，天氣很冷，風也很大，麥特怕年輕人在他離開的時候下班走了，因而一直不敢離去，忍飢受凍的等著。就這樣，麥特從早上 8 點一直等到下午 6 點，這時，年輕人才走出廠門。這回他一見到麥特便一反常態，很痛快的答應了麥特的要求。原來，吃午飯時，年輕人出來看到麥特仍等在門口，便轉身回去了。當他知道麥特一天不吃不喝，在寒風中等了近 10 個小時之後，被其誠意深深的感動了。

　　麥特以真誠的心，得到了這個年輕人才，不久便推出了新的汽車輪胎產品。

第六計
容納百川

領導者要有大氣量

　　氣量小、心胸窄的人不適合擔任領導工作。沒有容人之量，便不能用人之才，從而也就失去了自己的魅力。領導者身肩重任，必須具備「容賢臣之量，識小人之明」，才能成就宏大事業。

　　在市場經濟的條件下，一些單位在創業階段，往往需要一個精明強悍的領導者。但這種領導者往往又比較獨斷專行。對此我們認為，對於領導這件事來說，在某種程度上可以獨裁，但絕不能沒有氣量。「宰相肚裡能撐船」，就是領導者氣量的最高表現。

　　領導者要是氣量小，便不能容納各種風格、各種能力的人為一個整體，使部下八仙過海、各顯神通。這樣，就會使自己的世界變得狹窄起來，同

時還會失去一部分人的支持。因此，作為領導者一定要心胸開闊，能容納各種人。

要是你的部下對別人說：「我們的領導者是一個心胸寬闊，而且非常堅持原則的人。」這實際上說明他們從心底裡佩服你，對你充滿依賴感。

幾乎每位領導者，都鼓勵員工勇於提出批評，並強調自己將會從善如流。這是既民主又親切的態度，確實贏得下屬片刻的擁戴。

所謂「片刻」，即指下屬也是敏感的一個族群，很快便知道他的葫蘆裡賣什麼藥。此後，下屬全面的擁護逐漸變成表面順從，背後則怨聲載道。

假如你是這班員工的領導者，當一些對你不滿的下屬離開公司，到另一家公司工作，別小看他的影響力，從他的口中宣揚你的「德性」，一個接一個的，你的作風很快傳遍商業界，對你的聲譽有損。

或許你心想：我確實是從善如流，但下屬的批評使我多麼難為情，太順從他們的意思，我的領導尊嚴豈非蕩然無存？

90%以上的領導者潛意識裡均有這種念頭，此念頭一生，往後便對下屬的批評抗拒，倘不加以改正，你很快會成為下屬眼中的暴君。

要讓部下佩服你

領導力需要掌握廣博知識，應屬致用之學。這是由領導者特點所決定的。知識的廣博與否，直接決定了領導者的潛力大小和發展前途，領導者層次越高，對博的要求也越高，但「博」不應是盲目的，而是有選擇的。只會喊口號，或只會憑個人喜好、個人意志行事的人，不會讓別人信服。

孟子說：「賢者以其昭昭，使人昭昭，今以其昏昏，使人昭昭。」

意思是說，賢者教導別人，必將使自己徹底明白了，然後再去使別人明

白。這句話告訴我們，首先使自己成為內行和明白人，是引導別人的先決條件，也是一種駕馭之方。

「打鐵先要自身硬」。領導者要想使人信服，首先得具備令人信服的本事。諸葛亮令行禁止，威望高，就在於他是高明的軍事家且有廣博的知識，上知天文，下知地理。在歷史上，從來沒有糊裡糊塗而又令人心服的領導者。

讓他們留下來

在每個企業中，難免會出現些「身在曹營心在漢」的不安分的員工，由於在其他地方的預期收益與發展機會會優越於你的企業，他們多要選擇「人往高處走」的明智策略，這對個人發展來說是無可厚非的，但對你的企業來說並不公平。

你也許已經給了他們很優厚的待遇，或是為了培養他們投入了龐大的心血和財力。他們棄這些而不顧，毅然出走，對你與企業來說肯定是一種財力與人力上的損失，也是對你自尊的傷害。

這些想跳槽的員工大多是「身懷絕技」的人，或是懷有雄心大志之輩，使用高壓手段硬留他們只會導致雞飛蛋打，不利於問題的解決。對待他們你最好本著「攻心為主，善始善終」的原則。

當你在發現了員工中有不安定的情緒時，就必須要出擊了，做好安撫民心的工作。你可以適當的向他們做一些承諾，這裡的前提是你有過兌現承諾的記錄，承諾的作用是先讓他們吃個定心丸，繼而為以後的攻心戰贏得時間。

攻心要以理服人，以情感人。你可以擺出公司組織發展的前景與現時的

短暫困境，你要強調未來的輝煌，而且不是虛誇。

這裡，你還要對跳槽者在公司組織中的地位做出堅決的肯定，造成他良心和責任感的發現。當然，在這個攻心戰中，你可以提及公司為他個人的發揮做出的龐大投資，以喚起他的良知，這裡的關鍵在於尺度的掌握。因為提得過多，會使員工產生企業一直是在利用他，而不是拿他當自家人對待的想法。

攻心戰要靠你個人的智慧與處理問題的技巧。但對去心已定的員工來說你的努力也許會白費。在這個時候，就別夢想著終有一日他會浪子回頭了。你要做的就是善始善終，使事情皆大歡喜。

跳槽者走時總會有一定的愧疚，你不妨可以對他說：「這裡的門時刻為你敞開著，有空來坐坐。」

這一句話，撞擊在他的心頭，也許會「震動」得他眼眶中的熱淚滾滾而出呢！在新的環境裡，他不會忘記過去服務過的這個溫暖的團體，也許在以後的業務往來與經營中，他還能鼎力相助！

挽留人才的祕訣

留住優秀的員工並不是一件很困難的事，只要領導者在工作中、生活上為人才營造公正平等與融洽的環境，使他們能在你的領導下有一種自我價值成就感，人才便會忠心的在你的旗下勤奮工作，回報於你。

下面是一些留住人才，使之發揮積極性的辦法，有很好的參考價值：

（一）委以更多的責任

（二）付給豐厚的報酬

（三）時常與他談一談他們的工作，獲得認同

不過這些簡單的方法還不能杜絕大部分公司裡發生的人才外流的問題。優秀的人才總是不斷離開原來的公司而另攀高枝。不要忘記有的時候你是無能為力的。

（四）努力挽留要離去的人才

如果一個優秀的員工離開公司去接受另外一份工作，他的老闆竟全然不知而大吃一驚，這實際上是該公司管理不善的一個信號。公司裡面應該有人事先就覺察到，並做出努力使這位不得意的員工回心轉意。

優秀的經理對其下屬的要求、工作的阻力以及有什麼事在使他們生氣等等，都應該非常敏感。員工的情緒處處都會表現出來，有時他們會遲到，工作拖拉，巧妙的告訴他的家人對目前所居住的城市很討厭等等。你或許不能解決所有這些煩惱，但你應該了解他們的困難並表示同情，有時候這些足夠了。

（五）滿足人才的志趣

一個員工的工作表現並不總是表示了他對工作的看法。常常有這樣的情形，某個員工僅僅依靠自己的才能和遵紀守法，就能夠在某個職位上工作得極為出色，而實際上他對這項工作毫無興趣。

例如，在某部門有一位經理工作極為出色，不斷打破銷售紀錄，可是他內心夢想的工作卻是該公司的電視部。從公司的角度考慮，他當然應該留在

原部門，去繼續創造記錄。但現實問題是，他一心要嘗試電視工作，如果其他公司滿足了他的要求，他很快就會離開公司。

對這個問題，非常有效的解決方法是讓他同時插手兩項工作。如果他確實很優秀，那麼參與電視部的工作不會影響他在原部門的工作，相反卻會拓寬他的知識面，從而使雙方獲得滿足。

（六）要和人才交流想法

如果說一個經理有責任對其助手的心理狀況敏感的做出反應，那麼這個責任是兩方面的，作為員工，他們應該向老闆訴說自己的想法波動和要求，而老闆們雖然難以探測他們的內心祕密，起碼應該使員工們能夠接近自己，並展現想法動態。

（七）快速提拔

有時候，你會有幸得到這樣一個員工，其能力極高，以致沒有人懷疑他一定會沿著臺階一直升上去。問題是，升到什麼位置以及以什麼的速度上升。你在提拔這個員工時一定要多動腦筋，因為他可能會對你的公司機構帶來破壞，如果沒有處理好這個問題，你不僅會失去他，同時還會得罪其他留在公司的員工。不用說，這是一個高階的煩惱，但是請不要輕視它。

一家公司曾聘用過一位年輕人在海外某部門工作。幾個月後，他就顯示出非凡的能力，其上司與之相比也顯得黯然無光。如果將年輕人提拔到他應該的位置，那麼他的上司將會因為不滿而破壞公司的安定。於是公司把他調到公司另一個駐外代表處擔任主任，充分發揮他的才能，那位年輕人實際上連升了三級，但公司沒有人注意到他的三級跳，也沒有人發牢騷。

（八）重視有前途的年輕人

在任何一個公司裡，新聘用的那些剛剛從大學或商學院畢業的優秀生最容易跳槽。他們是公司花了很大力氣去爭取的人才，他們是具有遠大前程的人才。但令人悲哀的是，他們也是各公司容易忽視的人才。

一個精明的、懷著雄心壯志的員工如果在加入公司後被扔在底層，被人忽視，那麼他很可能就要離開公司去尋找一個新天地了。

解決的辦法是：在最初 12 個月內，將新的員工看成一筆投資。如果你失去他們，確實是公司的損失，因為你只好在另外一個員工身上投資。在這 12 個月裡，觀察他們培訓他們，讓他們有機會接觸公司最有能力的人員，促使他們負責一些稍超過其能力的專案。就像一切投資一樣，這一項投資你不要希望立刻就回收利潤。其實，他們在你的公司工作得越長，利潤就越高。

（九）討價還價

較高的報酬當然是吸引人們跳槽的最大的原因之一。在這個問題上你基本無能為力。尤其是你認為對某個員工已經支付了與其能力相當，甚至超過其能力的薪資。

可以試著與他們討價還價，但這種方法在薪資問題上，無論對員工或對公司都沒什麼益處。

不要忌才

給予人才公平的待遇，是留住優秀員工的辦法。領導者還必須力戒個人私心，避免一些妒忌人才的表現，不使人感到窒息和壓抑，從而愉快的為企業效力。面對卓越人才，切忌有以下行為，哪怕有一點點，也會讓人心生厭

倦，產生「棄暗投明」的心理。

（一）視卓越人才為威脅

這是缺乏自信的表現，也顯示你未能成為一個成功的主管。

（二）常以太忙為藉口，逃避與他見面商討公事

沒有信心的人通常喜將自己藏在象牙塔中；明知下屬的才能比自己優越，故意把自己裝成大忙人，逃避現實。這種自欺欺人的方法不會持久，即使你騙過自己的下屬，也瞞不過你的上司。

（三）對他的意見淡而處之，或吹毛求疵

如果你想假裝民主，一方面表示歡迎下屬提出意見，另一方面卻將之擱置一旁；或毫無理由的將他的意見批評得體無完膚的話，你的計畫肯定會失敗。聰明的下屬不會再將他最好的意見給你，也不會再視你為上司，因他不屑與你這種行為的人共事一室。

（四）對公事保持高度祕密，使他工作不順利

凡事以公司機密為藉口，要他自己摸索道路，藉此打擊他的信心，不要凡事有過度卓越的表現。如果你企圖將他摒出局外，你會成功的；不過，當公司高層以同樣的手段對待你時，你將受到同樣的打擊。

（五）將他的成就據為己有

這是作為主管最常見的錯誤，亦即所謂「邀功」。主管把所有功勞歸於自己，向上級交代是自己的努力所致，抹殺下屬一番努力。久而久之，主管的美好形象被破壞殆盡，工作中再也沒有人願意多使勁，不求有功，但求無過的情況充斥整個辦公室。

（六）不斷給他急件，要他立刻辦妥

在他面前稱讚他的才能，又謂此項急件非他辦不可，次次如此，難免令他生厭，且懷疑你的居心。

正確對待部下的不足

求全責備還是捨短取長，這關係到領導者能否知人用人。求全責備，大才也會被埋沒，天下無可用之人；能捨短取長，人人可盡其力，天下無廢人。領導者應不拘一格識人才、用人才，讓他們發揮自己的長處，是騾子是馬拉出來遛一遛，以防讓人感到你壓迫人才，嫉才的嫌疑。

「金無足赤，人無完人。」是人總有缺點，對人才求全責備，即使有大才在身邊也視之而不見。戰國時衛國的苟變，很有軍事才能，能帶領五百乘兵，即三萬七千五百人，那時能帶領這麼多兵，可說有大將之才了。子思到衛國，會見衛侯時向他推薦苟變，衛侯說知道這人有將才，可是，他當稅務官時白白吃了農民的兩個雞蛋，所以不用他。子思聽了，要他千萬別說出去，不然，各國諸侯聽到了會鬧笑話。子思指出這種求全責備的想法是錯誤的，認為用人要像木匠用木一樣，「取其所長，去其所短」。合抱的大木，爛了幾尺，木匠也不會棄掉它。今處於戰國亂世，正需要軍事人才，怎能因白吃兩個雞蛋的小事而不用一員大將呢？因子思的話說到重點上，衛侯的想法才轉過彎來，同意用苟變為將。如果沒有子思的推薦和開導，有大將之才的苟變就會因白吃兩個雞蛋而被衛侯棄置不用了。

領導者對人才的求全責備，不只不能知人，且會危害人才。歷史上不少賢才之所以蒙冤，都是由於君主喜歡追究小過，如司馬遷只不過為李陵說

幾句公道話，卻被漢武帝處以腐刑，使他遺恨終生。蘇軾因對朝政有意見而寫幾首諷喻詩，卻蒙「烏臺詩案」之冤，下半生都被貶逐，過著顛沛流離的生活。而在歷史上，因上苛求人小過，別有用心和溜鬚拍馬之徒就趁機投井下石，極盡吹毛求疵之能事加以誣陷，因此，賢才蒙受不白之冤的事就更多了。

領導者一定要能夠正確對待知識分子的某些缺點和不足。使用時，一定要有「力排閒言碎語」，不怕「吹冷風」的勇氣和魄力。現在，在一些公司的人才使用中，常見一些人自覺不自覺的在遵循一條所謂的「保險法則」，叫做「有意見者不要輕易使用」，由此往往導致一批賢能之士、開拓創新之才被拒之於門外，而某些平庸之輩卻容易得到重用。

識人切忌求全責備，識人就是看本質，看主流，不能因有點短處而不見其長處。科學的對待人的短處和長處，人才是有的，不要因為他們不是全才，沒有學歷，沒有資歷，就把人家埋沒了。善於發現人才，團結人才，使用人才，是領導者是否成熟的主要標誌之一。富於領導經驗的人總是經常向自己提出問題。例如，當他認為某個下級不得力時，他就著重問自己：「這個下級有什麼長處？」「現在交給他的任務能否發揮他的長處？」「自己為發揮他的長處創造了哪些條件？」如果這些都做得不好，「不得力」的責任就應該在自己，而不在這個下級。

高明的領導者懂得，得力或是不得力是一個相對的概念，關鍵在於使用是否得當。用其所長就得力，用其所短就不得力。用人最忌諱勉為其難。如果硬要下級做他不善於做的工作，自然難於獲效，久而久之，還會導致上下級關係緊張。

對待上級和同級也是如此。利用上級的長處，既有利於上級的工作，也有利於下級的工作。例如，有的上級善於從統計數字中看出問題，有的善於

處理典型分析。下級就應當根據上級不同特長，給前者多提供準確的統計資料；而給後者多提供有代表性的典型。這樣，不僅為上級工作提供了方便，也便於上級了解下級的工作。對同級也是如此。用其所長，才能互相支持，要求人家做辦不到的事情，必然影響兩家關係。

看別人的短處容易，看別人的長處難，這是阻礙我們「識人之長」的障礙。例如，對待下級，管理者往往對其缺點和短處敏感，而使其優點和長處被掩蓋。再如，選人，我們過去常常本末倒置，不是從使用出發，著重了解其所長，而是把注意點放到被選者有哪些毛病，一再仔細的了解其短處，這樣就算選到短處不多的人，但也很難得到很有本事的人才。其結果勢必逼著我們去做那種用其所短，勉為其難的蠢事。選人的原則，應當不是選沒有毛病的人，而是選有本事的人。往往長處明顯的人，短處也明顯，如果只著眼於短處的缺點，就會選不到有用的人，因此也就做不到用其所長。

當然，這不是說可以不顧及缺點和短處。對待缺點和短處，管理者的態度是，如果不影響交給他們的工作和長處的發揮就不必苛求。領導藝術的作用，是如何運用組織手段和思維工作，克服短處，使其不發生影響，而不是聽之任之。譬如對於那些特質上存在某些缺欠的人，儘管他有一技之長，也不能忽視其問題，要在用其所長的同時，輔以必要的措施，防止對我們的事業帶來損害。

識人切忌求全責備，這就要求人事部門，尤其各級的領導者和管理人員都要知人之長，善用其長。如果「喬太守亂點鴛鴦譜」，捨其所長，用其所短，即使是委以重任，也是違背現代管理原則的。

第七計
舉賢任能

三種基本的才能

一個企業的最高領導者不可能事必躬親。因此,任用選拔各級各類管理人才是一樁必不可少又至關重要的事務。在選用管理人員時,首先必須重視、考察其是否具備管理者的基本才能,即技術才能、人事才能和綜理全局的才能。

(一) 技術才能

通曉並熟練掌握某種專門的技術,特別是包括一系列方法、程序、工藝和技術等的專門活動。越是低層的管理者,技術才能越重要。對較高層的管理者,並不要求他熟悉掌握各種技術。技術才能一般是透過各種學校訓練

出來的。

(二) 人事才能

是指處理好人與人之間合作共事關係一種能力。有高度人事才能的人，總是很注意自己對待別人和團體的態度、看法和信任情況，並了解自己這些感覺對工作是否有利。他能容忍和自己不同的觀點、感情和信念，善於理解別人的言行，也善於向他人表達自己的意圖。他致力於創造民主的氣氛，使下級勇於率直陳言而不擔心受到報復。這種人十分敏感，能判斷出一般人的需求和動機，能採取必要的措施而避免其不利影響。這種才能必須實實在在、始終如一的表現在自己的言行裡，成為這個人的有機組成部分。

要求不同階層的人的人事才能有不同側重點：基層管理人員主要能讓自己領導的人員協調一致的工作；中層管理人員則能承上啟下，聲息貫通；高階管理人員應當具有對人事關係的高度敏感性和洞察力。這種才能也和技術才能一樣，越是基層管理人員就越應具備這種才能。人事才能的培養，單靠學校學習是不行的，還必須在實踐中學習、體會。

(三) 綜理全局的才能

這種把企業作為一個整體來管理的才能。包括了解企業中各種職能的相互關係，懂得一個組成部分的變化將如何影響其他各個部分，進而能看清企業與行業、社會，乃至整個國家的政治、經濟力量之間的相互關係。這是成功決策的必要條件。

綜理全局的才能不僅極大的影響企業內部各部門之間的有效協作，而且極大的影響企業未來的發展方向和特點。事實證明，一個高階管理者的作風常常對企業的全部活動產生重大影響。這種才能是高層的管理人員最重要的才能，往往決定企業的命運。

　　由此可見，綜理全局的才能在管理過程中是一個統帥全局的因素，具有極其重要的意義。這個才能的獲得，必須靠長期在企業中學習、實踐，並有上級直接進行指導。

　　總之，這三種才能是互相連結又互相獨立的，是一個優秀的管理人員必須具備的。

用人之長的祕訣

　　美國著名管理學家彼得‧杜拉克提出：有效的管理者能使人發揮其長處，作為共同績效的建築材料，而不是以人的弱點為基礎。

　　用人之長四戒是：

(一) 切忌選用「樣樣都是」的人

　　才能越高的人，其缺點往往也越顯著。有高峰必有深谷。「樣樣都是」，必然一無是處，誰也不可能是十項全能。世界上沒有真正什麼都能幹的人，只是在哪一方面「能幹」而已。

(二) 切忌「聽我話就是好幹部」

　　有效的管理者知道他們是用人來處事的，不是用人投主管者之所好。有效的管理者從來不問「他能跟我合得來嗎？」而問的是：「他貢獻了些什麼？」他們從來不問「他不能做些什麼？」而問的是：「他能做些什麼？」

(三) 切忌不要因人設事，而要因事用人。

　　用人應保持以「任務」為重心，而非以「人」為重心。用人不能只注意「誰好誰壞」，而忽略了「什麼好什麼壞」；用人不能只問「我喜歡此人否」或

「此人能用否」，而不問「此人任此職，是否能有所成就？」

（四）切忌嫉賢妒能，不能容人之所長

不要認為他人的才能可能會構成對自身的威脅，世界上從來沒有發生過因部屬有才能反而害了主管的事。美國鋼鐵工業之父卡內基的墓碑碑文說得最透徹：「一位知道選用比他本人能力更強的人來為他工作的人，安息於此。」卡內基能容人之所長，用人之所長，他是一個有效的管理者。

用人之長四訣是：

（一）不要將職位設計成只有上帝才能擔任的職位，不能設計成一個簡直不是「常人」所能擔當的職位。一個企業的好壞，不是靠天才，而是它有能力可以使一般人在企業中做出非同一般的成績。

（二）對每個職位的工作要求有一定的難度和廣度。難度是指對每項工作要有一定的挑戰性，這樣才能促進人盡其才；廣度是指各個職位的工作有較廣泛的內涵，這樣才能使任何與這項工作有關的能力都有施展的可能，並產生積極的成果。

（三）用人應先搞清楚這個人能做什麼，而不是一個工作職位要求什麼，即有效的管理者在決定安置一個人的職位之前，應首先考慮這人能做什麼，而這種考慮應與職位分開。

（四）有效的管理者知道在用人之長的同時，必須容忍人之短，且不可整人之短。切記西諺所說：「僕役眼中無英雄。」

總之，管理者的任務在於發揮每個人的才能，使之以一當十，以十當百，發生相乘的效應、組合的效應、放大的效應。

用人三忌

（一）不選「影印本型」下屬當主管

這類下屬的特徵是，以上司的是非為是非，從衣著到日常小動作，都學上司，簡直是上司的碳紙影印本。

問題是，影印本始終比不上原本清晰，碳紙影印型下屬即使被選為接班人，至多做到循規蹈距的地步，難以出現突破性的局面。

不過，有不少自視清高的上司，都樂於見到自己為下屬的模仿對象，因為這很滿足他們那份自大感，覺得後繼有人。

其實真正有遠見的主管，絕不會選擇和安排碳紙型下屬作為接班人，因為這種人頂多能做到他們以前上司的水準，很難攀上更高境界。

況且，面對著瞬息萬變的世界，管理、經營的手法，方針也須隨時改變，不可墨守成規。碳紙影印型下屬缺乏創新能力，只懂得按老方法辦事，很可能把整個機構拖垮。

（二）不選「蜜蜂型」下屬當主管

這種人非常勤奮工作，彷彿一天四十八小時也不夠他們使用。別人上班前他已抵達辦公室，人家下班時他還在埋頭工作，甚至在假日時，他還放心不下，回到辦公室轉一轉。

相信許多主管都喜歡這種類型的下屬。不過，這些主管很少把勤奮與效率等同起來。實際上，勤奮工作的人不一定是有效率的人。

你可能遇見過一些不停工作的人，但當你檢查一下他的工作成績，可能令你大吃一驚，發現其效率原來低得出奇。

每一個主管都願意見到屬下勤奮工作，但他們必須記著，不停工作的下屬未必是最好的下屬。有些人做事不得其法，平白虛耗了精力和時間。蜜蜂型的下屬固然是提拔的好選擇，但請先要弄清楚他是否是一個「將勤補拙」的人。如果是的話，就無須考慮提升他了。

蜜蜂型下屬還有一種弊端，他們不懂得分辨一件工作的重要性；就是說，他們只曉得工作，而不知道先後次序的問題。

於是乎，明明是一件急待辦妥的工作卻被拖延，不那麼緊迫的卻優先處理。本末倒置，全無準則。

在他們心目中，只要把工作做好便是至高無上的目標，其他問題他們都不管。

一旦你選定了蜜蜂型下屬作為接班人，便會帶來嚴重的無政府狀態。他們會把你辛苦建立起來的傳統在數月內揮霍殆盡。他們雖然擅長於工作。對當領導者卻不得其法，不久，便會遭受怨氣沖天的下屬鄙棄。

看來，蜜蜂型下屬並非當主管的人才。

（三）不選諂媚者當主管

諂媚者在各行各業中都可以找得到。這類下屬有一個特徵：永不反對或駁斥上司的指示。無論在什麼場合上 —— 私人聚會或公開會議上 —— 諂媚型下屬只曉得做一種動作，點頭同意上司說的每一句話。

這類型下屬內心有一份揮之不去的恐懼，那就是做出本身的決定。

也許這與他們長期點頭同意上司的習慣有點關係，這令他們連提出自己意見的能力也逐漸被遺忘或根本喪失了。

在他們心底裡，只相信一種真理：同意上司的人令上司對他有好感。而反駁上司的人只會造成不必要的麻煩。

　　諂媚型下屬的想法是，許多上司雖然口口聲聲表示自己很民主開放，樂於聽取各方面的批評或意見，其實最討厭下屬指出他們的不是，因為這無形中已損傷了他們的權威。實際上，絕大多數上司都喜歡下屬贊成自己的提議或想法。既然事實如此，那又何必下那麼無謂工夫，索性從一開始就點頭到底好了。

　　諂媚型下屬不斷找尋一位強有力的上司去保護他們。至於什麼個人尊嚴，早已丟在九霄雲外。他們最大的目標，就是使本身的「靠山」高興，其他一切都不管。

　　除非上司是一位典型的「昏君」，否則他絕不會培植諂媚型下屬做自己的接班人。因為這下屬除了懂得「拍馬屁」之外，根本就缺乏主見，一無可取。

　　主管利用他們來替自己辦些私人瑣事倒是相當理想的，在這方面，他們定能辦得妥妥當當。此外，由於他們全無主見，亦無真才實學，試問怎樣可以登上高位，管理業務和人事？

　　這種類型下屬之所以能夠在公司內生存，乃是由於他們看透了人性的弱點（上司喜歡聽奉承話），再加上他們奉迎有術，才能風光一時。對付這類下屬，最適當的處置方法便是降他們級或調他們到另一部門工作，作為一種警戒。當然，只有精明的上司才會這樣做。

善用鬼才

　　這些人往往因為太自負而影響到組織的正常運作，雖然這些人的團結性不夠，常常指責別人的工作表現沒有他好，但是他們的表現的確不同凡響。然而，他們的成績往往無法補償對其他人所造成的影響或損失。他們工作表現太好了，甚至會威脅到你的地位。還有，這些人往往瞧不起職務比他們高

的人，除非是能鼓勵他的人，否則別人是不在他們眼裡的。另外他們的能力非常強，能提出的構想往往會令你招架不住，同時希望你能夠及時對這些構想做出反應，並且和他們一樣的敏捷。

通常這些人自視甚高，只有 5 分鐘熱度，無法持久，因此很多好的表現也往往只是曇花一現。還有，對一切事情看不順眼，對眼前的障礙更視如眼中釘、肉中刺，急欲除之而後快。最後，他們也往往無視於公司的某些政策性規定，譬如，當預算的限制無法實施他那絕佳的構想時，他們常常會心生不滿，並不會顧慮到其他的客觀因素。

因為每一個組織都需要這種人的聰明才智，因此你必須找出一個能「駕馭」他們的方法，但首先必須要確定他們不會干擾到組織內的其他人。可以給他們一些特別的工作計畫，或特別的目標，看看是否真的有傑出表現，因為這些人極需工作的滿足來向別人炫耀自己的能耐。此外，也可給他一些超過其能力範圍的工作，除了可以挫挫他的銳氣之外，還可以讓別人多學學他的辦事方法。

活用「專家」式部屬

凡是不適於團隊生活的部屬，通常很難加以指揮，而大部分具有專業知識和技能的人，便往往顯得與整個團體格格不入。領導者要活用他們，使他們為你效力。如處理不好與他們的關係，對他們加以寬容，會更增其氣焰，導致團隊中的和諧破壞無遺。

此種屬於「專家」式的部屬大致分為兩種類型：

（一）富有工匠氣息者

（二）強調行動的實力派

對於具有工匠氣息的部屬，領導者應給他足以發揮實力的工作，以便充分的利用他的能力。

對於強調行動的實力派部屬，領導者最好扮演顧問的角色，放手讓他去獲得充分的自我發揮。自古以來，大部分具有專業知識與技能的人往往由於過度自信而顯得趾高氣揚，凡事自以為是，不願接受團體規章的約束。此外，由於他們通常自詡為「專家」而視其他人員為無知，致使團體中的和諧破壞無遺。

當然，領導者為了借重這類「專家」的特殊技能，往往對其加以寬容，殊不知如此只有使他們更增加其氣焰。

事實上，這些專家們不外乎存有兩種特質：其一為富有強烈工匠意識者，他們經常致力於本身的技能成果，於是難免與現實的行為原則脫離。另一種類型則為精通實務、強調行動者。若能掌握個別的特質，則不難加以運用。對於前者，領導者若能給予適當的工作，讓他獲取某方面的成就，不但他本身深感心滿意足，對公司而言也是一大貢獻。對於後者，領導者與其施行管理，不如成為他的顧問，放手讓他去做，往往即可產生意想不到的效果。

管好獨行俠

企業是一個團體，團體中的每一個成員都應該有互相協作的精神，然而有的下屬自恃才高八斗，對同事甚至對上司也不屑一顧，獨來獨往。領導者如果放任此種人獨來獨往，後果是十分嚴重的。企業上下亂成一團，談何團隊精神的存在呢？精明的領導者對獨來獨往的人要柔中帶剛，使其歸回團隊，提高團隊的工作效率。

對付這樣的下屬，既不能隨便解僱，也不要讓他長期如此，否則，會損

害整個團體的工作效率。

「獨斷專行」的下屬即使具有相當的實力，也極易造成領導者在管理工作上的負擔。

面對這種類型的下屬，須先好好的分析其性格傾向，等到有一番了解後，再充分的加以運用。

對於獨斷專行的下屬，必須一再的向他強調事情獨斷的限度，同時迫其嚴格遵守這個界限。因為，一旦他擅自為所欲為並出了差錯，再來對其叮嚀已顯然太遲。

領導者對於這種類型的下屬應多加以約束，而無論他多麼具有實力，也不可交付他最重要的工作。

獨來獨往型的人向來對自己的能力頗具有自信，而且總想獨自一人完成任務，以贏得個人的榮耀。因此，對領導者而言，雖然他屬於自己的下屬，卻往往無法掌握他的行蹤，也不知他究竟在做些什麼，如此一來，經常不斷的為他焦慮擔心。

正因這種類型的人充滿自信、自以為是，凡事均不找領導者商量，也不保持密切的聯絡，完全採取獨斷專行的作風。如果領導者繼續對其放任不管的話，將必產生無法彌補的結果。因此，領導者千萬不能將重要的工作交付予他。

領導者在交付工作予這種類型的下屬時，必須以柔和卻堅持的態度叮嚀他：「關於這件工作，我很信賴你才交給你去做，但是請你務必不要忘了隨時和我保持聯絡！」此外，不妨讓他隨身帶著手機，而定時與他保持聯絡。

管好獨行俠，不讓他獨來獨往，是一個領導者必備的能力。

第八計
揚長避短

充分發揮人的優點

　　正確的用人之道，是充分發揮一個人長處的優勢，避開一個人短處的劣勢。用人就是用他的長處，使他的長處得到發展，短處得到克服。

　　人的長處與短處不僅有長短伴生的同一性，而且還具有長短相抑的對抗性。這種對抗性表現在矛盾著的長短雙方相互抑制、相互排斥和相互否定。

　　如果從人的長處著眼，為使用對象提供和創造良好的條件，讓他的長處得到充分發揮，那麼這個人日益成長的長處優勢就會抵消短處的影響，或者填補短處的缺陷，或者抑制短處的劣勢。

　　第二次世界大戰後，日本的松下幸之助為重建松下集團中的勝利者公司，從許多的人選中挑選了原海軍上將野村吉三郎，決定派他擔任勝利者公

司的經理。該公司是以經營音樂唱片為主的大型企業，野村對音樂、唱片一竅不通，也不會做買賣，只不過曾在日美戰爭中作為和美國談判的特命全權大使而有點名氣。對於野村的出任，松下集團裡各方面看法不一，懷疑他能勝任此職的占大多數，連野村也認為自己完全不懂業務，把握不大，如果硬要他做，除非派幾個懂業務的給他做助手才行。

野村上任後，一次董事會上討論到音樂作品《雲雀》的事，野村問人家：「《雲雀》是誰的作品呀？」堂堂的唱片公司經理竟不知道名曲《雲雀》，這件事一下傳到了社會上，人們議論紛紛，指責說，這種人怎麼能擔任勝利者公司的經理？

松下集團最高決策人松下幸之助胸中有數，他認準野村不但有豁達大度、人格高尚的特質，而且更具有極會用人、擅長經營的能力。他針對野村的長處和短處，採取揚長抑短的用人策略，為野村配備了優秀的業務人才，讓他們把一切業務工作承擔下來，使野村居於他們之上，擺脫具體業務的纏繞，發揮他組織、調度，控制和督促大家的作用。結果如松下所料，勝利者公司在野村的經營下，經濟效益迅速提高，企業一派興旺。

如果不是從人的長處著眼，發揮人的長處優勢，以長補短、抑短，而是反其道行之，用人的短處不用人的長處，那就會使人的長處被短處所排斥和否定，不能充分發揮人的作用，出現用人的失誤。

清代人申居鄖說：「人才各有所宜，用得其宜，則才著：用非其宜，則才晦。」這裡講的「所宜」，就是指的要根據人的長短相抑的規律，正確的用其長不用其短。用了人的長處，就能有效的抑制短處，其才能會顯得更加突出；若用了人的短處，就會使長處受到抑制，結果其才能就要暗淡消失。因此，春秋時期的管仲指出：「明主之官物也，任其所長，不任其所短。故事無不成，而功無不立。」也就是說明清醒的用人者懂得用人之長，不用人之短，

這樣辦事才會成功。

沒有永遠的優勢

尺有所短，寸有所長。長與短都不是絕對的，任何時候沒有靜止不變的長，也沒有靜止不變的短。在不同的情景和不同的條件下，長與短都會向自己的對立面轉化，長的可以變短，短的可以變長。這種長短互換的規律，是長短辯證關係中最容易被人忽視的一部分。

人的長處與短處在一定條件下發生互換，司馬遷在《報任少卿書》中說：「勇怯，勢也；強弱，形也。」就是說人的勇敢與怯懦兩種長短性格、強大與弱小兩種長短力量，都是會因形勢的不同而變化的。

被稱為「史家之絕唱」的《史記》就有這樣的史事記載。秦舞陽受燕太子丹的派遣，與荊軻一起去完成行刺秦王的特殊任務。壯士秦舞陽在平時是非常勇敢而凶猛的，《史記》說他「年十三，殺人，人不敢忤視」。但是，當他隨著荊軻走進肅穆森嚴的秦宮，來到位尊勢威的秦王跟前時，性格發生了變化，勇敢向怯懦轉化，不由自主的產生了恐懼，連臉色都變了。

長短互換的規律使我們理解到，任何時候對任何一個人都不要僵化的看待，不要靜止的看待一個人的長處和短處，要積極的創造使短處變長處的條件，同時也要防止長處變短處的情況發生。

誰違背了長短互換的用人規律，誰就會受到懲罰，連高明的用人者也不例外。

神機妙算的諸葛亮就曾經在這一點上因「慮事不周」而造成「用人不當」。228 年，諸葛亮為伐曹魏，親率軍隊向祁山方向出擊，魏國派大將張郃領兵迎戰，與諸葛亮派去守街亭的前鋒馬謖相遇。馬謖自以為熟讀兵書，不按諸

葛亮的部署，也不理睬副將王平的勸阻，棄城不守，捨水上山。結果被張郃包圍，切斷水源，不戰自亂。張郃乘機進攻，大敗蜀軍，馬謖逃走，失去街亭。這一敗仗使諸葛亮失掉了北伐的進攻據點和有利形勢，只得收兵回到漢中，後來雖然按軍令狀處斬了馬謖，但教訓十分慘痛。

諸葛亮錯用馬謖，問題就出在對馬謖這個人的長處短處會發生互換沒有料到，這不能不說是諸葛亮的失算。馬謖自幼喜讀兵書，有主見，談起軍事理論滔滔不絕，這是他的長處。這種長處用在當參謀能發揮優勢，所以在街亭之役以前，諸葛亮曾成功的採納他所獻的反間計，使曹魏一度棄司馬懿不用。但是環境變了，條件變了，他的長處卻變成了招致失敗的短處。馬謖從參謀位置變到主將之後，因讀兵書多而看不起有實戰經驗的王平，因迷信軍事理論就擅自更改諸葛亮的戰役部署，因自恃主見就驕傲自滿，聽不進旁人的不同意見，結果一意孤行，落了個兵敗身亡的成功。

違背了長短互換的用人規律，用人難免失敗；倘若注意了它，並遵循這條規律，就能獲得用人的下場。

中尾哲一郎作為松下電器公司技術部門的最高負責人，後來當上了公司的副總經理，是松下集團中出類拔萃的人才之一。而他的起用卻有一段經歷：他原本是由松下公司下面的一個承包工廠僱用來的，那個承包工廠的老闆有次對前去視察的松下幸之助說：「這傢伙沒有用，盡發牢騷。我們這裡的工作，他一樣也看不入眼，盡講些怪話。」松下倒覺得像中尾這樣的人，只要換個合適的環境，採取得當的使用方式，愛發牢騷愛挑剔的毛病有可能變成勇於質疑勇於創新的優點。於是他當場就向這位老闆表示，對中尾很有興趣，願意請他進松下公司。後來，中尾被聘進了松下公司，在松下幸之助的任用下，果然弱點變成了優點，短處變成了長處，表現出旺盛的創造力。

要揚長避短

揚長避短用人方略的運用，重點在於充分揚長。雖然揚長與避短是用人過程對立統一的兩個方面，但其中揚長是產生決定性作用的主導方面。因為人的長處決定著一個人的價值，能夠支配構成人的價值的其他因素。揚長不僅可以避短、抑短、補短，而且更重要的是，透過揚長能夠強化人的才能和能力，使人的才能和能力朝著用人目的所需要的方向不斷成長和發展。

（一）按特長領域區別任用

主觀和客觀的局限性，決定了任何人只能了解、熟悉和精通某一領域的知識或技能，因此人在知識和技能方面的特長具有明顯的領域性特徵。一個人不管他在知識和技能上發展得多麼突出，成長得多麼卓越，也只能在他所適應的領域具備特長，一旦離開他適應的領域來到不適應的領域，這些知識或技能上的特長就可能不會顯示出優勢，失去特長的意義。

用人必須根據人的特長領域性，堅持區別對待、因人而用的法則。用人時應該注意先要了解和弄清楚使用對象的特長是什麼，這種特長適用於哪個領域，按照人的特長派用場，使工作領域與人的特長對口。工作領域和人的特長二者中，應把考慮的重點放在人的特長這一方，要因人而用，不要唯用責人，更不要削足適履，人為的強求人家改變或放棄自己的特長勉強去適應工作。善於用人的領導者，總是針對人的領域特長，安排適宜的工作，分派適合的任務，以發揮人的特長優勢。朱元璋打天下的時候，從浙東得到「四賢」，他根據他們各自術業的專攻，予以不同使用。劉基善謀，讓他留在身邊，參與軍國大事，宋濂長於寫文章，便叫他掌管教育，葉琛和章溢有政治才能，派他倆去治民撫鎮。拿破崙也很注意按人的特長去用人，他所組成的

政府，立法、財政、內政大臣都是學有專長的著名學者擔任。按照特長領域性去用人，常常會收到最佳的用人效果。

(二) 按特長的變化而用

人的特長雖然只適用一定的領域，但也不是一成不變的。人的特長還具有轉移性，可以從這一領域向另一新的領域發展，發展的結果往往是新領域特長超過原領域特長。這種特長轉移的現象在人類的創造發明活動中可以找出許多的例子，如新聞記者休斯發明電爐，獸醫鄧洛普發明輪船，律師卡爾森發明影印機，畫家莫爾斯發明電報，軟木塞的經銷商人吉列發明安全刮臉刀，記帳員伊斯曼發明新的照相技術等。

這些特長轉移的人，往往是難得的優秀人才。他們之所以發生特長轉移是因為創造性思維活躍，勇於衝破習慣的束縛，善於進行創新活動，具有一般人所不及的開拓精神和創造能力。發現人的特長轉移之後，用人者要及時調整對人的使用，要盡可能的重新把他們安排到適合新特長發揮的工作領域，為保護新特長的發展，促進新特長的發揮創造良好的環境和條件。

(三) 把握最佳狀態，用當其時

人的特長隨著人的年齡變化、精力的變化有可能成長，也有可能衰退。這種特長的成長或衰退就是特長的衰變性。它的變化軌跡呈曲線，一般是開始向上成長，當成長到峰值期的時候，特長不再成長，保持一個階段之後，就向下衰退。

由於每個人的情況不同，每個人的特長衰變速度有快有慢，衰退期的到來有早有遲，特長峰值期的持續時間有長有短。

了解了人的特長的衰變性，用人就要講究用得其時，要在人的特長上升成長階段和峰值期予以重用，以便充分讓他們的特長發揮作用，不要等人家

進入衰退期了再用。到了那時，人的特長發展階段和高峰保持階段已過，再用就很難發揮揚長的作用了。

（四）善於開發、挖掘和培養人的特長

人的特長具有用進廢退的性質，特長越是用它，它越能發展，越能增進它的優勢。相反，如果不用它，廢置一邊，那它得不到增進發展的機會，久而久之，就會退化萎縮。

用人應懂得人的特長用進廢退的道理，要善於在使用中開發人的特長、挖掘人的特長，促進人的特長發展。透過使用，在實踐中培植人的特長，養育人的特長，開發人的特長。發現和看到人的特長而不使用，不僅是最大的人才浪費，而且也是對人才的一種可怕的壓抑。

（五）強中更有強中手

一個人的長處是相對其他人來說的，是透過比較才被人承認的。說某人在某方面優異、能幹只是說相對的比他人表現得更好些，更突出些，並不能就此把某人的長處看作是某一方面最完美、某一領域最窮盡的事物。所謂「山外青山樓外樓」、「強中自有強中手」，就說明了特長相對性的道理。

認識了人的特長相對性之後，在挑任用對象時就要堅持擇優原則，做到以特長取人，誰的特長突出，誰的才能最好，誰的能力最強，就任用誰。

尊重人才的意願

領導用人的一個小竅門，就是走終南捷徑 —— 用當其「願」。因為人才的創造思維和創造才能，在很大程度上，受到他的心理狀態的影響和制約。

第八計　揚長避短

當人才受到良好的外在因素的刺激（諸如向他提供必要的工作條件和物質條件，滿足他的成才意願和目標選擇等），他的心理生活就能保持積極的狀態，他的心理活動，也能穩定的處在理想的質和量的水準上，這就是我們所說的產生了最佳心理。人才的最佳心理，是他順利從事創造性的社會活動和生產活動的基本條件。要想合理使用人才，一個必須認真考慮的重要問題，就是怎樣盡力做到用當其「願」，使其產生最佳心理。圍繞這一問題，應該著重掌握好以下 3 個環節：

（一）充分尊重個人選擇權

使用人才，是以組織上為一方，以被使用的個人為另一方。按照組織原則，組織上出於事業發展的需求，和對個人的考察，有權將一個人才安排在一定的職位上，而這個人才，作為一名自覺的帶動者，也應該不計個人得失，無條件的尊重和服從組織上的正確安排。這些道理是人人皆知，無須多說的。

為了更合理的使用人才，為了避免可能出現的用人失誤，領導者在使用人才時，應該充分尊重他們的個人選擇權，盡可能做到「兩廂情願」，而不是「單相思」。

如何充分尊重個人選擇權，當前，各級選才者應當認真做到以下幾點：

① 盡力掙脫「左」的觀念的束縛，切實按照人才學所揭示的人才成長規律，科學、合理的使用各類人才。要將人才正當行使個人選擇權，積極協助組織上選擇成才目標，與「計較不個人得失」、「私心雜念嚴重」、「伸手要待遇」嚴格區別開來。

② 努力消除那種認為管理人才是「通才」、「萬金油」、「擱在那裡都一樣做」、「不需要進行個人選擇」的糊塗觀點，充分認知管理人才在

內在素養上存在的差異性，以及各個不同的管理職位在工作條件和人際環境上存在的差異性，從而正確看待管理人才進行目標選擇的重要性和必要性。

③ 在組織上正式做出用人決策之前，應該盡可能充分徵詢各類人才的抉擇意見。在個人意願合情合理，客觀情況又能夠滿足他的要求時，組織上應盡量予以滿足。

④ 徵詢個人選擇意見，可以採取多種靈活、巧妙的形式，或者「正式談話」，或者「隨便聊聊」，或者「側面了解」……總之，應該隨時掌握每個人才的成才抱負和個人志願，從而為合理使用他們累積必要的決策依據。

⑤ 尊重個人的選擇權，不等於服從、遷就個人選擇權，它是以肯定組織選調權為前提的。當某個人才提出的個人意願，不符合組織需求，或者客觀條件一時難以滿足時，組織上應該做好必要的解釋說服工作。耐心詳細的解釋說服，既是對人才的關心幫助，同時也進一步表現出了對個人選擇權的重視和尊重。

只有做到上述幾點，各級選才者才能較好的處理組織選調權與個人選擇權的辯證關係，在正確行使組織選調權的同時，充分尊重人才的個人選擇權。

（二）熱情鼓勵「自薦」

透過「自薦」來選拔人才，不僅是一種充分發掘人才的有效方法，而且是一種全面了解人才的素養優勢和成才追求的理想形式。尤其是對於那些「潛人才」，採用自薦的方法來發現和起用他們，更是一種必不可少的選才手段。實踐證明，合理使用「自薦」人才，大都能夠做到用當其「願」，實現工

作需求和個人意願和諧統一，從而使人才產生最佳心理。

從行為屬性來看，自薦也屬於個人選擇權的範疇。不過，如果按照人們的傳統習慣來理解，那麼自薦通常是在選才者尚未發現、尚未考慮，甚至尚未了解被選者的情況下，被選者被迫主動採取的一種更為大膽的選擇成才目標的行為。發生在各級領導層的領域裡，由於管理工作的特殊職業性質決定了自薦的內在含義和表現形式，實質上就是對某一特定的「管理職務」的追求；由於在自薦者中間，難免混雜著少數動機不純的人，因而有時和「伸手要官」似乎很難區分。

要區分「自薦」和「伸手要官」，其實也不難，只須對「自薦」者實事求是的進行具體分析。進一步弄清楚：

①　自薦者是德才兼備的「君子」，還是圖謀私利的「小人」

②　他是在什麼情況下自薦的，究竟是為公自薦，還是為私自薦

③　現在占據某個「官」位的領導者是否稱職

④　自薦者的德才素養，是否比現在占據「官」位的那個領導者強，他能否勝任此職。

自從世界上的一切知識和工作，出現明顯的「軟」、「硬」之分以來，人們便逐漸產生了一種偏見，似乎伸手要「硬」工作，無可非議；而伸手要「軟」工作，卻大逆不道。連唐代著名的諫臣魏徵，也曾以「自知亦不易」，唯恐助長了「愚暗之人」追逐名利的浮薄風氣為理由，反對唐太宗宣導自薦。顯然，這種世俗偏見，對於鼓勵更多的潛人才出來「自薦」，是十分有害的。

在改革開放的年代，不少德才兼備的優秀人才透過自薦走上關鍵性工作職位，獲得了令人矚目的成績。他們的成功崛起，使我們至少可以獲得以下幾點深刻的啟示：

①　自薦，對於那些使用不盡合理，一時又難以充分享受「個人選擇

權」的潛人才來說，實在是一種最有效的顯露成才意願和素養優勢的手段。

② 自薦是及時糾正錯誤使用人才，促使組織上更全面了解人才的成才志向，從而盡可能合理使用人才的一條重要途徑。

③ 當自薦的願望一旦得到滿足，往往能使人才的心理活動躍升到一種最為積極的狀態，並使他的心理活動立即處於最為理想的質和量的水準之上，從而在社會的實踐中，產生難以估量的龐大能動作用，獲取令人吃驚的社會效益和經濟效益。

由此觀之，熱情鼓勵自薦，是用當其「願」、促使各類人才產生最佳心理，合理使用人才的一個十分重要的環節。

(三) 用人不疑，授以職權

人才在其成長過程中，大都有兩條最主要的「心願」：其一，如前所述，能夠享有選擇「成才目標」的自由，盡可能達到工作需求和個人志向和諧統一；其二，能夠受到上級的充分信賴，並擁有實現成才目標所需要的相應職權。這後一條，用古人的話來說，就是：「用人不疑，授以職權。」

用人不疑，授以職權，是一根鏈條上兩個相連的「環」。前者為先決條件，後者為必然結果。只有做到「用人不疑」，才可能「授以職權」，反之，如果不「授以職權」，「用人不疑」也就成了一句空話。在使用人才時，只有充分信賴他，並放手向他提供成才所必須的相應職權，才能遂其心願，使其產生「最佳心理」，從而更健康的成長。

在這方面，主要應注意以下 3 點：

① 有句話說：「疑則勿任，任則勿疑。」歷史上無數事實顯示，用人不疑，確實是一條重要的用人政策。但是，用人不疑的對象，應該是

德才兼備、符合標準的各類人才，包括各級管理人才。劉邦重用陳平而不信小人讒言，致使自己成就千秋功業；諸葛亮錯信馬謖而授以要職，終以痛失街亭貽誤大事。用人者必須兼有知人善任的本領和用人不疑的膽識，做到「疑人不用，用人不疑」，才能遂功竟事。

② 桓譚在《新論‧求輔》篇中，連舉了伊尹得到商湯王寵幸；周武王對呂尚言聽計從；商朝高宗按照夢中所見找到博說，並封他為相國；鮑叔牙向齊桓公推薦管仲為相，被桓公尊為主父，管仲死後，桓公用鮑叔牙擔任卿相等四件事例，有力的說明用人者信任「賢輔」，至為重要。這些「賢輔」，只有在用人者充分信賴和大力支持下，才能施展聰明才智，充分發揮治國安邦的作用。

要做到「充分信賴」，至關重要的一條，就是要力戒管仲所說的「既信而又使小人參之」。以史為鏡，古今中外無數事實顯示，凡是有「小人」參政的地方，各類人才都難以得到用人者的充分信賴，他們的成才心理往往易遭壓抑，成才努力也易遭干擾，因而很難產生最佳心理，充分發揮自己的聰明才智。現在有些領導者，用人不講原則，不分是非，喜歡「講平衡」、「講人情」，一方面「重用」人才，另一方面又讓少數心術不正的「小人」摻雜其間，左右攪擾。顯然，如此用人，使真正的人才，如同魯迅先生所描述的那種「橫站著」，既要對付前進道路上的「獵物」，又要提防後面射來的「冷箭」。處於這樣的境地，怎樣談得上充分信賴，又怎樣心情舒暢、精力集中的圖謀大業呢？為此，「用人不疑」的一條重要原則，就是「勿使小人參之」，並對「小人」進行必要的批評，促其轉化進步。

③ 授以職權之後，用人者必須讓人才放手工作，不要橫加干涉，「自恃其賢」。在這方面，漢武帝是很會用人的。有一次丞相田蚡反映灌夫強橫，欺壓百姓，請示武帝如何裁奪，武帝很乾脆的回答：「此丞相

事，何請？」（《史記》卷一百七《魏其武安侯列傳》）這事顯示，武帝委重任於田蚡，就深信不疑，放手讓他去做。用人者只有讓人才放手處理屬於他的職權範圍內的事，才談得上真正的「信賴」和「授權」，唯有這樣，人才才能獲得心理上的「愉快」和「滿足」，產生「最佳心理」，從而充分發揮自己的主觀能動作用。

總之，用當其「願」，可以理解為盡量滿足人才在成才意願和目標選擇方面的正當要求，努力向他提供必要的工作條件、物質條件和心理條件，使其處於最佳心理的支配下，盡快成才。關於這一點，應該引起用才者的足夠重視。

第九計
因材施用

效法諸葛亮

諸葛亮可算典型的用人高手。你看他，以一名「村夫」身分，參加無權、無勢、無錢、無地盤而且缺兵少將的以劉備為首的政治集團，一下子從因為占得天時而勢不可擋的曹操手裡虎口拔牙，奪取了荊州、益州、漢中，在三分天下的角逐中占得一席之地，憑藉的完全是劉備自己的那一點人馬。這一過程既好比用很少的一點本金賺了大錢，又好像一個臨時成立的創業小店和財大氣粗的大企業平起平坐，共同瓜分市場。

從「學成文武藝，賣與帝王家」的角度看，諸葛亮也無疑是個大贏家，他的成功不僅鼓舞了一代又一代的知識分子，也為他們提供了如何跳龍門的寶貴經驗。

　　管理學家們也對諸葛亮感興趣，尤其是對他的用人智慧感興趣，特別是對他在爭取人才，使用人才，管理人才的上乘操作感興趣。

　　早在隆中時，諸葛亮就注意到這樣一個非常重要的現象，即劉備雖然沒有多少本錢，卻有許多人所不及的無形資產。首先劉備是漢室甲冑，被皇帝認作皇叔，有奉衣帶詔書討伐奸臣曹操的合法身分，這樣便有名正言順做事的理由。其次劉備有寬厚待人的名聲，對於在動亂時期追求政治前途與穩定生活的天下大眾有強大的號召力。最後劉備用結義的辦法，搜羅到了關羽、張飛、趙雲這樣的人才做幫手，這就是用之不竭的人力資源。

　　在諸葛亮看來，只要用好這一組人力資源，「隆中對」計畫就可以實現。

　　劉備在這個政治集團中相當於公司董事長的地位，他既然肯三顧茅廬請諸葛亮出山做軍師 —— 相當於聘請諸葛亮做公司的總經理，自然對諸葛亮的經營方針和措施全力支持。諸葛亮於是發揮劉備的兩個作用，一是作為漢室合法經營人的招牌作用，另一是作為這個組織的領導者，也就是這個集團的家長作用。所以諸葛亮發布一切命令，總是在劉備身邊進行，並不自作主張。

　　關羽是劉備桃園結義的兄弟，相當於公司的副董事長，他有極高的武藝，有溫酒斬華雄、斬顏良、誅文醜等戰績，有掛印封金、過五關斬六將辭曹歸漢的名聲，在任何情況下都有獨當一面的能力。不過他又過於驕傲，對諸葛亮這樣的白面書生更是不大看得起。諸葛亮不得不一方面做出點實際成績讓關羽承認，一方面盡量說些恭維話助長關羽為劉備出力的雄心，同時注意讓關羽在華容道攔截曹操這樣的難題前出點小醜，以提醒他不能過於自負。

　　張飛的地位雖然次於關羽，但本領卻與關羽相差不多。他那快人快語的性格還暴露出懷疑諸葛亮能力的心態。諸葛亮認為這是需要發掘的人力資

源，先在博望坡用兵使他折服，要屢次激勵他動腦筋解決難題，因為被人認為頭腦簡單的張飛一旦用計，就會使對手防不勝防。

趙雲沒有參加桃園結義，為了爭取政治前途，只能是忠誠的為劉備效力。諸葛亮看準了趙雲這一背景，總是把最關鍵的任務交給他來完成。而且一有機會，就要當眾肯定趙雲的功勞的貢獻，使得趙雲在諸葛亮經營蜀漢事業過程中起了重要的作用。

可見，諸葛亮的用人方略是十分考究的，對關羽既恭維，又打擊；對張飛不恭維只激勵；對趙雲則經常表揚；對易起二心的魏延則保持威嚴。

對人的管理不做出統一的標準，千人千面，這就是諸葛亮的用人智慧。

用人的 7 個要法

世界最為推崇的是德才兼備之人，古代甚至謂之為「聖人」。但是我們往往不能如願的擁有德才雙全之人，那麼就退而求其次了。除聖人外，德與才的組合還會出現幾種類型：德勝於才者，可以稱為君子；才勝於德者，只有稱為小人；德才皆顯不足者，人皆視之為愚人。所以現代用人不必都賢，取一則可。

（一）對有才能的讀書人來說，不必都賢，重要的是要有一定的政治主張。

（二）對於受過教育而有專長的人，首先要求他必須忠誠正直，然後才要求他聰明能幹。如果是一個奸詐而又有才能的人，這種人就像豺狼一樣不可接近。意即選用人才要堅持先德後才的原則。

（三）沒有私欲的人，可以任用其管理政務。

（四）對德才兼備實績卓著的人給予提拔，對德才低劣又無實績的人給

予免職，對德才適中政績不突出的讓其原職不動。

（五）要小聰明的人不能使用其參與謀劃大事，徇私情、對私人忠愛的人不能使其掌管法制。

（六）所謂獲得人才，是指得到人的忠心，而不是形式上把人才籠絡在手下。

（七）天下未平定時，往往專取其才，不看其德；天下既已安定，若非德才兼備，就不可任用了。不同的時候用人標準應有所不同。

要發揮人才的特長

用人所長，一個工程師在開發新產品上也許會卓有成就，但他並不一定適合當一名推銷員；反之，一個成功的推銷員在產品促銷上可能會很有一套，但他對於如何開發新產品卻會一籌莫展。有這樣一個例子：一家大的化學公司花費重金僱用了一位著名的化學教授從事某一重要產品的開發，然而幾年過去了，老闆終於不得不痛苦的承認僱用這名教授是個天大的錯誤。原來是這位老先生在寧靜的大學校園裡做研究可能很有成就，但置身於商業競爭極為激烈的市場，則無法適應龐大的壓力，因而無法推出適銷對路的產品。聘請這樣的人對公司無疑是一種損害。如果老闆在決定僱用一個人之前，能詳細的了解此人的專長，並確認這一專長確定是公司所需的話，這類用錯人的悲劇就可以避免了。

巧妙利用性情

對一個人來說，性情為人也許是天生的。但作為領導者卻能夠「巧奪天工」的運用他，使之能夠既顯其能，又避其短。下列的方法就是這方面用人的經驗。

（一）性格剛強粗心的人，不能深入細微的探求道理，因此他在論述大道理時，就顯得廣博高遠，但在分辨細微的道理時就失之於粗略疏忽。此種人可委託其做大事。

（二）性格倔強的人，不能屈服退讓，談論法規與職責時，他能約束自己並做到公正，但說到變通，他就顯得乖張頑固，與他人格格不入。此種人可委託其立法制。

（三）性格堅定又有點韌勁的人，喜歡實事求是，因此他能把細微的道理揭示得明白透徹，但涉及到大道理時，他的論述就過於直露單薄。此種人可讓他具體辦點事。

（四）能言善辯的人，辭令豐富、反應敏銳，在推究人事情況時，見解精妙而深刻，但一涉及到根本問題，他就說不周全、容易遺漏。此種人可讓其做謀略之事。

（五）隨波逐流的人不善於深思，當他安排關係的親疏遠近時，能做到有豁達博大的情懷，但是當歸納事物的要點時，他的觀點就疏於散漫，說不清楚問題的關鍵所在。這種人可讓他做小部門主管。

（六）見解淺薄的人，不能提出深刻的問題，當聽別人論辯時，由於思考的深度有限，他很容易滿足，但是要他去核實精微的道理，他卻反覆猶豫，沒有把握。這種人不可大用。

（七）寬宏大量的人思維不敏捷，談論仁義道德時，他的知識廣博，談

吐文雅，儀態悠閒，但要他去緊跟形勢，他就會因為行動遲緩而跟不上。這種人可用他去帶動下屬的行為舉止。

（八）溫柔和順的人缺乏強盛的氣勢，他去體會和研究道理就會非常順利通暢，但要他去分析疑難問題，他就拖泥帶水，一點也不乾淨俐落。這種人可委託他執行上級意圖辦事。

（九）喜歡標新立異的人瀟灑超脫，喜歡追求新奇的東西，在制定錦囊妙計時，他卓越出眾的能力就顯露出來了，但要他清靜無為，卻會發現他辦事不合常理又容易遺漏。這種人可以從事開創性工作。

（十）性格正直的人缺點在於好斥責別人而不留情面；性格剛強的人缺點在於過分嚴厲；性格溫和的人缺點在於過分軟弱；性格耿直的人缺點在於拘謹。這三種人的性格特點都要主動加以克服。所以可將他們安排在一起，藉以取長補短。

短做長時長亦短

人們的短處和長處之間並沒有絕對的界限，許多短處之中可以蘊藏著長處。有人性格倔強，固執己見，但他同時必然頗有主見，不會隨波逐流，輕易附和別人意見；有人辦事緩慢，手裡不出話，但他同時往往有條有理，踏實細心；有人性格不合群，經常我行我素，但他可能有諸多創造，甚至是碩果累累。

領導者的高明之處，就在於短中見長，善用短處。

唐朝大臣韓滉有一次在家中接待一位前來求職的年輕人，此君在韓大人面前表現得不善言談，不懂世故，不料韓滉卻留下了這位年輕人。因為韓滉從這位年輕人不通人情世故的短處之中，看到了他鐵面無私，耿直不阿

的長處，於是任命他「監庫門」。年輕人上任以後，恪盡職守，庫虧之事極少發生。

清代有位將軍叫唐時齋，他認為營中無無用之人，聾子可安排在左右當侍者，可避免洩露重要軍事機密；啞子可派他傳遞密信，一旦被敵人抓住，除了搜去密信，也問不出更多的東西；瘸子宜命令他去守護炮臺，可使他堅守陣地，很難棄陣而逃；瞎子聽覺特別好，可命他戰前伏在陣前聽敵軍的動靜，擔負偵察任務。唐時齋的觀點固然有誇張之嫌，但確實說明了這樣一個道理：任何人的短處之中肯定蘊藏著可用之長處。

現代企業中善於用人之短的企業家也確實大有人在。聽說有這樣一位廠長，他讓愛吹毛求疵的人去當產品技師管理員；讓謹小慎微的人去當安全生產監督員；讓一些喜歡斤斤計較的人去參加財務管理；讓愛道聽塗說，傳播小道消息的人去當資訊員；讓性情急躁，爭強好勝的人去當保全人員……結果，這個工廠變消極因素為積極因素，大家各盡其力，工廠效益倍增。

金無足赤，人無完人；任何人有其長處，也必有其短處。人之長處固然值得發揚，而從短處中挖掘出長處，由善用人之長發展到善用人之短，這是用人藝術的精華之所在。

人的能力既然有些分別，那麼在安排使用人才時，就要通盤考慮。比如有的人善於辭令，講話極富有說服力、鼓動性和吸引力，有的則「茶壺煮餃子 —— 肚子裡有貨倒不出來」，這是人們口頭表達能力的差別。單就這一點而言，前者適宜於安排在企業的宣傳、公關、推銷等職位上，後者適宜於安排到文書、研究、資料統計、設計等職位。

企業在對新員工進行能力判別時，一方面可在試用期給予試驗性的工作，另一方面可運用科學方法進行測定。世界上許多企業很早就運用能力傾向測驗進行人事安排。

人才的非智力因素

對於人才，不僅要考察反映人才業務素養的智力和技能等因素，而且要考察非智力因素，比如某些個性心理特質、氣質類型和性格特點。之所以要這樣，是因為任何一個人能力的實際發揮都不僅僅取決於人才所具有的具體知識和技能，還與人才的許多非智力因素有密切的關係。同樣，每一個工作職位對人才的要求也不僅僅是智力方面的，還包括非智力方面的。

第一，分配工作時要考慮人的興趣。大家常說，興趣和愛好是最好的老師和「監工」。因為當興趣引向活動時可變為動機；當人產生了某種興趣後，他的注意力將高度集中，工作熱情將大大高漲；人一旦產生了廣泛的興趣，他就會眼界開闊、想像豐富、創造性增強；總之，興趣將使人明確追求、堅定毅力、鼓足勇氣、走向成功。因此，企業在使用人時，除要求專業對口外，也要適當考慮一個人的興趣。因為任何人的興趣都是可以變化的，只是程度和速度不一樣罷了。

第二，分配工作要注意氣質類型。心理學將人的氣質分為膽汁質、多血質、黏液質和憂鬱質四種，不同氣質的人對工作的適應性不同。比如精力旺盛、動作敏捷、性情急躁的膽汁質人，在開拓性工作和技術性工作職位上較為合適；性格活潑、善於交際、動作靈敏的多血質人，在行政科室多變、多樣化的工作職位上更為適宜；深沉穩重、克制性強、動作遲緩的黏液質人，適合安置在對條理性和持久性要求較高的工作職位；性情孤僻、心細敏感、優柔寡斷的憂鬱質人，適合安排在連續性不強或仔細謹慎性的工作職位上，現實生活中的人大多是四種氣質的混合體，這裡講的只是有所側重而已。

第十計
因事施用

分派工作是關鍵

　　上司如果能幹，定能將員工之工作分配得極為妥當，引發從業人員的工作意念，否則部屬會有反抗的心理。

　　所謂善於分配工作的好上司諸如下列所述：

　　第一、經常檢討個人負責的工作內容，適當的預估工作的質與量，以求分配平均。

　　第二、考慮到完成某份工作所需的時間。

　　第三、若派予其他工作，會先考慮員工本身工作進行的狀況而定。

　　工作分配如果不妥當，易造成不滿的情緒。分配工作雖是小事，卻與從業人員的士氣大有關係，千萬不可忽略。也許你不相信，如果將重要的工作

託付遊閒適的人，他必定會花費相當多的時間來磨，結果仍一無所成。若託付給終日忙碌的人，反而會產生意外的成效。

這裡所說「忙碌」的人，即是會工作之人；甚至是會找出工作的人。真正能幹的人，會自動不斷的發現工作上的問題，而動手去做。因此，他也會獲得上司或同事的青睞，經常找他幫忙；於是，就更加繁忙了。不過你放心，他會知道如何妥善分配時間，提高工作效率。

雖然他口裡說：「忙啊！忙啊！」其實，他卻從容不迫的從事幾倍於他人的工作，而且不會把工作堆積下來。這一點，比起那些不懂得分配時間，處理漫無條理，將工作堆積如山，而在那裡慘叫的無能者，要高明得多了。

不管有多忙，他都能將工作逐項完成，絕不會有「不知所措」或「力不從心」的情況發生。這種繁忙情形，對他來說正中下懷，工作越多，他越有幹勁。

委託這種人工作，酬謝的代價亦須比別人更多。給予有誘惑力的褒獎，對他本身或其他人，都會有激勵作用的。

特別要注意的是：你不能以為只要給優厚的待遇、高等的地位，即能不停的偏勞他，這樣會把他逼到過分勞累的境地。

因此，當你的部屬完成一件重要工作後，你要讓他充分休息，要有這種體貼部屬的心意才可，主管本身在製作預定表、分配工作的時間，要注意到這一點，避免偏勞任何部屬。

獨木難成林

有些領導者喜歡「獨挑大梁」，不願意把工作分派給下屬去做，可能是由於擔心遇上以下一些麻煩：

第十計　因事施用

（一）你的下屬出差錯。因為你得向公司負責，所以，你下屬所犯的錯不僅會令你看起來缺乏判斷力，而且還會使你的公司損失錢財。

（二）你的下屬做得比你出色。這對你的公司而言是有利的，但對你而言則是不利的，你可以向你的上司指出，你下屬之所以做得如此出色，是得益於你對其有效的訓練方式。

（三）你的下屬並不想擔負額外的職責，對派給他做的那些額外工作大加抱怨。這個問題，你其實應該在分配一件工作之前就加以解決。但是，如果你沒有那麼做或者你的下屬並不明白他所擔負工作的重要性的話，你可以把這件工作交給別人去完成。

（四）別的員工感到嫉妒並且出聲抱怨。把你下屬新擔負的確切職責向大家宣布一下，這一點十分重要。

下面所列的是你在分派一件工作之後，會出現的有益之處：

（一）現在，你可以有時間集中精力處理別的事務了。

（二）下屬的能力在行動和經歷中得到了鍛鍊。不論成功還是失敗，他都可以從中學到許多東西，不斷完善自己。

（三）管理者現在成了教師和教練。

（四）在目標和成果方面必要的雙向討論，增加了人與人之間的交流。

（五）下屬有了展示能力的機會，這不僅增強了他們的自信，同時也讓他們的自尊得到了滿足。

前後比照一下，你就會發現自己的擔心是多餘的。兩種情形，一種是獨占工作，把自己搞得心力交瘁，另一種是大膽放手，讓下屬施展才華，你以教練的身分加以指導和監督。兩種做法，孰優孰劣，一目了然。

該放手時就放手

　　管理者要善於分派工作，就是把一項工作託付給另一個人去做。這並不是把令人不快的工作指派給別人去做，而是下放一些權力，讓別人來做些決定，或是給別人一些機會來試試像你一樣做事。

　　當然了，總有一些工作不那麼讓人樂意去做。這時候，也許你就該把這些任務分一分，並且承認它們或許有那麼一點令人不快，但是，無論如何，工作總得完成。

　　在這種時候，千萬別裝得好像給了那些得到這些工作的人莫大的機會，一旦他們發現事實並非如此的時候，也許會更厭惡去做這件事，這樣一來，想想看，工作還能做得好嗎？

　　為什麼對某些管理者來說把工作派給別人去做是件如此困難的事呢？下面就是可能的原因。

　　（一）如果你把一件可以做得很好的工作分派給別人做了，也許就達不到你可以達到的水準了，或者不如你做得那麼快，或者做得不如你精細。

　　你求全責備的思想一作怪，就會以為把工作派給別人做，不會做得像你自己做得那般好。這時候，你就要問問你自己；儘管別人不如你做得好，但是不是也能達到目的呢？如果不是，你能不能教教他，讓他把工作做好呢？

　　（二）如果讓別人來做你的工作，也許你會擔心他們做得比你好，而最終會取代你的工作。

　　但是，如果你把那些常規性的工作派給別人去做，你自己就可以騰出時間來做一些更富有創造性的工作；而且，如果你能讓你扶植的人才取代你的工作，你也就能讓你自己再升一級。你應該把工作分派給別人去做，教給你

手下一些東西。

（三）如果你放棄了你的職責，你將無事可做，因為害怕在把工作派給別人做了之後就無事可做了，所以那些握有些小權的人，哪怕是芝麻綠豆大的小事也不願放手讓別人去做。

你應該認知到，放手讓別人去做一些小事，不但會有助於你提高處理更具有管理性工作的能力，還會增強你分擔管理工作的機會。

（四）你沒有時間去教別人如何接手工作。

在這一點，你得明白，你越是沒空訓練別人接手工作，你自己要做的事就越多。事情總要分個先後，教會別人做了，你就可以多出時間來做更為重要的事情。

（五）沒有可以託付工作的合適人選。

這是管理者們為不分派工作而找的最為常見的理由。並不是這個人沒能力來承擔這項工作，而是這個人不是太忙，就是不願意做分配給他的那件工作，要麼就是別人認為他能力不夠。

如果你確確實實想要把工作分派下去，那麼，在你花一點時間做一番努力之後，所有上述的這些困難都是可能克服的。你要對付的第一件事也許就是自己對此事所持的推諉態度。

如果你確實有理由擔心，因你的下屬在工作上出了差錯之後，你就會失掉你的工作；或者，在你工作的地方，工作氛圍相當糟糕，你擔心工作不會有什麼起色，這時候，你就得知你的上司糟糕，你擔心工作不會有什麼起色，這時候，你就得和你的上司談談這些情況，從而在分派工作這件事情上得到他的支持。

如果確實還沒有可以託付工作的人選，而你自己又已經滿負荷運轉，那麼，也許你就該考慮一下是不是該再僱用一個人。

當棋壇高手

象棋的智慧多不可言，單是思考「車、馬、炮」三者就很豐富有趣。象棋以「將、帥」為核心，「車、馬、炮」彷彿組織的中堅幹部，各具特色，各有功用。他們不像「卒」，後卒人數多，默默無聞，行動處處受限，但死一兩個不嚴重，近似「死不足惜」。「士」與「象」毫無攻擊力，屬於防禦型的角色，雖靠近權力核心，最大的功能卻是「擋子彈」，隨時要犧牲自己，成全將帥。「車、馬、炮」，顯然是「攻擊性」的角色，比賽要勝利主要靠他們。但是「車、馬、炮」再怎麼神勇，還只是「將帥」手中的「棋子」，必須執行將帥的意志。老將如果不重用，「車」就像廢子，完全沒有用。也許到下完棋，動都沒動過。

領導者的最大挑戰之一是挑適合當車的人去做車，適合當馬的人去做馬，適合當炮的人去做炮，並在適當時機發動進攻，讓車橫衝直撞，讓炮隔山打虎。

下列幾種類型的人，都很常見，該如何配合其個性專長來適當安排？如果你要提拔其中一位來做其他人的上司，該如何抉擇？

某甲，是專業人才，有很高的專業水準，在他的領域裡備受肯定。某乙，是行政老手，做事經驗豐富，又沉穩又耐心，對組織中的溝通協調等事務十分熟悉。某丙，能言善道，熱心待人，內外都打點得不錯，人際公關工夫很好。某丁，是小派系的意見領袖，善於拉攏一群人，會採用軟硬兼施的手段達到預期的目標。

你是領導者，如果選甲，優點是增強單位的專業水準，組織的聲譽會提高不少。選乙，優點是他可四平八穩讓大小事情運作順利，組織可減少人際摩擦。選丙，能增加組織的知名度，對外爭取資源更為便利。選丁，可安撫

一群人，避免丁和其他派系成員聯手搗亂。

　　當然，選擇每一個人也都各有缺點。如果你是悲觀主義者，難免會比較留意該缺點對組織產生的傷害程度。站在領導策略的角度看，不妨樂觀又實際些，首先須分析組織的情況和需求，一切應以組織的生存發展為最優先考慮。其次是多數成員的接納程序，畢竟「民意」是關鍵。第三是與組織中最重要的計畫方案相融的程度，誰最有助達成該計畫的目標，誰優先升遷。最後，也常是多數領導者放在第一位的思考因素是「與你配合的程度」及「對你的忠誠度」。

　　何時動車，何時用馬，看你的智慧，但是，一切為組織，「計利首計天下利」，領導者的智慧之所在，是能放手支持車、馬、炮各自發揮才能。

分派工作的原則

　　如何掌握部屬，首先就要了解他的特點。十個部屬十個樣，有的工作起來俐落迅速；有的則非常謹慎小心；有的擅長處理人際關係；有的人卻喜歡獨自埋首在統計資料裡默默工作。

　　對於但求速度、做事馬虎的部屬，做主管的若要求他事事精確，毫無差錯，幾乎是不可能的。對於此種做事態度的部屬，你能要求他既迅速又正確嗎？可是，許多主管明知這一事實，卻仍性情急躁的要求他們達到不可能有的工作效率。

　　各公司的人事考核表上，都印有很多有關處理事務的正確性、速度等評估項目，能夠獲得滿分者才稱得上是一位優秀職員，於是，頗多主管就死守著這些評估項目，作為人事考核的依據。世上沒有萬能的職員，所謂一切滿分者，不過是上司高估了他，給予他過高的評價罷了！

假使讓工作的正確度更高，那麼必須花費許多時間增加磋商的次數，而不得不犧牲快速。有些部下為力求快速而省去許多磋商機會，偶或沒有發生枝節，只是純屬僥倖，或是因為身具豐富的經驗和高超的技能。

這些主管往往不多加考慮，僅依據一張人事考核表，就憑著自己的主觀意識而對部屬妄下斷言。

簡言之，在人事考核表上觀察一個人的工作情形，合計各項評估的分數，這是沒有多大意義的。主管應該採取實際的觀察，給予適當的工作，再從他的工作過程中觀察他的處事態度、速度、準確性、成果，如此才可真正測出部屬的潛能。也唯有如此，主管才能靈活、成功的調動他的部屬，促使業務蒸蒸日上。

當對你部屬有了明確的認知之後，才能妥善的分配工作。一件需要迅速處理的工作，可以交給動作快速的職員，然後再由那些做事謹慎的職員加以審核；若有充裕的工作時間，就可以給謹慎型的職員，以求盡善盡美。萬一你的部屬都屬於快速型的，那麼盡其可能選出辦事較謹慎的，將他們訓練成謹慎型的職員。只要肯花時間，一定能做得到。

凡事不責備求全

許多上司都埋怨下屬不靈活，辦事不得力。一般來說，這也是合理的現象。因為上司是「多年媳婦熬成婆」，從普通員工一步步登上高位，對於下屬所做的那一套駕輕就熟，而且深諳個中三昧，即使是難事也等閒視之。而下屬則缺乏經驗與歷練，故而難免有差錯。

管理者對待下屬不要求全責備，而要用其所長。

每個人都有其長處，上司要為下屬發揮這些特長創造條件。

有的管理者不僅在薪資、工作滿足感、前途推舉等方面對下屬照顧，還給下屬一個得體的頭銜，比如一名處理來往信件、傳送文件的差役，美其名曰「辦公室助理」，會讓他產生榮耀的感覺，工作更會賣力，也會更認真負責。

要發現下屬的特長，還必須給予他一定的自由度，如果總是吩咐得十分具體，下屬只能成為上司的傀儡，無法顯示出自己處理事務的辦法與能力。

舉例說，某一件業務，上司只須交代某日之前與對方聯絡好即可，至於他如何調度工作，是透過電話聯絡，還是自己親自登門，完全由下屬自行安排。這樣可以讓他在實際工作中運用腦筋，累積經驗。

下屬可以委以重用，是上司的福分。

依靠團體的力量

有些公司，管理者在時大家就很努力，管理者一不在時，立刻就精神懶散，什麼工作能停滯不前。在這種環境下，團體力量就無法發揮。

一個人能處理的工作量有限，即使再能幹，頂多也只能做三倍的工作。聰明的領導者應該盡量將工作做適當的分配，這樣一來，即使他不在公司，工作也能順利進行。

此外，要先讓每個人都了解自己的工作。如果故意將事情複雜化，就會發生很多問題。這種領導者或許是不放心把事情交給別人做，害怕這麼一來，無形中自我存在的價值就變小了。其實，領導者把事情交給部屬，並不表示責任已了，他還是要時常注意工作進度的。

領導者都會將一些簡單的工作交由部屬處理，自己則必須在思考新的企劃方案、改善現狀方面下工夫，也就是說，要做一些計畫性的工作。如果領

導者整天忙於事務，而無法對將來做計畫，那麼什麼事情也做不好。

所以，擔任管理工作的第一步就是必須先做整體考慮，然後再採取對策。

某公司業務主管的桌上有著堆積如山的文件，常常被工作壓得透不過氣來，參加管理者教育培訓後，這位主管學會了分析工作上的問題，回到工作職位後，馬上著手於工作的重新分配。首先，把那些自己處理不完的文件為部屬做個說明，經其說明後，部屬們能愉快勝任。

主管的桌上不再有堆積如山的文件了。公司內的工作進行得很順利，還得到上司很好的評價，說他處理事情比以前更有效率。

這以一來，這位主管就有充裕的時間去做新計畫的推廣了。

所以，領導者只要向部屬說明眼前應該處理的文件，然後把事情交給他們處理，自己就能有充裕的時間，全力策劃新工作。

第十一計
勇於加壓

用壓力逼出人才

　　主管不患無才，但有時目前在位的人或許不如想像的出色。這時，主管就應多給部下一些機會，給予他們工作壓力。常言道棍棒下出孝子，同樣，壓力下也出人才。

　　一家外貿公司目前正受到美國開放市場的壓力，急需大批談判人才，無奈朝中無大將，僅有的幾個公關部人員都已出差，在這種情況下，該公司經理大膽起用推銷科及祕書部的人員，把他們推向談判桌。這樣一回生，兩回熟，不久，這班人馬就如魚得水，應付自如，有些甚至超過公關部成員，公司的利益也得以保全。

　　可見，做主管一定要有創見，有膽有識，不要拘泥於條條框框，推銷科

的人一樣也可以擔當談判大任，祕書部的人也未必只會倒茶打字。人的潛力是巨大的、驚人的，只要你勇於去挖掘，那麼其效力也會大得驚人。

科學家驗證一般人的一生只能用掉 10% 的腦細胞，但一般人都可至少開發到 20%，只是人們不都使用，沒有壓力，自然不會投放更多精力。

因此，作為主管，如何運用掌握的權力，對下屬適當施加壓力，使其充分發揮潛能，塑造出色人才，是要獲得成功必修的科目。

（一）創造機會，磨練人才。

公司中的下屬一般各司其職，但有時未必是各盡其用，若小王是塊做部門經理的料，而你只任命他為祕書，勢必會影響他積極性和能力的發揮。因此，主管要多創造一些機會，讓下屬都有機會發揮自己的作用，這樣才會達到人才利用效率的最大化。

（二）施加壓力，逼出人才。

有些下屬精力充沛，沒有壓力，就會滿足現狀，不思進取，成績平平，時間一長，必會惰性大發，懶散成性，影響整個公司的效率和幹勁。對這樣的部下，一定要施加壓力，用掉他的過剩精力，一來可以提高公司效率，二來可以滿足部下個人的成就感，一石二鳥。

（三）注意適度施壓。

人不是機器，再能幹的人也有一定的生理和心理承受力，若一味施壓，不求適度，那麼必會過猶不及，既不能達到提高效率的目的，又要落個「暴君」的惡名，不但搞臭了自己的名聲，又壓垮了一員大將，得不償失。

俗話說，蜀中無大將，廖化當先鋒。因此，要做一名成功的主管，一定要記住適度施壓，這是培養人才，建立大業的一大法寶。

第十一計　勇於加壓

激發部下的潛能

打個比方來說，主管對部下的統御就像遙控飛彈一樣。

飛彈飛出去，全都是靠機身附帶的液體燃料所產生的能量，地上的操縱者只是負責將之引燃，控制其噴射推進的前進方向而已。

部下從事工作，也是借助部下自己本身蘊藏的能量。統御並非從外部注入或增加部下工作的能量。

能夠產生統御作用的是，要賦予部下發揮所有能量的動機，並只要控制其強調的方向即可。不管多麼優秀的主管也無法將部下用繩索拉著走，或是從後面趕著走，這不是主管該做的事，個人的基本活動乃是部下的自由和權利。

如果將主管比喻為無線遙控，那麼統御的法則與指揮的步驟就相當於電波，而相當於電源的，就是主管本身。因此主管就要有正確的信念，並將之充分發揮。

要統御他人進行工作，主管須做到以下幾點：

（一）從零開始，循序漸進。

就像要發動蒸汽機，首先得從燒開水開始，而且要花一段時間，這個步驟完成後，就會產生很大能量。

（二）尋找感應，挖掘潛力。

要促進部下發揮最大能量，必須投其所好，抓住部下最感興趣的地方，以此為誘餌，激發其幹勁。

（三）不斷調整，創造機會。

有時發現部下最大潛力何在不是一件容易的事，有時甚至連部下本人也不知道。這就需要主管設立一個流動機制，讓部下有機會對各種挑戰有接觸機會，從中選拔表現突出者，以此來激發部下幹勁。

設置「死亡底線」

大致而言，許多作家都有一個共同的毛病，那就是，非到截稿日期，總寫不出隻言片語。但也有另一類型的作家，他們則是先把稿子寫好放著，待截稿日子到了就交出去。無論哪一種類型，若能事先規定截稿期限，則對方即使不想去做，也非做不可。這便是先設定目標，以促進人們進行工作的技巧，我們稱此為「截止期限技巧」。

許多人也許做過德國人所發明的「判斷人們精神機能和性格」的檢查。這是一種在一定的時間內，進行個位數加法的練習。由於人各有異，因此，有些人在開始進行時尚能應付，但漸漸的腦筋便不靈活了。當然，也有人能夠頭腦清楚的一路演算下去。從平均來看，大部分的人在開始及終了時的工作與效果均較好，所以我們稱此為「初期努力」和「終期效果」。

正因為人們在從事任何工作期間，都會產生類似的中間倦怠，因此最好能夠把「初期努力」和「終期效果」相互連接，使之不致徒然浪費光陰。譬如，與其將 3 個小時可以完成的工作。在午餐之後指示部屬在 5 點以前完成，而部屬估算 3 個小時可完成，離 5 點尚早，於是拖拖拉拉的不願意立即著手。不如先預估對方可以完成的時間，並要求對方配合在截止時間內完成它。對方在此有限時間內，必然保持緊張狀態，認為應該馬上認真工作，以

便盡快完成。如此一來，就不會浪費某些額外的時間了。

要打破砂鍋問到底

　　說實在的，做上司是一椿最容易的事，只要學到一、兩個能使部屬忙得團團轉的方法，就可以舒舒服服的等著領好幾年的薪水了。

　　這個祕訣是什麼？說起來很簡單，就是要部屬拿出「原始憑證」。譬如：當部屬呈報書面請示時，其中談到了許多問題，你若是逐字逐句的看，必定會糊裡糊塗。告訴你！不要被美麗的辭句所迷惑，所謂的書面請示，不過是部屬羅列了各項解釋的報告文書，真正要想對事情有所了解的話，就必須要求部屬附上「原始憑證」。

　　「有什麼憑據？有什麼法律規定條文嗎？有沒有計畫表？有多少預算？」

　　「先給我看看實物」。

　　假使他能拿出原始資料或實物就好了，但也不能就此滿足，還要進一步追問下去。

　　「這個數字是怎麼算出來的？」「為什麼？」「你為什麼這樣說？」「會產生什麼結果？」……對這些問題，假使部屬能說明得有條有理，那他必定相當優秀，這時你倒不妨誇獎他幾句。大半部屬都不會做充分的準備，對這些質問，也無法給予完善的答覆，他們會以「等我調查後，再來報告」、「我不知道這是怎麼一回事」等話來作為搪塞。

　　這時，你千萬不要放鬆，進一步命令他限期做出報告，並趁機教導他做這項調查的要訣，如何交涉及參考資料等。待期限一到，就詳細聽取部屬的說明，有不清楚的地方，就要再詳加質問，而後將其答覆和以前的答案，相互比較一番。

「上一次你是這樣回答，這次怎麼又不一樣？」

如果他能說明理由，這表示你的部屬有所長進了，當然，這也是做上司的你所值得高興的事啊！

「威迫」是把「雙刃劍」

要使部下的意志屈服，最快的方法就是讓其感到有危險，或是降薪的危險，或是免職的危險。

所以威迫是強有力的有效的手段。

人如果受以威迫，一定會心生抗拒。這種狀態若能持續一定時間，到難以繼續忍受時，就會開始產生服從的意志，如果消除其恐懼感，這種意志馬上就會消失。

威迫的手段雖然很少用，但是到了迫不得已的時候，必須徹底消除對方的抵抗意志，否則不會有什麼效果。半途而廢，只會增加部下的反抗心理。

現代人的反抗心理特別強烈，不服從權威的情緒高漲，因此，只要是有現代化素養的人，很難讓其產生恐懼心理，反而是很容易刺激他們的反抗意識。這在年輕職員身上表現得特別明顯，年輕人心高氣傲，有時反而使主管受到他們的威脅與蔑視，以致局面無法收拾。

因此，主管應正確運用威迫手段。

（一）明確威迫手段的缺點。

威迫手段的缺點就在於能累積不安與不滿，無法發洩的不安與不滿的感覺不斷累積，終於形成無法控制的力量，而爆發出來，事態至此將無法收拾。

（二）以平時穩妥統御為主。

這種威迫手段說到底是一種權宜之計，是迫不得已時才採用的應付危機的手段，因此平時則要用良性的統御方式，盡量減少危機的累積以及最後爆發。

（三）採取威迫手段之後，立刻採用應變的政策和手段。

應立即採取一定措施以消除過度的緊張情緒和局面。黑臉唱完，還要唱好白臉，這樣才能使統御恢復正常。

消除自滿情緒

進入公司幾年之後，對周圍的事物大致都已熟悉，工作亦有了一番表現，這時候，年輕的職員就會開始發出「薪水太少了」、「工作沒有意思」、「我們不滿意上司」等牢騷。

在公司裡頗吃得開，而即將升任主管的年輕職員，幾乎沒有不犯這個毛病的，這叫做「自得症」。對付這種人，唯一的辦法就是將他逼到前無進路、後無退步的懸崖上，適時給他一些教訓，否則，等到他的氣焰如日中天時，後果就很難收拾了。運用這個辦法時，要注意不可操之過急，否則，將收不到預期的效果。這裡，介紹幾個基本的事項：

（一）以身作則：在對部屬提出要求之前，要率先做示範，不僅給部屬任務，自己也要參與。

（二）多做質詢：「你這樣做行嗎？」「像目前這種狀況，可以嗎？」經常向部屬發出這類挑戰性的質問，才能提高他們的警戒心。

（三）提出要求：要求部屬拿出具體構想，並要他們貫徹執行。在遇到

困難時，不要使他們喪氣，要用嚴格的態度和熱誠來支持、鼓勵；而在成功之後，更要不吝讚美。對於經常口出怨言、懶散懈怠的部屬，這一招是最管用的。

(四) 追根究柢：「你為什麼這麼做？」「你這種想法，有何依據？」像這樣經常的追問，就很容易發現部屬脆弱的一面，增進你對他的認識。

(五) 多方面的指示：「你的想法、做法都太單純，你知道別人以前是怎麼做的嗎？」以這類問題引起部屬對其他公司、先例、法規、學說、構想等的注意，養成部屬事事研究、步步探討的習慣。

(六) 不要吝惜讚詞：對於以上的要求，若部屬都能做到的話，那他必是一位可造就之才，你大可好好誇獎他一番了。

壓力的必要性

有時我常聽到一些管理者對下屬說：「這件事我也不太清楚，但這是上司交代的，所以只好照著做吧！」

有更多的管理者雖然認為：「這樣的要求不合理……」，但還是強迫下屬要「努力達成今年的目標」、「就算是加班也要如期交貨」。

雖然自己認為不合理，卻還要求別人去做，這實在太過分了。當然，這樣的指示也是缺乏說服力的。

很多公司大部分的銷售量，就是這種上對下施壓的情形下完成的；但這種做法卻絕對無法提高員工士氣。

人在無壓力的狀況下，很容易放縱自己，所以一般說來，主管可以希望員工提高工作量。但是現場指導者所認定的目標，一定要和公司的銷售目標

有差距。

如果要解決這個問題，公司領導者對員工的「要求」，必須是合理的。

聰明的管理者平常就要和下屬進行溝通。但只有談話是無法溝通的，重要的是要做到以下兩點：

（一）領導者要知道所屬員工的能力。

以目前所屬員工的努力標準來看，已具備多少銷售能力？（或是生產、處理其他業務的能力）這叫做「標準能力」。

如果稍微施加壓力，還能達到什麼水準？這叫做「加速能力」。

（二）此外，應該經常向上司報告所屬員工的能力和工作現狀（市場和機器設備的狀況）。

這樣一來，上司就不會再有無理的要求。如果還是被迫要求達到不合情理的目標時，又該怎麼辦呢？

的確，現實生活中有不少這樣的情形發生。在知道自己所屬員工的能力後，如果被要求完成超出能力的事，也許是有理由的。所以，領導者要有向所屬員工的能力極限挑戰之心理準備。

先在心理上做調適後，再尋求下屬們的合作。如果強迫下屬去做連自己都無法認同的事，那麼上司的指示就無法傳達，更別提達成目標了。

第十二計
製造競爭

自信的威力

　　自信常常與自卑和自負放在一起比較，自卑通常表現是低估自己的實力，認為自己什麼都不行，有劣等感；自負是過高評估自己的實力而時時處處都有種優越感；自信與這兩者都不同，它是對自身實力的冷靜評估。領導者培養員工自信的性格，可以幫助員工時刻保持輕鬆的心情，勇於面對各種困難和挑戰，甚至「絕處逢生」、「柳暗花明又一村」。

　　大約有 40 名運動員選貝比‧魯斯為美國運動史上最偉大的運動員。他們認為他善用他的天分，他給予運動界的衝擊是無與倫比的。至於他為何會這麼偉大，大家一致認為那是因為他信心十足。

　　有一次，在世界冠軍賽的爭奪戰中，大家就等著他擊出一支全壘打而獲

得冠軍。後來，他在對方投出兩球而未揮棒後，第三球終於擊出了一支全壘打，全場觀眾為之瘋狂。

事後，在休息室中，有位隊友問這位全壘打王說，萬一他的第三球失誤的話怎麼辦？「哦……我從未想到過這點。」他回答道。

這就是自信——永遠相信自己的實力，勇於向任何艱苦的條件挑戰，並且認為自己一定獲勝，這正應了詩人李白的名句：「天生我才必有用。」老天是公正的，他賦於每個人不同的特長，而只有少部分人在使用這種天賦，絕大部分人的潛質都不為人甚至包括他自己所知，所以發現它、開發它、使用它、發展它，就是領導者要為員工們所做的，以此培養他們的自信心。

培養員工的自信心，首先要摸清對方的特點。就個人來講，自卑往往是自信最大的敵人。同一群人在回答「你是否勝任你的工作」這個問題的時候，答「還可以」、「一般」、「不能完全勝任」的比例占很大多數，這就表示我們中的大部分人，或多或少都有一些自卑感——包括你的員工們，所以幫助員工們克服自卑心理，是培養他們自信心的關鍵：

（一）對於新員工來說，引導他們早日適應新的工作環境與競爭壓力，是提前防止自卑心理產生的好方法，這一點在如何幫助新員工度過磨合期一節中已經詳細地談過了。

（二）訓練他們從事較高水準的工作。鼓勵他們努力完成，即使他們自己認為自己辦不到，只要你認為你們可以做到就一直堅持不把工作另交他人。一旦他完成了這份很難完成的工作，自信心必然會大大增強。

（三）訓練他們自己解決問題。如果領導者變成了員工們一遇到問題就去查閱的說明書，那麼，增加的是領導者的能力與疲勞，而不是員工們的信心和手腕。所以凡事要盡量讓員工們獨立做出決定。

必要的時候你可以從旁引導，平常的時候你只要在暗處靜靜觀察
員工工作的進展情況就可以了，不到萬不得已不要「現身」。但這
並不意味著你完全撒手不管了，你必須保證員工一切所做所為都
在你的掌握之中，並且你十分清楚將來的發展方向，這樣才能既
有效的完成工作又增強了員工的自信心。

（四）發掘他的潛質。前面講過，每個人都有不為人所知的天分。領導
者如果能夠幫助下屬發現自己的天分，就會很容易的幫助他消除
「低人一頭」的自卑心理。關鍵是一個「找」，說來容易，做起來
難 —— 尤其是對於每日忙碌到對下屬愛理不理的管理者們來說。
應該說，既然你是員工的領導者，你就要信任他，即使他都不對
自己抱什麼希望的時候，你也要抱著信任的態度，努力去尋找他
身上的亮點。一般來說，更多的接觸、更多的關心是達到這一目
的的最好辦法。你用你的「心」去幫助員工，必然會增強他們的
「心」。

（五）交談。這又可分為兩個方面，一方面是肯定和稱讚，另一方面應
該說是鼓勵。不妨舉些有趣的反面例子講給員工聽，排解他心中
自卑的情緒：

① 亞當斯於 1933 年第一次去試鏡時，米高梅公司的試鏡導演在
備忘錄上寫著：「不會表演，有點禿頭，只會跳一點舞。」亞當
斯一直把這段評語放在家中的壁爐上。

② 一位專家提到文斯時說：「他只有一點足球常識，缺乏推
動力。」

③ 有人說阿爾伯特・愛因斯坦「他不穿襪子，忘了理頭髮，很可
能是白痴。」

④　蘇格拉底被視為「不講道德，專事敗壞年輕人心智的人」。

怎麼樣，聽起來有沒有點阿 Q 的感覺？所以奉勸一句，這些故事最好只講給那些有自卑感的人聽，如果換成了一個很自信或自負的人，聽多了這種故事保證會出亂子。如果這樣還不足以慰藉他的自卑，那麼講一些你親身經歷過的事情，讓他感覺更親切，更具有說服力。

競爭亦有道

每個主管都要明瞭：

下屬之間肯定會存在競爭，競爭分為良性競爭和惡性競爭，主管的職責就是要遏制部下之間的惡性競爭，積極引導部下的良性競爭。

人都是有對美好事物的羨慕之情的，這種羨慕之情源於對別人擁有而自己沒有的東西的嚮往。

關係親密的人之間，這種羨慕之情尤為顯著；這種情感有時因為某種關係的確定而消失，比如說戀人之間一旦確定了婚姻關係，對方的長處就被另一方共同擁有，這種羨慕之情就會消失。

而有些關係親密的人之間的角色卻不能轉換，比如說同事之間，大家低頭不見抬頭見，工作上又相互較勁，而別人的長處是不會和我分享的，這樣羨慕之情會長久存在。

羨慕之情會隨著心態的調整而隨之變化。有的人羨慕別人的長處，就想著自己也刻苦努力，學習到別人的長處，大家在能力、技術上達到一致。

這種人會把羨慕渴求的心理轉化學習、工作的動力，透過與同事的競賽來消除能力的鴻溝，這種行為引發的競爭就是良性競爭。

良性競爭對於組織是有益處的，它能促進員工之間形成你追我趕的學

習、工作氣氛，大家都在積極思考如何提高自己的能力；如何掌握新技能；如何獲得更大的成績……這一來公司的工作能力就會大大提高，大家的人際關係也會更好。

但也有些人卻把羨慕別人的心情化成了陰暗的嫉妒心理，他們想著的是如何給別人腳下使絆，如何誣衊能人，搞臭他們的名聲，如何讓同事完成不了更多的任務……。他們的辦法，就是透過拖先進者的後腿，來讓大家都扯平，以掩飾自己的無能。

這種行為會導致公司內部的惡性競爭。它會使公司內人心惶惶，員工相互之間戒心強烈，大家都提高警惕防止被別人算計。

這一來員工的大部分精力和心思都用在處理人際關係上去了，主管也會被如潮湧來的相互揭發、投訴和抱怨纏得喘不過氣來。公司的業績自然會下降。

在這樣的公司裡，大家相互拆臺，工作不能順利完成，誰也不敢出頭，因為出頭的椽子會先爛。人人都活得很累，公司的業績也平平。

主管一定要關心員工的心理變化，在公司內部採取措施防止惡性競爭，積極引導良性競爭。一般說來，以下幾種技巧常被用來引導員工的良性競爭：

（一）主管要創造一套正確的業績評估機制。要多從實際業績著眼評價員工的能力，不能根據其他員工的意見或者是主管自己的好惡來評價員工的業績。總之，評判的標準要盡量客觀，少用主觀標準。

（二）主管要在公司內部創造出一套公開的溝通體系。要讓大家多接觸，多交流，有話擺在明處講，有意見當面提。

（三）主管不能鼓勵員工搞告密、揭發等小動作。主管不能讓員工相互之間進行監督，不能聽信個別人的一面之詞。

（四）主管要堅決懲罰那些為謀私利而不惜攻擊同事，破壞公司正常工

作的員工，要清除那些害群之馬，整個公司才會安寧。

總之，主管是公司的核心和模範，他的所作所為對於公司的風氣形成有著至關重要的作用。主管必須從制度上和實踐上兩方面入手，遏制員工的惡性競爭，積極引導員工進行良性競爭，讓大家心往一處想，力往一處使，將公司的工作越做越好！

徵求反面意見

有些企業主管，特別是上了年紀的，總特別強調「人和」，當下屬間有爭議時，他們通常不顧下屬間為何發生爭端，而是立即走上前說：「你們在一起工作，像這種小問題都無法獲得一致見解，實在不好，你們應該團結，應該好好學習。」

同樣，這樣的主管很討厭與他意見有分歧的下屬，在會議上，誰若有四五個意見一股腦向他提出來，他會焦頭爛額，很可能會不知所措的對你說：「今天大家提的意見很好，會議就到此為止，對這個問題以後可以再找機會，大家好好討論，不要急嘛。」

這樣的主管，他忘記了一件重要的事，一致的意見不見得就最好。特別有時候需要我們對某事舉手表決，更是如此，大家都把手舉起來，不一定通過的這個方案就好。試想在達爾文所處的時代，如果有哪位傳教士對他的門徒說：「諸位，認為地球是宇宙中心的請把手舉起來。」你可以想像能有幾個人不舉手起來。

很多時候，下屬對你的方案無異議時，並不能認為這項方案就是完美無缺的，也許是他們本不太懂，也許是他們不好意思當面批評。

在這個時候你切不可沾沾自喜，而應該鼓勵下屬，讓他們勇於提些相反

的意見。一個方案 —— 即使是挺不錯的 —— 只有不斷改進補充，才能更上一層樓。

在對新方案的討論中，你還應該知道，妥協和折衷並不代表完善，在這個時候，良好的方案往往不是由互相容忍得來的，而是爭吵的結果，因為這是個應該存在著激烈爭吵的時刻。

鑑於以上所說，你是否誠心徵求了你下屬的意見呢？你是否在下屬還未表示任何意見前，便決定了自己的決議？你是否鼓勵你的下屬給出兩個不同的方案時，若決定了一個方案，對另一個方案要實行委婉拒絕。

「某某方案比較好，你那個方案則差了些。不過從這個方案我看出你的能力還是比一般的下屬高不少的。今後有需求的地方還會請你幫忙，今天有點辛苦了。」

如此，即使下屬的方案沒有被採納，他也不會有什麼抱怨，他會覺得還是值得的，因為辛苦是有收穫的。在這方面最要不得的是你把兩個方案拿出到一塊去當眾比較，表揚一個批評一個，把一個作為勝者，把另一個作為敗者，其一方面必釀成你與下屬之間的隔閡，另一方面會扼殺了他工作的積極性。

一句話，鼓勵下屬的反面意見，對你改進工作必大有裨益。

鼓勵出頭

在一些風氣不正的企業，經常發生一種十分奇怪的「打壓」現象。出頭人才儘管和一些人很少發生「直接」接觸，彼此之間絕無利害衝突，可是他卻遭到這些人的無端嫉妒、誹謗、攻擊和誣衊，使他處於十分惡劣的氛圍之中。因此，作為領導者一定要勇於向傳統挑戰，在了解「打壓」現象的同時，

要大膽的鼓勵下屬出頭。

（一）受攻擊的出頭人才，在他尚未「出頭」之時，大都「平安無事」，群眾關係處理較好。

（二）先進人物在剛「出頭」，尚未完全冒出「頭」來之際，往往是「打壓」行為最激烈，他本人也感到最痛苦、最難熬的時期，一旦咬緊牙關，十分頑強的冒出「頭」來，「打壓」行為又會自動收斂，直至逐步消失。

（三）「打壓」行為往往很少直接否定出頭人才獲得的工作實績（這確實很難否定），而是採用迂迴戰術，從其他方面抓住出頭人才的一些缺點或弱點，添枝加葉，肆意誇大，甚至人為製造一些缺點，進行惡意中傷，以達到「打壓」的目的。

（四）凡是「打壓」現象嚴重的企業，那裡的領導者大都十分軟弱無能，他們或者無力控制局面，正不壓邪，很難制服煽起「打壓」歪風的少數中堅分子，或者自己也存有「打壓」的想法，唯恐德才皆優的出頭人才成長起來，最終「取代」自己。因此，造成「打壓」歪風盛行的根本原因，不在出頭人才有什麼缺點，也不在員工團隊水準不高，而在於那裡的領導者團隊水準太差，不懂得或者不善於鼓勵出頭，保護出頭。

　　由此觀之，在用人行為中，領導者很有必要對技藝超群、成績卓越的優秀人才給予必要的肯定和獎勵。獎勵一個出頭人才，等於培植一片人才。

　　由於「出頭」者在人數上只占少數，在精力上又一心撲在事業上，無暇顧及「反擊」和「自衛」，因而他們很容易在「打壓」歪風面前處於被動地位，甚至被小人、庸才掀起的輿論惡浪所吞沒。難怪有些諺語說：「出頭椽子先爛」、「槍打出頭鳥」、「人怕出名豬怕肥」。「出頭」，確實是要冒一定的「風險」

的。對於一個地區，一個單位來說，那裡的工作能否做出成績，那裡的各類人才的積極性和創造性能否得到充分發揮，在很大程度上取決於領導者是否樹立了「鼓勵出頭」的良好風氣，廣大群眾都在睜大眼睛看著：最先脫穎而出的出頭人才，究竟得到一個怎樣的結局！為此，作為領導者，就應該鼓勵出頭。唯有鼓勵出頭，才能衝破惰性和陳腐勢力的束縛，形成一個人人爭當先進的良性競爭的局面。

鼓勵出頭的方法多種多樣，常見的有以下 4 種：

（一）果斷起用出頭人才，盡快縮短出頭時間

「打壓」行為最猖獗的時候，往往是先進人物剛剛「出頭」尚未完全「挺立」起來之際，有魄力的領導者為了迎頭反擊習慣保守勢力的「打壓」行為，有時乾脆採取「及時起用」的用人戰術，十分果斷的將實績突出的出頭人才盡快提拔到關鍵性工作職位上來，造成既成事實，使熱衷於造謠中傷的小人企望落空，自感沒趣，只得偃旗息鼓，草草收兵。採用此法的關鍵，在於事前要做必要的考察了解工作，必須「看準」出頭者。

（二）在關鍵時刻公開宣傳出頭人才的實績

出頭人才最感到痛苦和難熬的時期，就是剛獲得一些實績，立即招來滿城風雨的階段。此時，有膽識的領導者應該意識到，這是出頭者最需要支持的關鍵時刻，同時又是打壓者最有可能獲得「勝利」的危險時刻。面對「打壓」歪風，一個有正義感的領導者，絕不能袖手旁觀，無動於衷。應該選擇一個適當場合，向全體員工公開宣傳出頭人才的實績。這樣做，往往能收到澄清事實、驅散流言、主持公道、鼓勵出頭的奇效。

（三）及時中止少數小人、庸才的「打壓」行為

對於少數躲在人群裡散布流言蜚語的攻擊者，領導者只要一經發現，就應該不留情面，立即對他進行嚴肅的批評，迫使他及時中止對先進人物的攻擊行為。有些單位，由於領導者們對少數打壓者的惡意中傷視而不見，聽而不聞，甚至認為這是打壓者和出頭者之間的「私人糾葛」、「小事一件」，領導者們不應介入。抱著這種錯誤的態度，不僅使出頭人才難逃厄運，而且嚴重敗壞公司的風氣，最終影響到領導者們的用人行為的正常實施。

（四）對實績顯著的出頭者給予適度的表彰和鼓勵

在精神上和物質上給予出頭者適度的鼓勵，不僅有利於鼓舞少數出頭者的鬥志，激勵他們更快的成長，而且也在大眾面前樹立公司對績效表現的期望。如果該比率足夠高或期望值切合實際，就有可能獲得績效的改進。然而多數情況下該比率都較低，不足以帶來預想效果。

金錢作為激勵手段，往往代價高而無效。但值得用來吸引並留住人才、最大限度降低員工流失率及保證生產率，不過也有例外。當一些努力能夠帶來生產上的極大改進時，報酬通常能發揮激勵作用。不過，要做好花大錢的準備，金錢激勵可向來都不便宜。

好在除金錢外還可用其他方法來激勵員工。如果你公司的固定薪資富有競爭力，就不妨嘗試一下非金錢的激勵方式。領導者只有在這些領域中才能最大限度的激勵員工，其中最重要的兩處是工作設計和領導藝術。立起一批具有說服力和「示範」作用的榜樣。當然，領導者在這樣做的同時，事實上也在大眾的心目中「塑造」著自己的理想形象：像這樣愛才護才的好領導者，誰不打心裡敬佩他、擁戴他呢！

綜上所述，鼓勵出頭，領導者必須善於選擇最有效的鼓勵手段，最關

鍵的鼓勵時刻，最合適的鼓勵場合，並且掌握最合理的獎勵「分寸」和「等級」，以此來扶植一大批有發展潛力的出頭人才，並透過我們，帶動更多的下屬投入到你追我趕的良性競爭之中去。

活用競爭心

一般人都有不服輸的競爭意識，競爭心因人之不同而有強、弱的分別。競爭心微弱的人，其心中也總潛伏著一份競爭意識，例如，看到鄰居新購了一臺彩色電視機，自己雖然經濟拮据，也會用分期付款方式買一臺電視回來。工作上也有同樣的表現，如同期進入某公司的二人，彼此也有不願輸於對方的概念，這都是競爭意識造成的。

如果沒有強勁的對手，競爭心就會消失，做起事來也比較懶散。若有了強烈競爭心，則工作起來會更有幹勁。

但過度的競爭則會使彼此感情惡化，實非好辦法。在創造事業的過程中，如果人際關係不夠好，則會事倍功半，故要使人競爭，那一定要在公平的情況下加以指導。對個人來說，應指導他們以前輩為目標，努力去趕過他們，這才是好方法，並不絕對要有優秀的競爭對手，才會使其提高工作意志。

競爭心並非僅限於個人競爭，在團體中也能有同樣的競爭，那效果更大，公平程度也越高。團體競爭可先由公司內部開始，然後再以別家公司為對策，逐次擴展。例如：在同一間公司內，我們常可聽到這類話：「第二科的生產成績到達目標的 120%，我們絕對不能輸它。」這種說法即由內部職員做團體的競爭。若有優秀的團體競爭對象，可由對抗意識形成更高的工作意念。此時，兩個競爭團體彼此會「互不相讓」，總要求自己有更高的成績。如

第十二計　製造競爭

果兩個團體彼此會「互不相讓」，總要求自己有更高的成績。如果兩個團體實力懸殊，實力弱的那一方反變成欽佩心理，而不是競爭心了，故必須小心選擇欲達成目標的團體，以此提高工作意志。

　　公司內部都上軌道了，再以其他公司作為競爭對手，效果非常之大，因為如此做時，公司上下就形成一個團體，大家同心協力、同舟共濟，工作績效也大為提高。

　　M 公司與 T 公司是相關企業，但二者工作績效卻相差許多，T 公司成績並不太理想。經過調查得知，T 公司職員出勤還低於 M 公司，原因是 M 在鬧市區，而 T 則在郊區，職員也多來自鄉下地區。鄉下人最注重喜慶宴會，因此請假的時候也多，但若立刻嚴禁他們請假，必定招致反效果。故 T 公司以 M 公司為競爭對手，提高大家的榮譽心，加強內部職員的團結力，兩年後，終於超過 M 公司的業績了。

第十三計
剛柔並濟

喜怒不形於色

　　無論何人，只要在社會上混過一段時間，便多多少少練就察顏觀色的本事，他們會根據你的喜怒哀樂來調整和你相處的方式，進而順著你的喜怒哀樂來為自己謀取利益。你也會在不知不覺中，意志受到了別人的掌控。如果你的喜怒哀樂表達失當，有時會招來無端之禍。

　　因此，高明的掌權者一般都不隨便表現這些情緒，以免被人窺破弱點，給人可乘之機。

　　越是精於權術的人，城府便越深。

　　事實上，喜怒哀樂是人的基本情緒，世界上根本沒有這種人 —— 心如止水，沒有喜怒哀樂！如果有的話，只能是「植物人」。

沒有喜怒哀樂，這種人其實蠻可怕的，因為你不知道他對某件事的反應、對某個人的觀感，讓人面對他時，有不知如何應對的慌亂。

其實，沒有喜怒哀樂的人並不存在，他們只是不把喜怒哀樂表現在臉上罷了。對於領導者來說，在人際互動中，做到這一點是很重要的。所以，要把喜怒哀樂藏在心裡，別輕易拿出來給別人看。

領導者一旦露出了真情，就容易為人所看穿，以至於受到撥弄，而導致做出錯誤的決策。

「喜怒不形於色」，亦即盡量壓抑個人的感情，以冷靜客觀的態度來應付事情，這種性格的人才配做一位領導者。

這種性格至少有兩大優點：

（一）當組織內部遭遇困難時，如果領導者露出不安的表情或慌亂的態度，便會影響到全體員工，一旦根基動搖，就會帶來崩潰。這種情形下，如果能保持冷靜、若無其事的態度，最能安撫民心。

（二）在對外交涉談判時，具有從容鎮定、成竹在胸的泱泱大風。如果把持不住露出感情，如同自掀底牌一般，容易被對方控制而屈居下風。

在官場上，不輕易表露自己的觀點、見解和喜怒哀樂，被稱為「深藏不露」，這是古今中外成功的領導者用以控制下屬的一種重要方法。歷來聰明的當權者一般都喜歡把自己的思想感情隱藏起來，不讓別人窺出自己的底細和實力，這樣部下就難以鑽漏洞了，就會對領導者感到神祕莫測，就會產生畏懼感，也容易暴露自己的真實面目。領導者如同在暗處，下屬如同在明處，控制起來就比較容易了。

樹立個人領導魅力

領導魅力的基礎大致由以下七種力量要素構成：

合法的力量領導者地位身分的獲得有其合法性、正當性，不同的職位便有一定的權力與責任。在合法的範圍內，他可提出要求、命令與指揮、調度，因為他要對使命與目標負擔全部的責任。

獎酬的力量對於屬下成員的表現予以評定，因其表現優異可給予各種酬賞肯定或讚美，滿足屬下成員需求。獎酬的方式有：金錢獎勵、晉升高位、認可表揚、彈性自由、進修成長、行動或決策參與、給予偏愛的工作等。

處罰的力量若屬下成員的表現不符要求或違抗命令，則對其行為有強制權，使其遭受損失或痛苦。採取紀律程序有下列方法：調職、扣薪、架空收回權力、降級、記過、解職。

專家的力量對專業知識與技巧非常熟稔，經驗非常豐富，具有專家的形象與自信；遇有困難、危機能表現其專業與決斷；能保持專業知識的靈通；能了解下屬關心及所憂慮的事，並設法解決之。

保護自己的下屬

某科長由於動輒指責下屬，深受科員的鄙視。某天，科長的上司 —— 也就是處長，怒氣沖沖的跑進科辦公室裡，無視科長的存在，指著寫報告的人說：「寫的什麼報告？」此時，那位經常指責下屬的科長卻適時的站了出來說：「是我要他這樣寫的，責任由我來負！」

從此以後，該科氣氛完全改變過來了，科長雖仍如同過去一般動輒破口

第十三計　剛柔並濟

大罵下屬，但科員對科長的態度卻已與從前大為不同。因為，他們意識到：「科長是真的在替我們設想。」

令人驚異的是，經過此事後，處長更加重用這位科長，並對他說：「你早該這樣做了！」後來這位科長是在同期進入公司的職員中最快升為處長的人。

的確，管理者經常會處於兩難的境地，有時得不到保障，職員好比只是掛名在公司的自由契約者；而當發生意外時，如果能夠得到上司的庇護，他們在心理上無疑將獲得莫大的安慰。管理下屬無疑必須具備極大的耐性，這是一件吃力不一定討好的工作。一個人的地位越高，往往越無法了解屬下們對你的看法。由於下面的人總是小心謹慎的觀察上司的一言一行，雖然是在訓話，下屬也可能敏感的猜疑：「上司到底是為了保護自己，還是為了下屬而訓話？」有的上司在遇到工作不甚順利時，難免會發牢騷，並將責任推給下屬，此類上司必然無法獲得下屬的尊敬。一位願意承擔責任的上司，則必可贏得下屬的信賴與愛戴。身為上司者對此不可不知。

寬嚴有度

清代的一位朝廷大員趙藩敬有一次遊覽成都武侯祠時，曾撰寫了一幅著名對聯：「能攻心則反側自消，從古知兵非好戰；不審勢即寬嚴皆誤，後來治蜀要深思。」這幅對聯概括了諸葛亮治蜀的方針謀略，對當今企業的領導者仍啟示頗深。

《三國演義》第六十五回談到劉玄德平定四川後，使諸葛亮擬定「漢國條例」，諸葛亮堅持以法治蜀，蜀郡太守法正則主張應「寬刑省法」。

法正諫道：「昔高祖約法三章，黎民皆感其德。望軍師寬刑省法，以慰民望。」

　　諸葛亮回答說：「君知其一，未知其二，秦用法暴虐，萬民皆怨，故高祖以寬仁待之。今劉璋暗弱，德政不舉威刑不肅；君臣之道，漸以陵替。寵之以位，位極則殘；順之以恩，恩竭則慢。所以致弊，實由於此。吾今威之以法，法行則知恩；限之以爵，爵加則知榮。恩榮並濟，上下有節。為治之道，於斯著矣。」

　　諸葛亮這一段話鏗鏘有力，深透精闢，入木三分，使得法正當場為之拜服；也使四川四十一州軍民安靖、國盛兵強。

　　這一歷史告訴我們：時移則勢導，勢異則情變，情變則不同。因此，對於領導者、決策者，最重要是要有審時度勢的清醒頭腦和領導藝術，不能陷入經濟主義、教條主義之中，使豐富的歷史知識變成僵化思想的牢籠。我們的管理是寬和，還是嚴猛，或是嚴寬並濟，尚需管理者深思再三。

要有人情味

　　作為企業的領導者，要實現自己的意圖，必須與屬下獲得溝通，而富有人情味就是溝通的一道橋梁。它可以有助於雙方找到共同點，並在心理上強化這種共同認知，從而消除隔閡，縮小距離。

　　富有人情味的上司必是善待下屬的。

　　上司要贏得下屬的心悅誠服，一定要恩威並施。

　　所謂恩，則不外乎親切的話語及優厚的待遇，尤其是話語。要記得下屬的姓名，每天早上打招呼時，如果親切的呼喚出下屬的名字再加上一個微笑，這名下屬當天的工作效率一定會大大提高，他會感到，上司是記得我的，我得好好做！

　　有許多身居高位的人物，會記得只見過一兩次面的下屬名字，在電梯上

或門口遇見時，點頭微笑之外，叫出下屬的名字，會令下屬受寵若驚。

對待下屬，還要關心他們的生活，聆聽他們的憂慮，他們的起居飲食都要考慮周全。

所謂威，就是必須有命令與批評。一定要令行禁止，不能始終客客氣氣，為了維護自己平和謙虛的印象，而不好意思直斥其非。必須拿出做上司的威嚴來，讓下屬知道你的判斷是正確的，必須不折不扣的執行。

上司的威嚴還在對於下屬分配工作，交代任務。一方面要敢於放手讓下屬去做，不要自己包打天下；一方面在交代任務時，要明確要求，什麼時間完成，達到什麼標準。分配了以後，還必須檢查下屬完成的情況。

恩威並施，才能駕馭好下屬，發揮他們的才能。

發火不忘善後

領導者在工作中，不免有生氣發怒的時候，而所發之怒，足以顯示領導者的威嚴和權勢，對下屬構成一種令人敬畏的風度和形象。應該說，對那種「吃硬不吃軟」的下屬，適時發火施威，常常勝於苦口婆心和千言萬語。

上下級之間的感情交流，不怕波浪起伏，最忌平淡無味。數天的陰雨連綿，才能襯托出雨過天晴的美好。暑後乘涼，倍覺其爽；渴後得泉，方知其甘，此中包含著心理平衡的辯證哲理。

有經驗的老練領導者在這個問題上，既敢發火震怒，又有善後的本領；既能狂風暴雨，又能和風細雨。當然，儘管發火施威有緣由，畢竟發火會傷人，甚至會壞事，領導者對此還是謹慎對待為好。

（一）適度適時發火是需要的

特別是涉及原則問題或在公開場合碰了釘子，或對犯錯之人協助無效時，必須以發火壓制對方。

首先，發火不宜把話說死，不能把事做絕，而要注意留下感情補償的餘地。領導者話語出口一言九鼎，在大庭廣眾之下，一言既出，駟馬難追，而一旦把話說過頭，則事後騎虎難下，難以收場。所以，發火不應當眾揭短，傷人之心，導致事後費許多力也難挽回。

其次，發火宜虛實相間。對當眾說服不了或不便當眾開導的人，不妨對他一個大動肝火，這既能防止和制止其錯誤行為，也能顯示出領導者運用威懾的力量，設置了「防患於未然」的「第一道防線」。但對有些人則不宜真動肝火，而應以半開玩笑、半認真或半俏皮、半訓戒的方式去進行，這種虛中有實、情意雙關，使對方既不能翻臉又不敢輕視，內心往往有所顧忌 —— 假如上司認真起來怎麼辦。

另外，發火時要注意樹立一種被人理解的「熱心」形象，要大事認真，小事隨和，輕易不發火，發火就叫人服氣，長此以往，領導者才能在下屬中樹立起令人敬畏的形象。日常觀察可見，令人服氣的發火總是和熱誠的關心幫助連結在一起，領導者應在下屬中形成「自己雖然脾氣不好但心腸熱」的形象，從而使發火得到人們的理解和贊同。

（二）發火不忘善後

領導者的日常發火，不論怎樣高明總是要傷人，只是傷人有輕有重而已。因此，發火傷人之後，需要做及時的善後處理，即進行感情補償，因為人與人之間，不論地位尊卑，人格是平等的。妥當的善後要選時機，看火候，過早了對方火氣正盛，效果不佳；過晚則對方鬱積已久的感情不好解開。

因而，宜選擇對方略為消氣、情緒開始回復的時候為佳。

正確的善後，要視不同對象採用不同的方法，有人性格大大咧咧，是個粗人，上司發火他也不會往心裡去，故善後的工作只需要三言兩語，象徵性的表示就能解決問題。有的人心細明理，上司發火他也能諒解，則不需要下大工夫去善後。而有的人死要面子，對上司向他發火會耿耿於懷，甚至刻骨銘心，則需要善後工作細心而誠懇。對這種人要好言安撫，並在以後尋機透過表揚等方式予以彌補。還有的人量小氣盛，則不妨使善後拖延進行，以天長日久見人心的工夫去逐漸感化他。

藝術的善後還應表現出明暗相濟的特點，所謂「明」是領導者親自登門進行談心、解釋甚至「道歉」，對方有了面子，一般都會順勢和解。所謂「暗」是指對器量小者發火過了頭，單純面談也不易挽回時，便採用「拐彎抹角」或「借東風」法，例如在其他場合，故意對第三者講他的好話，並適當說些自責之言，使這種善後語言間接傳人他的耳中，這種背後好言很容易使他被打動、被感化。另外，也可以在他困難時暗中幫忙，這些不在當面的表示，待他明白真相後，會對領導者由衷感激。

風雨過後是彩虹

不管多麼優秀、能幹的員工，也不可能在工作中毫無差錯。作為他的頂頭上司，你有可能對出差錯的員工大斥大責，但是在斥責後千千萬萬別忘再表揚幾句他有多麼的能幹、多麼的出色，使他由驚到喜。

和許多企業管理者不同，松下幸之助從來都是當面的、直接的、甚至毫不留情面的教訓員工。他這麼做的確也是出於設法糾正別人錯誤的誠意與熱忱。但員工們從來不記恨他，因為松下自有他的斥責高招。

曾經在松下公司任職、後任三洋機電副社長的後藤清一，專門寫了一本《斥責經驗談》記述了自己被松下斥責的事情。有一次是後藤擔任一家新工廠領導者的時候，松下吩咐當日留下五六個人加班，但實際上只有後藤清一一個人留了下來。松下來視察詢問工作是否完成。當他知道工作還沒有做完時，毫不客氣的斥責了後藤，說他：「實在太不應該，怎麼連你也做這種事情。」後藤聽後無言以對，再三點頭道歉。

令人不可思議的是，後藤聽到這樣的訓斥之後，不但不氣反而十分高興。為什麼呢？他在書中這樣解釋到，松下的那句「連你也做」這種事情令他十分意外。這句話分明隱含了松下對於後藤格外的賞識之意，比起其他人來，松下對於後藤寄予的希望更高。這令後藤十分的欣喜。這就是斥責的技巧，在斥責一個人的時候，使對方覺得自己的存在比別人更重要，因而會產生慚愧自責的心理，這種斥責是十分有效的。

在企業管理中，領導者風格的不同往往會帶來不同的管理方法，有像松下一樣的暴雨疾風式的批評，也有所謂和風細雨式的委婉的批評方法。但如果你是更傾向於使用「松下式」的批評方法，最好不要不加思索的脫口而出，否則會讓人感覺你真正的沒有內涵。在日常工作中，斥責時掌握一些基本的技巧，肯定會得到事半功倍的效果。

（一）不要毫無道理的斥責。平常一些緊急的情況突然出現，會令你和員工都措手不及。或者是一些意外的事故和人為錯誤的產生，容易使人在瞬間失去理智。你很可能就一下子把怒火全都發洩在員工們身上。對於領導者來說，這種行為無異於自我毀滅。請記住，無論發生任何情況，都要保持冷靜的頭腦，對於既成的事實，不需要再馬上追查責任，而是應該立即研究對策。等到最危急的時間過去，再進一步弄清事實，調查事故真正起因。任意的

斥責，不可能是嚴格要求的表現，只可能成為勞資衝突的導火線，你日常和藹的形象會因虛偽讓人更加唾棄。

（二）以關愛的態度進行斥責。松下個人認為，能夠被斥責是一種很大的幸福。松下自己的親身體驗中，沒有過這種幸福，因為他從小就沒有年長的親屬，沒有被斥責過。他認為，每一個人都需要更多機會被斥責，才能使自己充實、進步。這裡面雖然滲透了很深的日本文化的影響，但對當前社會來說還是有很多的可取之處的。領導者對於員工的斥責，不應該只是單純的因為員工工作的失誤令公司遭受了損失，更是因為作為領導者的你有義務協助員工認知到自己身上的錯誤，協助他們改正自己身上的錯誤。甚至是有著一種長輩的關愛在裡面。所以你的斥責中最好能夠讓員工感受到這種心態，讓他為你的喝斥所感動，讓他深刻的理解你的語重心長。

（三）在斥責中讓人感到自己被重視，就樂於聽從別人的意見 —— 前面松下幸之助的第一個例子。

（四）斥責不要直接點中對方不願別人提起的個人隱私或要害之處。斥責歸斥責，前面已經講過這實際上也是一種關愛，而不是低級辱罵，即使是斥責，也要注意尊重對方的人格。

（五）斥責之後即了解對方的情況，以此判斷此人是否反省，此後抱著什麼態度工作，是否對斥責有所誤會。如果對方的確誤會了，則設法消釋；如果懷恨在心，那麼此人與你便無共事的緣分。如果接受了，反省了，抱著積極的態度投入工作，斥責的效果就達到了。

（六）斥責要注意頻率和方式。不要讓員工們感覺：「主管以前對我那麼

好，最近為什麼又和我過不去。」同時多多改變斥責方式，時緩時疾，輕重得當，這才能達到最佳效果。

命令要經過深思熟慮

古人有言：量小非君子。領導者管理員工就應該給他們個軟硬兼施，先商量後命令，讓部下們吃不了兜著走。

不論是企業或團體的領導者，要使屬下能高高興興、自動自發的做事，最重要的，要在領導者與屬下之間建立雙向的，也就是精神與精神，心與心的契合、溝通。

例如，你命令員工去做事時，千萬不要以為只要下了命令，事情就能夠達成。做指示、下命令，當然是必要的，然而，同時必須仔細考慮，對方接受指示、命令時，有什麼反應？這個人的感情，是怎樣接受你的命令。

社會上一種獨裁性很強的人，這種有「獨裁」之稱的人，想事情時，總是免不了命令式的和單行道的作法。當然這種人大多數是富有各種經驗，而非常優秀的。所以大致說，照他的命令去做，是沒什麼錯誤。可是如果老是這樣一個做法，總會留下一些不滿，令人感到壓制，而不能從心底產生共鳴，同時也變成因為沒辦法，只好「好吧，跟著你走吧」這樣一個情況。這樣就不可能真正有好的點子，產生真正的力量。

所以在對人做指示或命令時，要像這樣的發問：「你的意見怎樣？我是這麼想的，你呢？」然後必須留意到，是否合乎此人的意見，以及是否徹底了解，並且要問，至於問的方式，也必須使對方容易回答。我想這便是訣竅。這在人盡其才的用人之時，難道不是非常重要嗎？

松下幸之助自從創立松下電器公司以來，始終是站在領導者的地位。但

在此以前，也曾經站在被人領導的立場，所以員工的心情，多半能夠察知。由於自己有過這樣的體驗，所以在下命令或做指示時，也都盡量採取商量的：「我是這麼想，你認為呢？」這樣一種方式。

如果採取商量的方式，對方就會把心中的想法講出來，而你認為「言之有理」，你就不妨說：「我明白了，你說得很有道理，關於這一點，我們這樣做好不好？」諸如此類，一面吸收對方的想法或建議，一面推進工作。這樣對方會覺得，既然自己的意見被採用，自然就會把這樣事當作自己的事，而認真去做；同時，因為他的熱心，所以在成果上，自然而然會產生不同的效果，這便成為具有大有作為的活動潛力。

即使在從前的封建時代，凡是成功的領導者，表現上雖然下命令，實際上卻經常和部下商量。

如能以這樣的想法來用人，則被用的人會自動自發做好工作，用人的人也會輕鬆愉快。因此用人時，應盡量以商量的態度，去推動一切事務。那麼，你的領導作為就會在藏山露水處，運用自如。

第十四計
一言千金

許諾必須兌現

君子一言既出，駟馬難追，言出則必行，行則必果。這是做人的學問，也是你處理好周圍人際關係樹立自己威信的方針。

不少經理人所做的最糟糕的一件事就是愛許諾，可他們卻又偏偏不珍惜這一諾千金的價值，在聽覺與視覺上滿足了員工的希望之後，又留給了人們漫長的等待與終無音訊可循的噩耗。

諾言如同激素，最能激發人們的熱情。試想你在頭腦興奮的狀態下，許下了一個同樣令人興奮的諾言：若超額完成任務，大家月底將能夠拿到 40％的分紅。這是怎樣的一則消息啊！情緒高亢的人們已無暇顧忌它的真實性了。想像力已穿過時空的隧道進入了月底分紅的那一幕。

接下來人們便數著指頭算日子，將你的許諾化為精神的支柱投入到辛勤工作之中去了。到了月底，人們關注的焦點還能是什麼呢？而你此時最希望的恐怕就是有一場突如其來的大事，將人們的注意力統統引向另一個震盪人心的事件，最好是員工們就此得了失憶症，在見到你時，問你的都是：「我是誰？」這樣的問題。

難以實現的諾言比謠言更可怕，雖然，謠言會鬧得滿城風雨，沸沸揚揚，但人們不久就會明白事實的真相，但你的未實現的承諾騙取的是人們真心的付出。就如你讓一個天真的孩子替你跑腿送一份急件，當孩子跑回索要你的獎賞時，你已溜之大吉，那孩子可能會由此而學會了收取定金的本領。一旦你的員工有了這樣的心態，那你在組織中就是一個徹底的失敗者，你的權威沒有了，難得的信任也消失了，赤裸裸的僱傭關係會讓你覺得自己置身於一個由僵硬的數字記號構築的組織環境之中。

你的命令不是聖旨，但你的承諾卻有著沉甸甸的分量。對於你不能實現的諾言，最好今天就讓員工失望，也不要等到騙取了員工的積極性後的明天讓他們更失望。

當然，這裡要宣揚的還是你許下諾言並勇於承兌諾言的守信作風，想想田間耕耘的老農，他從綠油油莊稼看到了來年收成的希望，你的許諾也會讓你的員工感覺到將要收穫的一個沉甸甸的未來。諾言的承兌讓所有的等待了許久的人有一種心滿意足的喜悅，更堅定了他們的未來就在自己手中的信念。你也將成為眾人關注的焦點，伸向你的不再是討要報償的大手，而是熱情的、助你成就的有力臂膀。

組織的人際關係會在這個核心的作用下，產生出誠信、團結的氣象。

戒言慎行

　　如何使領導者發出的指令得到最有效的施行，這對幾乎所有的領導人物都是一個至關緊要的問題，它直接關係到權力的影響度、威信的分量。因此發號施令要遵循如下規則：

（一）謹言慎行

　　聖人舉步，眾目睽睽。地位和知名度很高的人，他們的一舉一動，必有相當多的人注目而視。此謂船搖一尺，桅擺一丈。因此，具有高度社會地位的人，應該對自己的言行抱著戒懼、審慎的態度，才能名副金口玉言之實。

　　一言既出，駟馬難追。聖人接觸別人，小心言行，不為防人，只為防口。人之口舌軟而無規，人與人之間，舌之作用可當得半個人。身處高位的人，一咳嗽一眨眼都引起眾人注意，當年美國總統布希訪日，於席間昏倒，立刻影響到華爾街股市價格。鑑於此，領導人物時時修正自己的言行非常必要，那些輕視這個道理與原則的人，必定會不時引起群體輿論的攻擊，因而遭受困擾。因為，地位越高的人，他們在外的名聲越是屬於整個社會。

　　循著尊重別人，戒言慎行的原則，一片讚譽定然是伴隨著你的。反之，則說不定。偉人們越是聲望高時，越應該謙虛的審度自己的言行。否則，聲望也有可能走向反面，正所謂不積小善，無以成名；不積大惡，不會有災；小惡多積，惡掩善言。

（二）內圈外圈

　　每一個人都是可信的，每一個人都不是可信的。不論人多人少，必定有內圈外圈。要正確使用內圈的人。首先應該不斷的擴充鞏固內圈，有外圈才

能鞏固內圈。

內圈的形成，還必須配有一種定勢。群體定勢形成後，反對派不會輕易拉出你內圈的人，外圈又會向內圈靠攏。

命令製造者是自己，發布者應該是別人，這樣可避免衝突焦點集中到自己身上，要避開衝突焦點，不管面對內圈還是外圈，在有些事情上面，應對內外圈一視同仁。

（三）說一不二

王命不能輕易下達，既然說了就需要有人不折不扣的執行，說了就不可輕易變更。如果一旦改變了，再去執行當然不好辦。君子一言，駟馬難追，王者發令，重於泰山。說到做到，是樹立權威的妙法，所謂信義，不過如此。

如果想收回成命，那也好辦，就是你吃不準的命令要像上面一條說的那樣，最初以別人的名義或透過別人發布出來。

如果需要修正自己的號令，你應該尋找幾個說得出去的藉口，提早製造一個輿論環境，讓人覺得不是你要修改，而是為了大家的利益才不得已而為之。但是這樣的手段不可再三運用。

號令如山

下達命令當然是監督管理工作的一部分，我們有時並不重視這一問題。其實向任何員工下命令的行動都是項複雜而艱鉅的任務，它遠不是簡單的說一句：把這個漆成紅色就算結束了。作為主管人，如何下達命令反映出你激勵你的員工們的技巧。你選擇的用詞，表達的方式，你的音調 —— 等諸因素

都有助於促進完成工作。作為主管來說，指揮他人是最重要的。我們來看看應遵循的下列六項簡單原則。

創造良好的氣氛。應該在互助協作的氣氛中下達命令。指令和粗暴的命令是不成熟的管理者的標誌，除了不情願的屈從外再也得不到什麼。每位管理者都知道，你需要你的員工們對你竭盡全力的幫助和協作，而不是違心的服從。因此，你應該努力在你的員工們之間創造自願合作、尊重和理解的氣氛。這種氣氛不可能一夜之間就突然出現，而是要透過友善的對待、秉公辦事和強硬的管理來形成這種氣氛。哪裡的員工們能心情愉快的接受命令，你就能斷定哪裡存在著互相合作的氣氛。

哪裡的員工們只做吩咐他們做的事情，哪裡的合作氣氛就差些，他們是毫無熱情的完成工作的。員工們缺乏主動性，創造性和建議。你的員工們僅僅做你讓他們做的事 —— 不多也不少。

當然，最壞是公開敵對。員工們懷著敵意接受命令，因為你的權力凌駕他們之上，所以他們只完成他們必須做的那部分工作。他們總是尋找機會搞亂進程，出難題給你。

因此，下達好命令的第一條原則就是在你與員工之間創造一種互相理解、信任和合作的氣氛。

下達合理的指令。一個正確命令是合情合理的。它應使你的員工們在不危及性命的情況下確實完成。然而要記住，對某個人來說是合理的命令也許對另一個人就不合理。例如，命令一位只會駕駛小型貨車的司機去駕駛大卡車送貨，這就不合理。但是，這個命令對一位有經驗而又有駕駛執照的大卡車司機來說又很合理。

有時，下達的命令會提高員工的能力，使他們學到一些新東西，這裡說的合理性是一個相對的問題。但是整體而言，你應該記住，向員工下達任何

命令都應該考慮員工是否有完成任務的能力。

下達便於理解的指令。任何不能理解的命令都無法執行。因而一定要使你的命令能為你的員工們所理解。對某些員工，你需要「掰手指頭講清楚」，這樣他們才能理解你想做什麼。另一些員工只需要幾個關鍵的字眼便能理解你想讓他們做什麼。無論哪種情況，一定要使那些與你談話的員工們了解你的觀點，並弄清楚你想要做什麼。為了保證讓他們聽懂，你要毫不猶豫的重複你說過的內容。並非每個人從交談中聽到的意思都一樣。所以，如果你們的理解顯得雜亂不同的話，要給他們提問的機會。實際上，為了確保員工正確理解你的意思，最好的辦法就是讓他們理解你想要做什麼。

選擇準確的詞句。當你下達命令時，要選擇準確的詞句，以員工們樂於接受命令的方式對他們講述。不要像陸軍中士那樣下達指令，而是採用建議、詢問或指導的方式。你可以這樣說；「小王，幫忙一下接受這個新命令怎樣？」這絕不會減輕你的指示的分量，卻能使你的命令更合員工的心意。

當然，有時直接的指令和命令也是必要的，例如，在危難關頭，你會對小王大喊道：「快逃命！」或者，對那些只懂得和接受強迫命令的員工，你也可以說：「小李，你的進度落後了。我希望5點之前你完成20個合格產品。」但是，多數員工認為自己是成年人，希望贏得尊敬。因此，一般不需要強迫命令。你可以這樣說：「小李，你比小組其他人落後了一些。今天下班前你能趕上來嗎？」如果小李是個敏感的人，只須提醒一下他就明白了，那麼你只需說一句，「我看你已經有點落後了，小李。」

記住，多數情況下，如果你請求員工們做什麼，那麼你的員工會更好接受。指令和命令是扼殺合作願望的言辭。因此，要記住，選擇使你的命令動聽的詞句，你的員工們將更樂於合作，作為主管，你將會更受歡迎。

解釋命令中的「為什麼」。永遠要解釋為什麼，那怕是有最細微的跡象

顯示員工們不理解為什麼要做某事，也一定要告訴他們為什麼。只要略想片刻，你將發現為什麼要這樣。不明白為什麼要做某事的員工，以及沒有認知到這將有助於實現本部門目標的員工，可能不願意執行你的建議。當他們做你希望做的事情時，他們可能三心二意，毫無熱情，慢慢吞吞。如果他們理解了你為什麼向他們下達命令時，他們會比較自願的投身進去，迅速完成任務。

防止出現問題。在下達命令時，無論你對上述步驟考慮得多麼仔細，都會遇到一些問題。例如，有些員工可能沒有聽到，或漏聽了某個訊息。因此，你需要與他們討論一下，使他們「抓住」你說的和要做的要點。儘管你試圖使用易於理解的語言，某個員工還是沒有理解。因此，為了減少出現問題，不要下達完命令了事，跟著提出問題，與那些看來還不理解的員工討論。要警惕那些可能沒有理解你的指令的行為。切記，你的職責是透過他人的努力來完成任務，只有正確的理解了你的指令，他們才能採取正確的行動。

不可用強制的口氣

在工作過程中，身為領導者，對部屬下達任務，發號施令，這是很自然的事情。

可是，怎樣下達命令才會使你的計畫能得到徹底的實施呢？才能使你部下樂於積極、主動、出色、創造性的去完成工作呢？

你是不是經常這樣說：「小歐，把這份資料趕出來，你必須盡你最快的速度，如果明天早上我來到辦公室在我的辦公桌上沒有看到它，我將……」

或者是：「你怎麼可以這樣做？我說過多少次了，可你總是記不住！現在

把你手中的事停下來，馬上給我重做！」

……

夠了！

你的部下一定會面色冰冷、極不情願的接過你派給他們的任務，去完成它，而不是做好它。可是等工作交出來後，你大為失望，不禁有些生氣：「好了！看來你只是個平平庸庸、毫無創新的人而已！我對你期望很高，可你總是表現得令人失望！就憑你這個樣子，永遠也別想升遷……」

這樣，你與部下的關係就完完全全的進入了一種「惡性循環」。

毛病出在哪裡？

就出在你下達命令的方式上！

你以為你是領導者，所以就有權在別人面前指手畫腳，發號施令；就可以對別人頤指氣使，喚了來，喝了去；就可以靠在軟綿綿的椅子裡，指揮別人去做這個，去做那個？

沒有人會喜歡你這種命令的口氣和高高在上的架勢！

你以為自己是領導者，有權力這麼做。可是要知道，儘管你是總經理，他是小職員，可是在人格上你們是平等的。所不同的，只不過你們的分工不同，職務不同，而不是在你和他個人之間存在著什麼高低貴賤的區別。就算是「經理」比「職員」具有更多的權力或是其他什麼，那麼是由「經理」這個職務帶來的，而不是你自身與生俱來的！是你的這種趾高氣揚、自傲自大的態度激怒了別人，而不是工作本身使人不快！

所以，你想讓別人用什麼樣的態度去完成工作，就用什麼樣的口氣和方式去下達任務。

多用「建議」，而不用「命令」。這樣，你不但能使對方維持自己的人格尊嚴，而且能使人積極主動、創造性的完成工作。即使是你指出了別人工作

中的不足，對方也會樂於接受和改正，與你合作。

有一個祕書這樣說自己的經理：他從來不直接以命令的口氣來指揮別人。每次，他總是先將自己的想法講給對方聽，然後問道：「你覺得，這樣做合適嗎？」當他在口授一封信之後，經常說：「你認為這封信如何？」如果他覺得助手起草的文件中需要改動時，便會用一種徵詢、商量的口氣說：「也許我們把這句話改成這樣，會比較好一點。」他總是給人自己動手的機會，他從不告訴他的助手如何做事；他讓他們自己去做，讓他們在自己的錯誤中去學習去進步。

可以想像，在這樣的經理身邊工作，一定會讓人感到輕鬆而愉快。

這種方法，維持了部下的自尊，使他以為自己很重要，從而希望與你合作，而不是反抗你。一家小廠經理湯姆，有一次，一位商人送來一張大訂單。可是，他的工廠的工作已經安排滿了，而訂單上要求的完成時間，短得使他不太可能去接受它。

可是這是一筆大生意，機會太難得了。

他沒有下達命令要員工們加班工作來趕這張訂單，他只召集了全體員工，對他們解釋了具體的情況，並且向他們說明，假如能準時趕出這張訂單，對他們的公司會有多大的意義。

「我們有什麼辦法來完成這張訂單？」

「有沒有人有別的辦法來處理它，使我們能接這張訂單？」

「有沒有別的辦法來調整我們的工作時間和工作的分配，來幫助整個公司？」

員工們提供了許多意見，並堅持接下這張訂單。他們用一種「我們可以辦到」的態度來得到這張訂單，並且如期出貨。

讓部下去接受命令，主動的接受，而不是被動，把你「要他做的事情」，

變成「他要做的事情。」

　　古人們在這一方面的經驗，實在是令人嘆服。

　　有道是：請將不如激將。

　　晉朝劉義慶所著的《世說新語》上，講敘了一個「周處除三害」的故事：

　　周處年少時，恃強霸道，橫行鄉里。當時義興河中有蛟龍，山中有猛虎，經常出來為害百姓。義興人便將蛟龍，猛虎和周處合稱「三害」，而更以周處為「三害」之首。周處為人剛猛自強，自告奮勇上山打死猛虎，下河殺死了蛟龍。當時有一位老者，為了激發他進一步學好，便對他說：「義興人有『三怕』，現在這猛虎、蛟龍都被你除了，可人們還有『一怕』。」周處問：「哪『一怕』」？老人故作沉思，然後說：「就怕你周處橫行霸道啊！」周處聽後，發誓要把這一「害」征服，但又擔心的對老者說：「我雖然想棄惡從善，但年齡已大，恐怕為時已晚，終無所成。」老人說：「孔子日：朝聞道，夕死可矣。而你正當壯年，前途無量，怎麼可以說為時已晚呢？人就怕沒有志向，有了志向，怎麼就不會留名青史呢？」周處聽後，大受感動，終於改過自新，勤政孝親，廣有善名。

　　每個人都有自尊心，刺激人的自尊心（而不是傷害它），會使對方的自信和潛在的積極性得到發揮和表現。這正是「激將術」能夠得以奏效的原因。

　　所以，如果你要向部下下達命令，讓他做你想想他做的事或是要他改正錯誤，那就避免使用「命令」的口吻，不妨試試「建議」的方法和「激將法」。

許願的分寸

　　正因為領導者手中握有權力，所以登門要求領導者解決問題的人一定很多。有時，領導者出於難為情，對於別人提出的請求沒法一口回絕。在這種

情況下，許願就要掌握分寸，應根據不同情況採取不同的許願方式和方法，既不駁別人的面子，又要給自己留下迴旋的餘地。這裡有 4 種方法可資借鑑：

（一）對有把握的事可採取確定性的許願。如果你對情況很了解，預測許下的願有把握實現，那麼就乾脆把話說「死」。這種許願能給人不容置疑的印象，給對方先吃一顆「定心丸」。

（二）對把握性不大的事可採取彈性的許願。如果你對情況把握不很大，就應把話說靈活一點，使之有伸縮的餘地。例如，使用「盡力而為」、「盡最大努力」、「盡可能」等有較大靈活性的字眼。這種許願能給自己留下一定的迴旋餘地，但一般會讓對方留下疑慮，獲得對方的信任的效果要差一些。

（三）對時間跨度較大的事情，可採取延緩性的許願。有些事情，當時的情況認準了，可是由於時間長了，情況會發生變化。這時，你在許願中可採用延緩時間的辦法，即把實現許願結果的時間說長一點，給自己留下為實現許願創造條件的餘地。比如有人要求老闆替自己加薪，老闆就可以這樣說：「要是年終結算，公司經濟效益好，我可以替你晉升薪資。」用「年終結算」一語表示實現許願時間的延緩，顯得既留有餘地，又入情入理。

（四）對非自己所能獨立解決的問題，應採取隱含前提條件的許願。這即是說，如果你所做的承諾，不能自己單獨完成，還要謀求別人的配合，那麼你在許願中可帶一定的限制詞語。

為人處事，應當講究言而有信，行而有果。因此，許願不可隨意為之，信口開河。明智者事先會充分的盤算客觀條件，盡可能不做那些沒有把握的許願。

領導者不是萬事靈通的神仙，對於自己根本沒有能力辦到或不想辦的事

情，最好及時的回絕。拒絕並不是簡單的說一句：「那不行」，而是要講究藝術：既拒絕了對方的不適宜要求，又不致傷害對方的自尊，也不損害彼此的關係，如此方為上策。

第十五計
敲山震虎

甦醒療法

　　當一個組織陷於無序狀態，主管的命令無法產生效果時，該怎麼辦？

　　此時，不妨針對整個組織進行「甦醒療法」。方法之一便是痛斥一個特定的資深人員。此即「犧牲少數人，拯救組織」的立典型的做法。

　　因為，如果責備整個部門，將會使大家產生每個人都有錯誤之感而分散責任；同樣的，大家也有可能認為每個人都沒有錯。所以，只懲戒嚴重過失者，可使其他人員心想「幸虧我沒有做錯」，進而約束自己盡量不犯錯誤。而且，如果受指責的對象是具有實績的資深或重要幹部，其效果必然倍增。因為部門內緊張感提高後，每個人必會心懷愧疚的自責：「他被責罵是因為我們的緣故！」如此一來，部屬們一定會加倍努力工作；組織則自動回到有序

的狀態。

　　總之，身為上司者若是指責小職員，則可能使此人的自尊心受到嚴重的傷害；但是，如果受指責是肩負重擔的部門主管，由於他常能確認自己的位置及被指責的原因，因此對他並不會造成嚴重的傷害。

　　當然，這並非鼓勵要在部門內，無中生有或捕風捉影的找某人的麻煩。只是在任何企業單位，均需要透過刺激資深人員，來使全體人員具有蓬勃的朝氣，進而達成組織的目標。所以為了整頓組織內部渙散的士氣，有時不妨刻意製造一點緊張的氣氛，大膽的犧牲一員大將。

殺雞給猴看

　　領導者手下如果不是一個下屬在你面前為所欲為，而是一群 —— 這時你該怎麼辦呢？不妨殺雞給猴看。

　　有的領導者面對這種情況往往不知如何是好，想殺雞給猴看卻又怕犯了眾怒，如此猶豫不決，反而有姑息養奸之嫌！

　　如果有一件事可以很明顯的看出是李某的過錯，同事認為主管應該會對他發相當大的脾氣。然而主管卻只是對李某說：「要小心一點。」便原諒了李某的過錯，為此大家頗感失望。不難想像此時同事一定會議論紛紛：「為什麼主管不生氣？」「我做錯時被他罵得好慘！」「主管說不定欠了李某什麼！」「主管可能不明白什麼叫做『責任』！」

　　你一旦採取溫和的做法，那下回王某失敗時，也就無法批評他了。漸漸的你的刀口越來越鈍，最後你會落得誰也不敢罵的下場，而無法繼續領導下屬。所以在需要批評時，就必須大聲的批評才行。

　　在眾人面前批評某個下屬，其他的下屬亦會引以為誡。此即所謂的「殺

一做百」。

其意並非真的處罰一百人，而是藉由處置一人來使他人反省。

當場被批評的人，宛如是眾人的代表，並不是一個很討好的角色。在任何團體中，皆有扮演批評角色的人存在。領導者通常會在眾人面前批評他，讓其他人心生警惕。這是一個非常有用的方法。

這個角色絕非每個人皆能勝任，你必須選出一個個性適合的人。他的個性要開朗樂觀、不鑽牛角尖，並且不會因為一點瑣事而意志動搖，如此方能適合此項任務。

你應避免選用容易陷於悲觀情緒，或者太過神經質的人。若錯誤的選擇了此類型的下屬，往後將帶給你更多的困擾。

雖然你只能對自己的下屬批評，但有時你也會遇到必須批評其他單位的職員的情況。這不僅越權而且違反公司的準則，然而相信亦有例外的情形。

某家百貨公司的營業部主任，平時即對採購部科長的應對態度太過懶散頗為不滿，但由於對方的身分是科長，因此無法當面予以指責。雖然這位主任曾經與自己的主管——營業部科長討論過，然而由於主管是位好好先生，因此無法得到任何解決的方案。

就在思索如何利用機會與對方直接談判時，分發部的某位職員因未遵守繳費期限而發生問題。

營業部主任便藉機大聲批評那位犯錯的職員。他特意在採購部科長面前批評：「不是只有今天，這種情形已經發生過許多次了。」

此時採購部科長並未表示任何意見，然而弊端在不久之後便改善了。

此項技巧簡單的說，就是採取游擊戰術，若對敵人採取正面攻擊時比較麻煩，但是若你本身有理，就不會覺得那麼可怕。遇到形式上的反攻時，你只須稍微轉一下身便可反擊。

對於無法與其正面爭吵的人，若企圖使其認同你的主張，則上述的方法不失為一則妙方。

領導者藉由批評下屬的行為，亦能轉換為本身的警惕。你在批評下屬「不准遲到」時，自己絕不可遲到。當你批評貪杯的下屬時，自己也不可有貪杯的情形發生。

藉由對下屬的批評，而受益最多的人或許是自己。因此，你更不應該錯失良機。你必須謹慎的選擇批評的機會，並且好好珍惜被批評的下屬。

只有招募員工時才奉承阿諛，並且舉辦各項迎新活動，一旦確定他們成為正式員工後，便突然變得冷漠、嚴苛，這類陰險狡猾的公司並不在少數。

新進職員由於沉迷於剛進公司時的歡愉氣氛，以致對往後的工作氣氛容易感到失望。若又遭到主管責備，情緒必定會跌至谷底。然而亦不能因此而嬌縱下屬。

例如，有次主管必須批評下屬陳某。然而他實在無法拉下臉來，便想盡方法使陳某反省、改過。

他做每件事都刻意妨礙到陳某的工作，他認為由此，陳某的行為應該便會改善。事實上，這位主管的做法毫無意義，無論對其本身或陳某來說，這都只是不愉快的經驗而已。

該黑臉時不妨黑臉，該白臉的時候，也不妨扮扮白臉，讓下屬看看你的不可觸犯的一面。

大頭症員工

有些員工由於自恃有一定專長，或自知公司內很難找人替代他的工作，或自恃與公司大客戶關係良好，往往難以管束，對公司規章視而不見。

　　遇到上述的情況，首先要弄清楚該員工對公司的重要性，他的專長是否難以替代？他與客戶的關係有否涉及私下的利益？假如他真的暫時無可替代，公司沒了他又會受到損失的話，不妨暫時容忍他。最好私下找機會和他談談，了解一下他不聽話的原因。是否公司有什麼不對？或是同事間有心病？了解到原因自然可以對症下藥，公司也不想隨便損失一名有用的員工。不過，有些時候，是員工本身的驕傲自滿作怪，滿以為公司沒他不行，所以氣焰囂張。如是這樣，最好安排下屬接替他的工作，並物色適當的員工。不過這措施在時機未成熟前，最好別讓他知道，可以鼓勵他多放假，好趁機要他將工作交給別人。同時，又以升遷為藉口，要他培養一些接班人。

　　必要時，可用幾個人來分擔他的工作，至於客戶方面，則要由高層方面著手，努力加強相互間的連結。其實在商言商，只要雙方合作順利，客戶是不會輕易跟員工「跳槽」的，客戶和某一員工關係好，只是想工作方便些而已。

　　只要一切準備好，不妨立即把他解僱，盡量減少他對公司的壞影響，同時向其他員工解釋解僱他的原因。假如這人一直恃功專橫，員工也會慶幸公司能把他解僱，這對鼓舞士氣也有幫助。

不要妥協

　　作為領導者絕不能心慈手軟，尤其對於下屬中的狂妄之人要採取強硬的管理手段。它包括下列原則：

　　（一）大多數狂人雖然行為清正，但由於其破壞力巨大，因此絕不意味著對狂人也要心慈手軟。

　　（二）狂人得勢便會張牙舞爪，飛揚跋扈。沒有關係，好戲放到後頭，

讓他盡情表演。當他高興時放鬆戒備，露出破綻和馬腳時，狂人自己創造有利條件。

（三）對狂人保持警惕，早做準備。即使讓狂人猖狂幾天也要警惕。如若讓他猖狂起來後，卻無計可施，那就成了玩火自焚了。要保證領導者能夠在適當時機將其制伏。

抱有不滿情緒的員工有以下幾種：

（一）有實力但沒有得到自己希望的地位，因此而產生不滿。

（二）能力一般，但認為自己薪資不高的人容易產生不滿。

（三）沒有能力，但嫉妒心極強的人容易產生不滿。

老闆應當有心理準備，根據上述三種人採取不同的對策。

老闆必須對這些有不滿情緒的人給予足夠的重視。因為，他們能渙散整個團體的士氣。

還有一種人，老闆也應當特別注意。那就是「要求權力型」的人。這種人很有煽動性，也能夠攪亂人心。

事實上在現實生活中，有很多有實力的人沒有獲得應有的地位，或者由於競爭者太多而無法全部滿足。

沒能升級，當然人們心裡會不滿。有些人還會不斷的寫辭職報告。而且，他們還會對其他人吹噓說：「我這樣有能力的人如果辭職的話，對公司將是一大損失。此處不留人，自有留人處。」

對於這種人，乾脆對他們說：「你要想走就趕快寫辭職報告吧。否則就好好在這裡做下去，今後還會有很多機會。」千萬不要遷就他們，更不能向他們妥協。

對那些沒有能力還愛到處說風涼話的人，委派一些艱難的工作給他們，也許他們就會因此而閉口不言了。

打掉「小圈子」

反對派總是好連成一個小幫派，與領導者作對。作為領導者的你應該怎麼辦呢？最好的辦法是拆散反對派的小圈子，使其不能形成氣候，把它消滅在萌芽狀態下，消除這些人的依賴心理，使其之間產生競爭，對企業以及領導者都會產生良好的效益，領導者的領導能力也隨之展現在上下級面前了。

在大學任教的教師，常有與回國的留學生交談的機會。當聽到他們談及國外生活的情況時，總不免感到遺憾。

因為大多數的留學生雖身在國外，卻常與本國留學生聚在一起，形成小圈圈，不懂得利用國際交流的管道，使自己學得更多。這種情況無異於參加旅行團到國外觀光旅遊，實屬可惜。這種情形出現在學生時代尚情有可原，若走向社會之後，仍出現相同的情形，則對每個人的成長是毫無幫助的。

不難發現，許多來自同一地區、同一所學校、同一時期進入公司，或具有其他共同點的下屬均傾向於在公司內形成「小圈圈」。他們中午共進午餐，假日共遊，平常更是有事沒事便聚在一起。

事實上，此種夥伴意識只會加深依賴心理，無法在工作上產生緊張感。在這種情況下，每個人的自律神經必然受到阻礙，對於企業單位而言，亦只會產生負面影響。

所以，公司領導者應及早設法解除下屬形成的「小圈圈」。

清除這類現象最有效的方法莫過於將彼此的依賴心轉成為競爭心。例如，指導工作時可採取個別教導的方法，讓其他的人員擔心：他究竟在學些什麼？或是在分配工作時，刻意對小圈圈內的人員分派不同的工作；有時更不妨以強迫的手段，只准個別下屬外出午餐；或將能力相當的人員拿出來相互比較。如此一來，必可增強他們的競爭心。

無疑的，一個人一旦有了競爭心，必能產生強烈的向上之心，而身為領導者正可利用這一時機達到公司的目標。

擒賊擒王

企業中反對派往往會形成一個小團體，領導者對付這些反對者，應擒賊先擒王，打擊領頭的，做到殺一儆百的作用，使其今後不敢興風作浪。

「打人不打臉，罵人不揭短。」人總難免會做些傻事，做些錯事。誰也難免有些是是非非不願被人提及。

與君子相交，揭人短處，掀人傷疤，令人寒心，可惡。

與小人相處，巧妙揭其短處，翻翻舊帳，以牙還牙，痛快。

巧用揭短之言，對付小人之舉，會使對方暴露無遺。

一般來說，小人比別人更「敏感」，行為可恥卻又最怕人說「可恥」。所以，小人更怕被人揭短。

一般人們會認為，小人卑鄙無恥，什麼都不在乎，不會顧惜什麼臉面的。所以，即使揭短也不會使小人難堪。

但我們忽視了一點，小人怎樣才能騙取別人的信任呢？小人的主要特徵是什麼？

虛偽和狡詐。

小人也必須偽裝好自己，給自己一個人所共賞的虛假外表。都知道「小人」兩字不寫在臉上，小人是靠來往以後才看出來的，這至少說明小人給人的第一印象不比別人差，甚至更好。小人要讓人感覺容易親近，只是這種親近不能久長，小人是有目的而假裝親近、友善。

知道這一點，我們即可照方抓藥，對症下藥。撕碎他的偽裝，讓小人醜

惡的面目盡露於外。打碎其外金玉，且看其中敗絮。小人便自然而然失去了「醜惡靈魂的避難所」。

掀起小人的面紗，讓大家都看看他的真實面目。揭去小人的遮羞布，給眾人展露小人可憎的靈魂，小人何以騙人？

大千世界，小人種種。不同人應採用不同的戰術，不能一概而論。這裡我們雖列出幾種方法供你參考，但畢竟不能完全包括，放之四海而皆準，還需要在實際生活中細心揣摩，善於隨機應變，因地因時因人制宜，具體問題具體分析。

作為領導者，接觸人多，遇到的小人也就多。如何在小人中獲取足夠的利益而不失其身則尤顯重要。但有一條最為根本，那就是要擊中要害。

「擒賊先擒王」，「射人先射馬」方出奇制勝。

巧扮黑白臉

下屬犯錯是難免的，領導怎樣去對待呢？那就要批評改正。批得輕，難以改正；批得重，容易形成對抗。給領導者的好辦法就是表演一場黑白臉的批評戲。

獨角戲難唱，如果另有一個人配合，一搭一唱、效果必定很好。

例如，主管嚴厲斥責一名年輕下屬時，主管的助理可以悄悄的將這名職員拉到另一個房間，扮演母親的角色，告訴他：「主管是希望你將來能……」；如果覺得言過其實的話，也可以在後面加以叮囑，以免其自滿自大產生任何疏忽。

所以領導者一般扮演黑臉，對部下大而化之，強悍一些，而助理則應心思細密，緩解矛盾，從中調停，演一個白臉，這樣，才能一起唱好這齣戲。

有些領導者妄自逞能，一個演兩角，一邊稱讚，一面斥責，結果弄得部下丈二和尚摸不著頭腦，自己也弄得裡外不是人。

在一般公司中，若要有效的進行賞罰，也必須由兩個人來擔任兩個角色，合作來完成，不可奢想一人占兩角。

因此，領導者要相機而動，掌握技巧。

（一）當下屬不願認錯時，絕不含糊。

批評斥責的目的是使部下改正缺點，以後不再重犯。所以對不願認錯的部下，一定要嚴加斥責，讓黑臉占主角，白臉遲些上場，因為對這樣的部下，要先挫其傲氣，否則白臉過早上場，他還以為是援兵到了，更加不悔改了。

（二）對認錯態度好的部下，點到為止，讓白臉唱主角

對待下屬，切不可傷其自尊心，損了面子。臉皮薄的部下，不可過於嚴厲，點到即止，讓白臉發揮更大作用。

（三）你所選的白臉一定要可靠，配合得當才行

白臉的作用很關鍵，如果他信口開河，其後果不堪設想。

聰明的、有能力的領導者，在下屬出現失誤時，懂得站在下屬的立場上為他們排憂解難，當他們的擋箭牌。

批評他人必須掌握度，不能突破對方的心理承受能力。因為批評的目的是指出錯在哪裡，不是為個人出氣，把他人整垮。批評者只是充滿善意的向他人進忠告，忠告固然應該深刻，刺激信號應到位，力爭讓對方認知到過失的嚴重而幡然悔悟，但忠告必須使人能夠忍受痛苦、自責、羞愧的折磨而不致於傷害自尊心。

第十六計
公字當先

慎重評價

　　人的性格差異非常之大。有的人城府較深，不輕易褒貶人；有的則心直口快。一般說來，這都不是什麼缺點。一旦站在領導者職位上，問題就不同了。尤其是在毀譽人的問題上，心直口快的領導者一定要改變一下自己的性格才好。

　　大劉是個有多年工作經驗的老員工，大家都說他為人厚道，心直口快，因而推舉他當了廠房主任。他還是像以往一樣，坦率的說出自己的看法。如，A 這傢伙辦事靠不住，B 是個勤奮的人等等，結果，下屬對他的意見很大。

　　大劉有點摸不著頭腦，過去自己也是這樣心直口快，同伴覺得沒什麼，

現在的下屬為什麼卻不滿意了呢？這裡面有兩個原因。

第一是大劉身分不同了。作為同伴，說話輕一句重一句都沒有關係，別人覺得這至多是你個人的看法，與自己的前途無關。作為主管，你握有降升罰賞的權力，你如何評價別人，也就意味著你將如何使用和對待別人，別人當然要與你一爭。比如，大劉認為 A 辦事靠不住，那麼很顯然，凡是重要的事情，大劉都不會交給 A 去辦，A 也就永遠失去了晉升和獲得大筆獎金的機會。A 怎麼會不著急呢？

第二是大劉對人下的結論太輕率太簡單了。大劉是新上任的廠房主任，對下屬觀察得並不長久。他腦子中的印象可能是偶然得到的，準確率並不高。比如，他認為 A 辦事不牢靠，因為 A 恰巧辦糟了一件事。其實 A 平時做事倒不是馬馬虎虎的。他認為 B 很勤懇，因為恰巧看到 B 下班時間過了還在工作。其實他不知道，B 就是那種「平時不燒香，臨時抱佛腳」的人。開始幾天，他總愛東遊西蕩，不好好做事，捱到非完成不可了，才埋頭苦幹，趕著完成。結論同自主管之口，人們都覺得關係重大；加上這結論又不準確，怎麼叫人沒意見呢。

當領導者的在對下屬評價時，要注意兩點：

第一，應盡可能做多方面的觀察，不要妄作毀譽。

第二，不要先做基本評論，一定要舉出具體事例加以說明。

某大學教授曾經做過研究，發現即使是最易了解的性格，至少也要用七個句子來形容，才能表示明白。一般人只擁有不多的詞彙，偏偏又喜歡以這些貧乏的詞彙來評論別人。中文字又特別精奧，同樣一個詞，說話者的語氣、表情不同，含意是不一樣的。比如「他這人很聰明」可能是褒義，說人家腦子靈活管用；也可能是貶義，暗示這個人精明自私。當領導者的要了解語言的微妙之處，不輕易評價下屬。有必要評價時，也一定要詳加斟酌，力

求準確。

合理考評

無論是對民營企業或政府機構而言，「績效考核」都是一件非常重要，而且是不可避免的大事，其結果更是許多人的升遷和獎勵的一項重要依據。所以，主管考評員工一定要合理，要客觀，能使員工心悅誠服。

因此，有許多人很努力的開發出許多種類的績效考核方法，有依主觀判斷的、有依客觀標準的、有正向的、有逆向的等等不一而足的方法。

實在很難斷定到底哪一種是最理想的方式。

但是，有一些基本的重點是必須注意的，否則勢必無法發揮績效考核功能。簡單說明如下：首先，在擬定績效考核方法之前應該先了解，績效考核的目的在於：

（一）設計一種公平合理的方式，在一段時間內，盡量客觀的衡量出個別的組織成員對組織的實質貢獻（或者可以說存在價值）。

（二）確實讓被衡量的人能夠了解衡量的結果，以便依據此結果來修正自己的行為，提高對組織的實質貢獻。

其次，衡量實質貢獻時應注意兩個重要的尺度，第一個是實際完成工作的的質與量，其次是對組織的無形貢獻，包括對公司的認同態度、責任感、與其他人員的配合度和相處情況等等。

這兩個尺度是不可偏廢的。就衡量的方法而言，實際完成工作的質與量是比較容易精確計算的。

至於無形貢獻的衡量，以利用無記名問卷的方法比較可行。但是在設計問卷時應以簡單、明瞭及有效為準。

再次，不同階層和不同功能的人員，衡量的內容也應該有所區別。例如：執行層次的人員和規劃層次的人員就應該有不同的衡量內容，而且考核期間長短應該適當，太長或太短都無法發揮考核的功能。

最後，我們應該了解，無論多麼精密的考核方法均很難絕對公平合理並且精確的衡量出每一位組織成員的實質貢獻度。

因此，應該讓每一位被衡量者，除了了解衡量結果外，並且有機會對衡量結果說出自己的看法而且得到適當的回應。

如此才能算是一套完整的考核方法，因為唯有能改變被衡量者行為的方法才能算是最好的績效考核方法。

拒絕感情因素

和你喜歡的人在一起的時候，你很高興，感情良好，心情舒暢談笑風生，意氣洋洋，什麼原因你自己也說不上來。誰也說不清，這只能歸結於人性。你在評論你所喜歡的人時總會讚譽有加，對你不大喜歡的人則往往吹毛求疵。上司坐下來寫下屬的行為評估時，動筆前應先注意自己對下屬的感情問題。你在心中應不停的問自己：「我對這個人看法如何？我喜歡嗎？為什麼？」如果你不能找到足夠的原因加以證明，那你極可能受到了潛意識的影響，這些潛意識形成於一些和工作無關的事。

上面說的是「心理移情」問題：根據他人引起我們的聯想來做出對他的感情判斷。你和你的下屬在處理相互關係時可能會有這種現象。例如，你可能有個下屬，他非常依賴於你，總是問你許多問題，不斷徵求你的意見，力圖讓你開心，未經你的允許從不敢擅下決定。如果你有弟弟妹妹，你很喜歡他們，他們也總是依賴於你，你習慣於接受他們的求助並給予幫助，你就可

能對那個下屬產生積極的心理移情現象，你可能在潛意識當中把他也當作了你的弟弟妹妹之一。同樣是這個屬下，也可能使別的老闆非常難以忍受或者發怒，對他缺少獨立工作能力不能容忍。因為這個老闆總是憎惡他弟弟妹妹的一貫依賴，自然而然也就憎惡屬下的依賴。這次心理移情是消極的。

我們再看另一個例子。你可能有一個屬下獨立工作能力很強，善於創造性的執行工作，他不常徵求你的意見，甚至也不在意你的讚美。你可能喜歡他，理由充足：他使你免於分心，專注於其他事情。這種反應是基於理性，基於你的工作習慣，而非基於心理移情。另一個老闆，由於過去他的小弟弟擅自行動，無視兄長和父母的權威，曾使家庭陷入非常尷尬的境地，那麼，他就會對屬下的過分獨立表示不滿，認為他應該更多的徵求上司的意見。這樣的例子會讓你清楚的認知到，好好反思你為什麼喜歡某種行為或人員是很重要的。只有當你對這種情況保持警惕時，你才能做到評價的是屬下的工作而非某個人。

在對某些事情或個人進行評估之前，你必須具備詳實可靠的資料，全面回顧過去一段時間的工作情況，並且明確自己的態度，保持警惕不讓個人感情影響評估的公正性。現在，列出你所需要的要點，草擬出這次回顧性會談要做出的結論，安排好恰當的時間。如果會談很少進行，比如說一年一次，時間應該至少在一小時以上，如果你和你的屬下經常進行這種交談，時間就可以短些。另外，時間的長短還取決於你有多少話要說。如果一切順利，交談可能只持續半個小時。當然，事先要做好安排，防止別人打擾，既節約時間，又讓人感覺到你重視這次交談，還能幫你創造出一種良好的氣氛，如果你是值班幹部，或出了某些緊急情況必須由你出面，你可以事先約好人替班，在辦公室外進行交談。

第十六計　公字當先

客觀評價，避免偏見

評價下屬時要注意：

（一）不要因為下屬最近犯了一次錯誤而抹殺他這幾個月來的工作成績。

（二）不要圖省事隨便給屬下過高的評價。給他們一份發展計畫，告訴他們下次會談你將談哪些方面。

調查發現下屬傾向於過高評價自己的表現。如果上司的評價低於他們的預期，他們就會失望，不滿。下屬無視上司的資訊回饋，堅持高估自己的原因有二，一是回饋資訊不夠詳細具體；二是不願接受消極的回饋資訊，因此，當上司的評價不高時，要及時解釋清楚，緩和會談氣氛。這種解釋有時也是難以接受的。屬下們習慣於把表現不好歸咎於客觀原因，如工作條件、工具、各種不合理的限制等等；上司們則習慣於歸之於主觀原因，如不負責任、不夠努力等等。如果雙方不能就原因達成一致意見，下屬就會拒不接受上司的評價。

研究顯示，下屬對評價的反應是和他們整體工作經歷相對應的。上司應當借鑑其全年的工作表現，或者可以把這段時間再放長，不要僅僅局限於上次會談以來的這一段時間。

上司可能碰到這樣一種情況，下屬總以為這次評估和升遷、加薪有關係，因而比較拘謹、保守。即使這之間沒有什麼正式關聯，他們也總會這麼猜測，對一些消極評價極力辯護，不願承認錯誤和缺點，擔心它們會影響到自己的發展。上司應當非常明確的申明，這次評價和加薪晉級沒有關係，以便順利展開會談。

另外，文化差異也會影響到會談的開放性、坦率性。華人有句話：「逢人且說三分話，未可全拋一片心。」阿拉伯也有一句俗話：「說話前把你的舌頭

在嘴裡翻轉七次。」會談時應多加注意。

有時候，無論主管在評價員工時多麼謹慎，結論中還是經常反映出主管的偏見與缺點。當主管對員工某一性格特徵的評定影響到對該員工的其他性格特徵進行評定時，就會出現月暈效應。比如，主管可能認為員工的工作技能處於一般水準，因而他對該員工的其他方面也傾向於給予一般的評價。

還有，要當心過於寬鬆或過於嚴格的傾向。有些主管是寬容的評價者，有些人則很苛刻。如果讓評價過寬和過嚴的不同主管分別評價兩位員工，就很難斷定應提拔哪位員工。

有些主管因為不十分了解其員工，所以不想因把某人評為優秀或頑劣而招惹一身麻煩。因此，他們把每個人都評價為一般。這樣做的主管可能會說，他們沒有傷害任何人 —— 但他們也沒有鼓勵那些值得獎賞的人。

要警惕個人偏見。主管有時會不自覺的根據個人好惡來評價某位員工。對於那些工作績效難以稀量和評價的員工來說，尤其如此。比如紡織廠的配色工。

鑑定的最終效益在實質上影響著主管評價每個員工的結果。如果主管知道鑑定是用來提高薪資的，那麼評價可能有高於正常情況的傾向，這樣可使員工們調漲薪資。如果是用於決定員工是否需要接受某方向培訓的，評價就出現明顯低於常情的傾向。

平等是第一位的

某一公司領導者，想對部屬的人事考核力求平等，感到很傷腦筋，於是想到，索性給全體一樣的分數，而後解釋：「不管哪一個，看起來都很不錯，所以……」

其實，即使是同一學校的畢業生，也並不意味著會有相同的能力，因而採取這種評分的方法，多是由於領導者本身缺乏判斷力的緣故。表面看起來，好像做到了平衡待遇，而事實上，再也沒有比這更不平等的了。

　　要真正做到平等，就必須對每一位部屬的個性、能力、特點做一區別，定出一個基準，在平等的基準上，找出個別的差異，這才叫作平等。

　　就男女平等的觀點來說，也是一樣的。女性有她們特有的能力與適應性，若忽視了這些，派與男性同樣的工作，則非但不能使其能力做適當的發揮，顯然的，會造成他們的不利。看似平等待遇（也許這樣會作為女權至上者所歡迎），而事實卻造成不能發揮女性特有能力的狀況。

　　另外，有些機關團體或公司，喜歡將因某種原因而獲得的獎金，按人數分配給各員工，或者買些紀念品分送。由於每一人所得到的金額過少，因此，感激的念頭也很淡薄，失去了它的意義。最好是能集中使用，譬如：將它挪作購買體育用具，或公共設施的修理費，這樣顯然最公平。

　　也有些領導者，考慮到個人的貢獻不同，於是將這些獎金，按年資、經驗、待遇高低等來分配。這樣一來，年長的人占了便宜；年輕人即使盡了力，也無法獲得應得的報償，難免會抱怨不公平。

　　總而言之，要做到公平是很難的，越是擔心不公平，就越會有不滿的呼聲。作為一個優秀的領導者，在平常的行事中，就應該確立平等的標準和態度，一脫離標準，就要親自反省，如此才能獲得部屬的信賴。

第十七計
有規有矩

沒有規矩不成方圓

在有規矩的公司內做事，工作情緒會高昂。反之，在不講究規矩的公司上班，自然而然的，工作情緒也趨於散漫。後者常令員工不滿。人類是一種合群的動物，有喜好規矩的習性，也唯有在規矩公正嚴明的場所方能專心工作，提高工作意念。

「規矩」這玩意在非正式組織中也瞧得出來。規矩是為維持團體秩序、加強團結自然而然產生的，所以每個團體的成員都能自動去遵守。在非正式團體中，彼此尤為親密，一致行動時就形成集團化，不知不覺中成了集團的規範。這種規範無形中也制約了各團體的成員，彼此皆能自動遵守這個規範。

一般說來，集團越大，向心力越弱，越不易統一，故必先在行動上獲得

一致。這並非要員工嚴格遵守某條文，而是以行動來約束或規矩，這是自然組成的，絕非強迫的。就因為如此，為了要將自然形成的規矩變成條文表列的規矩，就必須由「每位成員都要遵守」的觀念中，變成強制執行的觀念，有此觀念才能工作得更賣力。

　　進取的員工是極富有價值、積極的資產。然而，他們有時也會過於熱情或超越了理智的限度。不受約束的熱情會導致不適當的行為，會給進取的員工和公司造成麻煩。

　　領導者的作用之一就是規定限制，讓員工知道他們到底能走多遠。建立合理的規範，員工就會在其規定的範圍內行事。

　　這種限制不應過於嚴格，可以寬鬆一些，但一定要有，這樣就會讓員工感覺到某種形式的控制，你也許從來也不實行這種控制，但進取的員工會理解到對於其所做的事情也不是絲毫沒有限制的。

　　最好的方式似乎是放寬限制，可以有許多靈活性，給予員工盡可能多的空間伸展拳腳。

　　有兩種層次的「限制」似乎最有效。首先是員工在哪些領域可以不受約束的履行職素；其次是當超越規定的範圍，要求員工在繼續之前得到管理層的許可。

　　員工確實很想知道對他們的限制。這更堅定了其對自己所享有的自由的信心，同時也願意了解到組織控制是存在的。

培養遵守紀律的自覺性

　　軍有軍法，山有山規。公司制訂出來的各種規章缺席不能成為擺設。作為領導者，你應當以有效的手段保證其得以貫徹落實，一旦發現有人違規，

便加以懲治，絕不手軟。

為了促成遵守紀律自覺性的好氣候，你應該採取以下幾個明確的措施：

（一）廣泛宣傳

許多領導者都想當然的認為，「這些規定誰都知道」。但是，新來的員工，甚至有時有些老員工，直到他們違反了某條規定時才聽說有這麼個規定。

國外有些領導者按慣例給每個員工發一份公司規定，並讓他們簽署一份聲明，表示已經收到、閱讀並理解了公司的規章。這種做法很值得效仿。

（二）保持鎮定

無論違規行為多麼嚴重，你都應該保持鎮定，不能失控。如果你覺得自己正在失去冷靜，那你就應該等一等，直到你恢復了鎮定時再去採取行動。

怎樣才能恢復鎮定呢？閉上嘴巴，等一下再開口，做些拖延時間的事情。告訴員工半個小時之後再到你的辦公室來見你，或者請這位員工與你一起去你的辦公室或休息場所。

切記千萬千萬不要對員工大發雷霆。

（三）調查了解

你不應無視違反公司規定的行為。如果你這樣做，那你就是在向其他員工表示你不打算執行公司的規章條例。你也不應該走向另一個極端，草率的懲罰或處分員工。在你行動之前，在你做任何事情之前，你必須搞清楚發生了什麼問題，以及員工為什麼這樣做。

（四）私下處分

如果公開進行懲治，那麼受處分的員工會因當眾受批評而產生怨恨，形勢就可能惡化而起破壞作用。

關於私下處理的規則僅有一個例外，那就是員工在其他人面前公開與你作對。在這種情況下，你必須當眾迅速果斷的採取行動，否則就有失去控制的風險。如果你不能果斷的行動，你會失去員工對你的尊重，失去控制，大大損傷士氣。

（五）一視同仁

制定出的規章是讓大家遵守的。當然，並非每個違規行為都受到同樣的處罰。一視同仁不是說對待所有的人要完全一個樣。一視同仁的原則是指在同樣條件和同樣的情形下，應該採用同一種的處罰。

（六）堅決公正

堅決不是指粗暴或仗勢欺人。不是指濫施壓力和保住自己的地位。對員工和公司都要公道。對員工要公道是指有充分的根據。它包括解釋清楚公司為什麼要制訂這條規章，為什麼要採取這樣一個紀律處分，以及你希望這個處分產生什麼效果。

（七）消除怨恨

記住，處分的目的在於教育，而不是懲罰。因此，你應該向你的員工表示你相信他或她會改正錯誤。在執行紀律處分後，以積極的調子跟員工談話，將有助於消除員工的苦惱和怨恨的情感。

拋開私人情感

有時，公司有了某些程度的變動，你接到總經理的通知，你掌管的部門要減少一個人手，並由你決定把何人調離。

你頓時感到十分煩惱，因為每一個下屬都有其特長，最重要是你與下屬們早已建立了關係，公事上合作愉快，私底下的交情亦不俗。

但你必須做出抉擇！

請撇開私人情感，眼光放到公事上的實際需求。有幾個因素得考慮：公司的人事部署將如何？生意策略有改動嗎？你的部門是否工作方針有變？

知道了自己的需求，再細心分析各位下屬的工作能力、性情、耐力和其他潛質。到了這個時候，相信你已經可以知所取捨。

然後便是重要的一步了，如何去跟被選中的下屬講清楚，而不致對方對你心生怨恨？

告訴對方：「公司最近在某方面有變動，各部門的人手也要做出配合。考慮到你向來忠於工作，對公司的制度十分清楚，加上你不單對本部門的工作熟悉，所以讓你投效別的部門，對你或會有更好的發展。」

態度誠懇最重要，開門見山和避重就輕吧。

你不是下屬肚裡的蛔蟲，有時他們會給你造成難堪的局面；你平日跟他是如何的合拍，甚至稱兄道弟，但一個不小的問題發生了：當下屬執行某項任務時，絕對失職。

公司方面十分不滿，有辭退這人的念頭，作為他的好友兼上司，你自然覺得責任重大，有必要為他四處奔走，力挽頹勢。

不錯，身為領導者，有義務保護和照顧下屬，但在此種情況下，請你還是保持冷靜，對事情分析清楚。

首先，請撤除「好友」這個包袱，一旦有了無形壓力，你一定不夠客觀。事實上，站在公事立場，是沒有人情這回事的。

其次，請你召見下屬，坦誠的把整件事的來龍去脈講一遍，告訴對方，若有任何隱瞞，只會令你無法伸出援手。

好了，面對總經理，由於明明白白，錯在下屬，你沒有必要為他申辯什麼。倒是把下屬以往的良好記錄和傑出成績拿出來，提醒總經理，這是一個人才，偶爾失誤，仍該給予機會的。何況你若失去這個得力助手，工作上可能會不太順暢。

記住，你應向公司負責而不是向下屬負責，這與義氣無關。總經理做出怎樣的裁決，都應該遵守，你也問心無愧。

要做一名成功的領導者，到任何時候都不能怕扮黑臉，否則只會左右為難，處處陷阱，裡外不是人，最終將一事無成。

貫徹優勝劣汰原則

僱用臨時員工，領導者不能一律吸收，應採取優勝劣汰制，方能選出更理想、更適合的工作人員。反這，只能降低工作進程，適得其反。領導者不妨實行以下兩種方法僱用臨時員工。

（一）考試競賽

透過一定程序的考試和競賽來僱用人，是傳統的僱人方法。考試在大面積發現和辨識人才上，不失為一招比較奏效的方法，至今各國都採用考試辦法發現人才。許多國家企業內部，也建立了一套嚴格的考試制度，把考查和選拔人才作為一項經常性工作，確保優秀人才脫穎而出。考試本質上也是一

種競賽。競賽不僅是人才成長的加速器，而且具有擇優汰劣機制，所以它可以透過「篩選」，發現人群中的傑出者，使被埋沒、被世人瞧不起的人才脫穎而出。但是，考試競賽方法本身也是有局限性的。利用考試辦法，並不能測試出人的智慧的全部要素。美國心理學家的研究指出，人的智力要素可以分解為 120 種，而目前能夠測試到的只是 98 種。也就是說，有 22 種智力因素是測驗不出的。所以，領導者使用考試競賽法識人選才時，必須結合使用其他方法才能有效。

（二）實績考評

是指領導者對臨時員工的工作成績和服務情況做定期的考核與評價，以便鑑別優劣，挑選人才。把考評實績作為檢驗「良馬」的標準，是一種有效的方法，尤其在當今世界各國的企業人事管理過程中備受重視，一般要一年進行一次，個別國家和地區甚至半年進行一次。考評的結果直接與臨時員工的升遷掛鉤。透過定期對「良馬」履行責任情況進行嚴格考查，堅持以工作實績為依據，優秀者上，稱職者留，平庸者免，有過者撤。不允許任何人尸位素餐，防止那種「賽完了，就坐吃待收，睡大覺，啃老本」的現象存在。在考評實績這一客觀標準面前。那些「賽前拚命做，賽後勁減半」的臨時員工，再也沒有安然自得的「逸致」了。只有這樣，才能保證我們賽出的「馬」在升降中，保持著一種不斷進取的精神。

第十八計
因人而異

善待新員工

　　沒有任何社會經驗，以白紙般的狀態進入公司的人，最容易受到最初分配他工作的領導者和老員工的影響。同時，依據領導者為人處世態度的不同，有些人可以順利的成長，有些人卻如前面所說的那樣，完全受到扭曲。故此，領導者切莫老姿態、老樣子，一定要對新員工負責。

　　管理者對部屬的一生負有責任，尤其對新進員工，更是如此。因為他們對社會完全沒有經驗，感知性又特高，同時，對壞的想法或行為完全沒有防備之心。因此，管理者對他們的責任特別重大。

　　栽培新員工，大概可以分為兩個要點：

（一）教導他處理工作的方法。

讓他先做難度比較低的工作，然後再按合理的順序給予新工作；讓他能產生身為企業的一分子所有的自信或使命感，並且，盡量讓他在短期間內就能產生這種感覺。

許多新人會認為，自己尚未能為公司貢獻業績，所以是公司的負擔，因而產生潛在性的自卑。你應該盡快消除他們這種自卑。並使他們對本身的工作產生興趣。這就是相關工作方面的教導目標。

（二）教導成為組織成員所應具備的基本條件。

所謂的基本條件，就是使一起工作的其他同事都更容易工作。所以必須遵守共同規則，如報告、聯絡、說話的方法和態度等。新進人員通常都不知道組織成員所應有的行為，因此要把這些事都教給他。如果他無法做好這些事，就要重複的提醒他，直到他毫不考慮的就能自動實行的地步為止。

組織成員所需具備的基本條件，應在新進時期盡快的學習。因為隨著從業年齡的成長，學習所需花費的時間也會增加，而最令人頭痛的問題，就是基本條件有所缺陷的資深職員或領導者。因為他們無法獲得周圍同事、部屬的信賴，所以容易狐立自己，因此縱使有很高的才華，也無法發揮，最後也只得到很低的評價。

教養在這個時代可以說已經不存在了，因為基本條件已經是一種很常識性的東西，然而不僅學校不教導，除了一小部分家庭之外，甚至連普通的家庭也不教育，所以，真正的教養都是在進入公司，接受新進教育時，才能接受得到的教導。

在企業界中直接接受新員工的時候，領導者關於教導的社會責任非常重大。要盡一切的力量，來教導那些充滿幹勁的新人，讓他們盡快學到工作的

方法，同時對工作產生興趣。

「栽小樹用大術」的用意就是給領導者一個提醒，讓員工成才，必須從零點起步，從長計議，培養新人，人到用時才不犯難。

俗話說：任何人固然可以輕易的把馬牽到河邊，但是若他們的馬不想喝水，那麼無論用什麼方法也無法強迫牠。教導下屬的情況也是如此，如果下屬無學習的意願，即使強迫他，也不會有效果。

一般說來，唯有當領導者教導下屬的欲望與下屬學習的欲望一致時，下屬才會願意接受相關工作上的指導。可惜，目前的情況大多是下屬不願自動學習，或領導者施教時雖懂了，不久卻又忘了，甚至根本不理會。

看來，為使下屬完全了解工作，最理想的方法是待下屬有學習的欲望時再予施教。然而，現實往往不允許我們如此悠閒的等待。

因此，為了讓下屬盡快學習，而且是真心樂意的學習，就必須應用心理技巧。如美國著名的拳擊教練，便採用一種毫不費時的方法培育出許多世界級的選手：「當對方如此進攻時，你該如何應付？」此時，選手們便一邊練習、一邊思考應付的方法，並以動作來表示答案。

事實上，當對方被問及意見時，基於一種被尊重及意欲表現的心理，任何人都會加以認真的思考，提出自己的見解。即使最初的答案並不完全正確，只要重新發問，應不難誘導出正確的答案。當對方想出真正的答案時，勢必感到歡喜異常，學習意願也必因此大為提高。而且因為答案乃經由自己思考所得，所以必然終身難忘，同時也將按照答案去執行。

謹防「馬屁精」

辦公室裡常有那麼一幫人，專以「拍馬屁」為生，而且還具有相當技

巧，拍起「馬屁」來不明顯，讓你渾然不覺中上了他的當，最終受害的還是你自己。

的確有不少被奉承得昏了頭腦的領導者，把升遷制度變成了黨派之分：誰對他畢恭畢敬、阿諛奉承，就等於佩服他，他就對之恩寵有加，大加讚賞和關愛。無疑，這種「領導風範」更助長了阿諛之風的盛行。

明智的領導者則不會這樣做，他不會中這個圈套，他反而會十分鄙視和厭惡拍馬屁奉承的下屬。

而你自己，首先應當保持清醒的頭腦。哪些是實事求是的評價之辭，哪些又是阿諛奉承之辭；在阿諛奉承之中，哪些人是出於真心而稍稍過分的讚美幾句，哪些人又是企圖透過奉承領導者而達到自己的某種企圖；哪些奉承之辭中含有可吸取的內容，哪些奉承話都是憑空捏造、子虛烏有等等，諸如此類。對於這些絕對不能糊塗。

領導者如何對付阿諛奉承者，以下三方面權作參考。

（一）對待專門溜鬚拍馬奉承領導而毫無工作能力的人，方法最簡單——請君走人就是了。當然，如果他確是無能之輩，也該讓他走了。況且他還專善阿諛奉承，你周圍有這麼一顆不知何時爆炸的炸彈，你說你還會有多少好日子可過。所以，及時讓他走人比什麼都強。

（二）對於能力一般而又有些奉承愛好的員工，最好替他找個合適的位子，讓他閒待著算了。這類人不好簡單辭掉，因為他還有一定能力。也不可委以重任，因為他不僅能力平庸，還愛溜鬚拍馬，委以重任的話，遲早會壞了你的大事。在你的單位中要做到人盡其才，不光指有效的利用人才，也指使用這些能力一般而又有某些毛病的人。對於這類人要注意批評並採用不同的方式方法。要耐

心，不能急於求成，要格外注重策略，注意態度，爭取從根本上扭轉他們的認知，改正毛病。

（三）對於那些確有較強能力卻也喜好溜鬚拍馬的人，你一定要小心對待，這些人可是重量型「炸彈」，弄不好會造成極大麻煩的。對待這種人，首先你要依據他的實際能力委以相應的職務。起碼在他們的眼中，你不能成為不識才的領導者。這影響著他們的工作熱情，而且也帶動著一批人。

另外，你的一些較有能力的下屬，沒有覺察到這類人的阿諛奉承，只看到了他們的才華，並同時盯著你的行動。如果你不能給予第三類人相應職務，那些持觀望態度的有能力者就會離你而去。這些人看問題不夠全面，但他們確實走了，無可挽回。

不可硬碰硬

領導者有時會碰到這樣一種人，他們總是喜歡不遺餘力的攻擊指責別人，或散布流言蜚語，或造謠中傷，或出言不遜的辱罵等等。這種情況下，要不要針鋒相對的予以回擊呢？

對此，在考慮和選擇自己的行為方式時，應該注意以下幾個問題。

首先，應弄明白你所遇到的是不是真正的攻擊，下面幾種情況很容易被誤認為是攻擊：

（一）由於對某種事物持不同的看法，對方提出了比較強硬的質疑或反對意見。此時，如果你能夠給予必要的解釋和說明，衝突很可能會很好的解決。

（二）由於自己對某事處理不當，對方在利益受損的情況下表示不滿，

提出抗議。如果的確是自己處理不當，或雖則並非失誤，但確有不完善之處，而對方又言之有理。那麼，儘管對方在態度和方式上有出格的地方，也不能看成是攻擊。

（三）由於某種誤解，致使他人發脾氣，或出言不遜。在這種情況下，只要耐心的、心平氣和的把問題澄清，事情自然也會過去。如果領導者忽視了判別與區分真假攻擊不同，往往會鑄成大錯。

其次，即使你完全能夠斷定他人在對你進行惡意攻擊，也不必統統給予回擊。在與下屬的來往中，對付惡意攻擊最好的方式莫過於不理睬它。

如果你不理睬他，他仍不放鬆，那也不必回擊。因為這樣恰恰是「正中下懷」。不難發現那些喜歡攻擊他人的人，大多善於以缺德少才之功消耗大德大智之勢。你回擊，他不僅喜歡奉陪，還頗會戀戰，非把你拖垮不可。在這種時候，你應果斷的甩袖而去。

老子曾經有這樣一句話：「天下莫柔弱於水，而堅強者莫之能先。」攻擊者並不屬於真正的強者。對那些冒牌的強者採用對攻，是很不值得的。

領導者與富於攻擊性的人打交道，不管他是否懷有敵意，頭一條是要勇於面對他的進攻。此外，還應注意以下要點：

（一）給對方一點時間，讓對方把火發出來。

（二）對方說到一定程度時，打斷對方的話，隨便用哪種方式都行，不必客氣。

（三）如果可能，設法讓其坐下來，使他不那麼好鬥。

（四）以明確的語言闡述自己的看法。

（五）避免與對方抬槓或貶低對方。

（六）如果需要並且可能，休息一下再和他私下解決問題。

（七）在強硬後做一點友好的表示。

第十八計　因人而異

誠待天下客

　　有些人，不願讓別人輕易了解其心思，或知道其在想什麼，有什麼要求，總是透過各種方式保護自己，深藏不露的人。這種人往往說話不著邊際，對任何問題都不做明確的表示，經常含糊其辭，顧左右而言他。

　　這種人最讓領導者頭疼，和這種人打交道，常常是很難溝通的。由於很難得到他們真正的想法，領導者也不願把自己的內心世界向他們敞開，而是有所保留，甚至對他們有所防備。

　　這種人通常有以下幾種情況：

　　首先，他可能是一位工於心計的人，這種人為了在與別人打交道時獲得主動，或者出於某種目的不願讓別人了解自己，而把自己保護起來。這種人還總希望更多的了解對方，從而在各種矛盾關係中周旋，使自己處於不敗之地。

　　其次，他也可能是一位曾經經受過挫折、打擊和傷害的人。過去的經歷使這種人對社會、對他人有一種強烈的敵視態度，從前對自己採取更多的保護。

　　還有一種情況是，他可能對某些事情缺乏了解，拿不出有價值的意見。在這種情況下，為了掩飾自己的無知，以未置可否的方式或含糊其辭的語氣與人交往，裝出一種城府很深的樣子。

　　對第一種人，你應該有所防範，警惕不要為其所利用，成為他的工具，不要讓他得知你的底細。

　　對經二種人，則應該坦誠相見，以誠感人。這種人並不是為了害人，而是為了防人。你對他不應有什麼防範，為了真正達到溝通的目的，甚至可以對他敞開你的心扉。

　　對第三種人則不要有什麼太高的期望，也不必要求他提供某種看法或判斷。

提高出勤率

　　許多人在讀書時都有過蹺課的經歷，尤其是第一次蹺課，既新鮮又刺激。工作之後這樣「瀟灑」的行為就很少了。不過在你的部門裡最近屢屢出現缺勤的情況，令你叫苦不迭。處理缺勤的員工，關鍵是要清楚他們缺勤的原因。倫敦大學的一位教授過去是英國殼牌有限公司的醫學主任。他發現60％的缺勤者患有重病或慢性病，20％的人患有急性病，如流行性感冒，10％的人因患小病發受涼而感到不舒服，因他們對工作的態度不同而決定上班或不上班，另有10％的人根本沒病，只是為休息一天假裝生病。他認為最後20％的人是不可信賴的。專業心理學家稱他們患有「蓄意缺勤的病毒」。很多情況下這種病毒是很難根除的。

　　對於這些人來說，工作本身就是獲得薪水的一種方法，基本上不存在「快樂的工作」這種事情。生活應該是鬆弛、自由、舒適的，他們寧肯滿足現有的生活方式而不去加倍工作從而獲得更高的生活特質。這種想法在年輕人中間十分流行，與前輩們勤勤懇懇、吃苦耐勞的生活態度形成了鮮明的對比。正是由於他們不能習慣這種清教徒式的工作方式，所以以短暫的休息來換得一日之閒。

　　很多專家一致認為，經常缺勤的員工精神有病，他們推理說，現實的工作一定是難以忍受以至於這些情感受困者要透過缺勤來逃避現實。所以應該把這類員工歸為一類即受困擾員工。不管怎樣，一般可以透過下列方法來減少缺勤：

第十八計　因人而異

（一）加強關於考勤方面的規定。

（二）堅持懲罰制度。

（三）設立一些適當的獎勵全勤的制度。

（四）盡量找出員工缺勤的原因。

這裡主要談最後一點。要知道這最後一點往往是處理有心理問題的缺勤員工的關鍵。在你與員工討論問題的時候，一定要允許他們解釋對工作、同事、工作條件、工具、設備和受到培訓的反應。研究顯示，影響出勤率最主要的原因是工作本身的吸引力和工作關係。除了前面提到了那種故意逃避工作的員工以外，其他大部分員工故意缺勤是因為受不了工作的壓力。他們很可能對枯燥的工作毫無興趣，或是認為忙碌令他們疲憊不堪。還有一些員工是因為心理上對於複雜或不順利的人際關係的反感而逃避工作，他們都需要你甚至專業人士提供有效的幫助。

總之，你可以對因以下問題而缺勤的人員提供幫助：

（一）上下班成問題，不論困難是真正存在的還是想像中的。

（二）來自工作之外的壓力太大，如家庭矛盾，削弱了員工上班的決心。

（三）一些意志不堅定的員工，易被不良作風所帶壞而無故缺勤。

（四）對工作感到枯燥、無聊或無趣。

（五）對複雜的工作關係或人際關係不適應，因而導致對工作產生厭倦。

（六）工作之外的實在困難。例如自己或家人生病。

（七）缺勤或遲到成為了一種習慣。

以上這七種缺勤的員工的確是需要你提供實質性的協助或心理諮商，從而逾越困難的溝壑，但是以下三種人，恐怕是你無力「挽救」的：

（一）工作或薪資不具有吸引力。

（二）工作以外的樂趣大於工作。

（三）蓄意缺勤搗亂給公司造成不便。

應該說，這三類人對工作根本沒有責任心，他們的問題在於主觀而非客觀，這令你心有餘而力不足。對於這些「扶不起的阿斗」，你最好的協助方式就是將他們推薦給專業心理醫生予以診治，否則只有以嚴厲的手段處理他們了。

不要性別歧視

領導者手下肯定有性別不同的下屬。如何處理這件事呢？你的腦海必須時刻存在著「公平」兩個字，即是說要對所有下屬一視同仁，將性別歧視擱置一旁，「厚此薄彼」的聲譽絕對不應該屬於你。

經常可以從報紙上看到這類報導：入學、徵才或工作分配等，女性往往不能享受與男性同等的待遇，這就是性別的歧視。

在有些國家，性別歧視是有罪的，上述事情可以向法院起訴。在一部美國電影中，女作家登報招聘保姆，結果有一個男人來應徵。女作家因為他是男性，不想僱用，那男人便以性別歧視罪向法院起訴。法院受理了此案，判決女作家不得因性別原因而拒聘那個男人，必須僱用他，直至他不勝任為止。試用下來，男保姆非但工作得相當出色，還引起了女主人的愛慕之心，最後竟喜結良緣。

這部影片其實是以誇張的喜劇手法揭示了性別歧視的不合理性。

在現階段，性別歧視主要表現在歧視女性。原因無非是女性有「三期」：經期、產期和哺乳期。認為女性「三期」時，其生理狀況不適宜擔任繁重工作，在「三期」前後，精神也大受影響。尤其是後「二期」，其延續性簡直是無限的，哪個女人不想當個好母親？哺乳期後，還會因孩子生病等種種原因

而拖累工作。

　　甚至有人認為，女人天生「頭髮長見識短」，女人的天賦是操持家務，賢妻良母，而不是進社會工作。就是婚戀期，有人也以為男女投入程度不同，男人是半身心的，女人則是全身心的。

　　我不否認男性和女性在性格和生理上是有差別的。男女平等，首先是人格平等，而不是盲目強調男人能夠做到的事，女人也能做到，在明明不適合女性工作的職位上硬性安排女性，以追求所謂的「男女都一樣」。

　　但是，社會上的絕大部分工作是不受性別影響的。在這種工作中拒絕任用女性，便是性別歧視。

　　性別歧視是沒有道理的。且不說古今中外，多少傑出的女性使鬚眉男子望塵莫及，就是在日常工作中，女性的工作能力與工作態度也不比男性差。「三期」固然影響工作，但是，假若管理者能在此期間給予真誠關心和周到照顧的話，女性工作者一定會感謝在心，以後必定會加倍努力的工作。

　　「三期」實在是領導者與下屬加強感情連結的好時機。有些領導者對員工的生日和婚喪喜慶非常重視，原因也在這裡。拒絕女性，真是太不明智了。

　　個別女性不如男性，實際上不是因為性別關係。試想一下，就是一群男性工作者在一起，也是會有高下的。懶惰的人，即使沒有「三期」，也會製造出別的藉口來請求組織照顧。勤奮的人，即使在「三期」中也不會虛度。

　　再說，婦女的「三期」實際上是在為家庭、社會和整個人類承擔責任，就如我們的母親、姐妹和女兒們所在做的。因為她們承擔這種責任而歧視她們，不是太可笑，太沒良心了嗎？

第十九計
適當讚美

讚美最令人回味

　　作為上司，應該懂得懇切和坦誠是唯一的管人法則。有時一句讚美的話能讓人高興兩個月。這是千真萬確的。許多上司頭腦中再三出現別人讚美言辭的同時，往往總是忽視其中某些不甚真切的成分嗎？其實，真正的讚美與奉承是有根本區別的。虛偽、缺乏真情實意的溢美之辭聽起來很甜，但細細品味卻要令人倒胃口。華麗的辭藻通常是多餘的。最坦誠的讚美常常是意味深長、令人回味的。

　　某個人在一家公司工作時，老闆很少誇獎他。但是有一次他寫了一份關於如何建立最好的主顧關係的備忘錄，每寫一部分，在他腦海裡都要進行上百次的字斟句酌，經過深思熟慮後下筆。完成之後，老闆只在上面潦草的寫

了三個字「好設想！」

在第二次世界大戰接近尾聲的一場決定性攻擊戰中，一天，艾森豪將軍在萊茵河邊散步，其間遇到一個士兵，看上去他的情緒很消沉。

「你感覺怎麼樣，孩子？」艾森豪問道。「將軍，」年輕人答道，「我很害怕。」「是嗎？我們真是很好的一對。」艾森豪幽默的說，「我也害怕。或許我們一起散散步就都會好了。」沒有訓斥，沒有特殊的勸告，但這是最好的鼓勵。

許多下屬本能的相信，有成就的上司從不犯錯誤，而事實並非如此。人面對困難時，需要回憶過去奮鬥的經過和失敗的嘗試，以激勵自己。

一個年輕人曾決定去某學院讀書，因為那裡有一位教師。透過他講述的每一件事，你都能捕捉到他的特質、性格、才智和自信的亮點。年輕人深深的感到他是一生中最好的教師。可是，不多久年輕人就洩氣了，覺得自己永遠達不到他所獲得的成就。同年級的很多人也和年輕人一樣有此同感。

一天老師彷彿察覺了他們的心境，在一次演說中特意轉換了話題，與他們誠懇的談起心來。他心平氣和的訴說著他曾多次失敗，又多次幾乎要放棄教學這一生涯的經歷。他說：「生活不是百米衝刺，而是一場漫長的馬拉松。我們只有邁著沉重的腳步咬牙堅持，才能贏得最後的勝利。」

對於有抵抗感的下屬，一般的老生常談的鼓勵語言幾乎不起作用，不假思索張口就可以說 ——「嘿，你看上去精神真好。」或「我真喜歡您的風度」—— 即使問候者多麼誠心誠意，但沒有多大作用。真正的鼓勵語言像一句至理名言，哪怕僅僅一個字。

美國著名詩人惠特曼經過多年奮鬥，終於在詩壇上獲得了輝煌的成就。不過，他也曾一度沮喪過。那時他收到了一封署名為愛默生寄來的信件。「親愛的先生，」信的開頭寫道：「我很了解您的詩《草葉集》作為美好的禮物所

具有的價值。我發現其中蘊含著的哲理和智慧令人驚嘆不已。這是對美國文學的一大貢獻。我對您偉大生涯的良好開端表示衷心的祝願。」

這些語言並不是即興信手寫出的，而是大作家愛默生花費很多精力寫成的；這些發人深省的語言產生了極大的鼓舞作用，令惠特曼一生難以忘懷。

最好的激勵方法

領導者讚揚可以滿足下屬的榮譽感和成就感，使其在精神上受到鼓勵。

常言道：重賞之下必有勇夫。這是物質低層次的激勵下屬的方法。物質激勵具有很大的局限性，比如在機關或政府，獎金都不是隨意發放的。下屬的很多優點和長處也不適合用物質獎勵。

相比之下，領導者讚揚不僅不需要冒多少風險，也不需要多少本錢或代價，就能很容易的滿足一個人的榮譽感和成就感。領導者讚揚可以使下屬認知到自己在團體中的位置和價值，以及在領導者心中的形象。

在很多單位，職員的薪資和收入都是相對穩定的，人們不必在這方面費很多心思。人們都很在乎自己在領導者心目中的形象，對領導者對自己的看法和一言一行都非常細心、非常敏感。領導者的表揚往往具有權威性，是下屬確立自己在本單位的價值和位置的依據。

下屬很認真的完成了一項任務或做出了一些成績，雖然此時他表面毫不在意，心裡卻默默的期待著領導者來一番稱心如意的嘉獎，領導者一旦沒有關注或不給予公正的讚揚，他必定會產生一種挫折感，對領導者也產生看法，「反正主管也看不見，做好做壞一個樣」。

這樣的領導者怎能帶動起大家的積極性呢？領導者讚揚下屬，還能夠清除下屬對領導者的疑慮與隔閡，密切兩者關係，有利於上下團結。

第十九計　適當讚美

　　有些下屬長期受領導者的忽視，領導者不批評他也不表揚他，時間長了，下屬心裡肯定會嘀咕：主管怎麼從不表揚我，是對我有偏見還是妒忌我的成就？於是與領導者相處不冷不熱，保持遠距離，沒有什麼友誼和感情可言，最終形成隔閡。

　　領導者讚揚不僅表現了領導者對下屬的肯定和賞識，還表示領導者很關注下屬的事情，對他的一言一行都很關心。有人受到讚美後常常高興的對朋友講：「瞧我們的主管既關心我又賞識我，我做的那件事，連自己都覺得沒什麼了不起，卻被他大大誇獎了一番，跟著他做事很開心。」

　　若領導者和下屬之間互相都有這麼好的看法，沒有什麼隔閡，能不團結一致擰成一股繩把工作做好嗎？

　　例如，有一件任務是其他任何下屬所做不了的，只有一位下屬可能做成此事。那麼，領導者就應該積極主動的走過去，對這位下屬多做鼓勵，阿諛奉承幾句也未嘗不可。

　　切記，領導者不能為「拍馬」而「拍馬」，要「拍」有所值。「拍馬」之後還不能讓下屬看出跡象，做到神不知鬼不覺的程度。領導者這樣做，同樣會得到大多數下屬的信任。他們甚至會以為領導者禮賢下士，沒有「官架子」。總之，做了這類事情，同樣有助於建立領導者的威信。

　　你應該破除「等級觀念」，下屬的「馬屁」該拍還得拍。可又不能頻繁使用這一著。你經常拍下屬的「馬屁」，會讓人認為你沒有能力，一味的依賴著下屬。久而久之，下屬們對你也就失去了信心。失去威信和信任感的領導者，也做不長主管了，這是必然規律。

　　常言道：「恭維不蝕本，舌頭打個滾。」要籠絡下屬，奉承是一件輕巧實用的武器，又用不著你掏腰包，何樂而不為呢？

　　領導者「拍馬」要「拍得」有分寸，不離譜，恰到好處，不能給下屬肉麻

感覺。可以從日常細節下手，下屬穿了一件新衣服，你第一次遇上他，可以擺出欣賞神色，興高采烈的讚揚：「這件衣服很適合你啊！」「噢，打扮得叫人眼前一亮哩！」「嗯，今天這樣漂亮，有喜事呀？」「你真有眼光，這衣服太帥了！」

有人穿了新鞋、燙了頭髮，甚至背了新包包，你也可以套用以上的讚嘆詞。不過記住，必須在第一次見面時就說，否則就流於虛假和公式化。

除了打扮，請多注意下屬的工作表現。某下屬剛好成功的完成了某項任務，或者順利出差回來，別忘了恭駕人家說：「你真棒！」「你的幹勁實在值得我們學習！」「旗開得勝，下一個成功又是你的囊中物了！」

這些說法並非叫你做人虛偽，而是多留意點別人，學會欣賞別人，對你有一定的好處。

一般人總愛聽讚美話，聰明的你就不妨大方一點，多讚美別人吧！「這個意見不錯，就這樣做吧！」「真棒，你提供了一個好辦法！」這樣，下一次他會更努力的為你效勞。

讚美的方法

每個人都是獨一無二的個體，領導者不只要把部屬看成公司裡的員工，並且是具有理想、熱忱及進取心的個體。領導者也應該了解部屬家人對他們工作的影響（包括正面與負面兩方面），還有工作和生活的哪一方面會讓他們得到最大的滿足。有些人發現真正的挑戰來自公司以外的活動。如：教會、市政或社交活動等。像這一類能夠滿足他們需要的活動，是否也能藉由公司來獲得呢？有些極具能力的員工，往往在組織裡失去自我，因為他們的工作不具什麼挑戰性，因此只好在公司以外的活動去找滿足。

第十九計　適當讚美

為了激勵員工，便必須了解他們不但具有不同的個性，並且想從工作中求取不同的目的。對於相同的待遇，沒有兩個員工的反應是一樣的；甚至同一個人在不同的時間，對同一方法也有不同的反應。因此，處理人事問題不僅必須了解人類行為的心理作用，並且也要對他們的情緒有靈敏反應。

請注意下面所提出的幾個要點，可協助員工讓其表現達到最大的成就：

（一）定下清楚、明確、合理可行的目標。一定要注意這目標的可行性，確定他們不但了解，並且願意接受。

（二）與部屬討論目標的時候，要鼓勵他們提出看法和建議，並且討論可能會碰到的困難。要讓他們參與，讓他們提出與自己目標有關的各種有創意的意見。

（三）讓員工知道領導者信任他們，並對他們具有信心。這種被相信及對安全感的需求，是讓員工奮發工作的重要心理因素。

（四）領導者在必要時，要全力支持自己的部屬。領導者對部屬的公開支持（尤指別人在場的時候），會使部屬對你產生信心。

關心部屬的領導，可藉由施行以下的方法，來達到上面所提的幾個概念：

（一）使部屬了解自己工作的最終目的、自己所要努力奮鬥的目標及目前工作與未來生涯發展間的關係等。

（二）提供「以目標為導向」的職位說明書。

（三）使用對他們有意義的獎勵方法。

（四）讓他們知道自己的工作有什麼重要性，並該如何配合公司的總目標。

（五）給予適當的讚美及具有意義的肯定。千萬別過度讚美，以免失去作用。讚美要針對某項特殊表現，不要只是含糊的說：「你做得不錯。」

（六）讓部屬有獲得成就感的機會。成就感本身就是最好的激勵因素。

（七）要隨時讓部屬的個人目標與公司的總目標連結在一起。

（八）幫助部屬養成有始有終的精神。教導他們仔細計劃，並把為達到目的的種種努力與成果整合起來。

（九）協助部屬制定並完成自我成長的目標。

（十）肯定部屬的成就並公開表揚，使他們得以滿足其受肯定、受重視的心理需求。

（十一）使部屬相信，他們受到公司和上級的肯定。

（十二）隨時讓部屬明白，他們的工作進行得如何及為什麼對公司有益。

（十三）把部屬進步的情形說出來，他們會很重視這件事。

（十四）注意傾聽他們所提出的困難、意見或抱怨。這些內容對管理人員來說，也許微不足道，但對當事人卻極為重要。

（十五）告訴部屬，只要他們表現優異，再經由公司的協助，必可達到個人所訂的目標。

（十六）不要輕視、忽視或遺忘他們。這是處理人事問題最不可原諒的錯誤。

讚美要真誠

　　領導者讚美下屬要真誠。領導者在尚不了解下屬的情況下，只能講些「年輕有為，前途無量」、「很不錯」之類的公式化語言，很難打動人心。

　　人們希望得到讚賞。讚賞應該能真正顯示他們的價值。就是說，人們希望你的讚賞是你思考的結果，是真正把他們看成是值得讚美的人，花費了精力去思考才得出結論。

第十九計　適當讚美

真誠的讚美要有一定的前提，失去前提，真誠便無以寄託。

言之有物的讚美能真正指出對方的心血、精力之所在。對一位下屬如果只說他很能幹，就不如說他某件具體事辦得很漂亮更「實在」些。一位工作有成就的人，聽到恭維話自然就多，你泛泛的稱讚他的工作、能力，就如同把水倒進海中，毫無影響，如果你對他的工作確有了解，或者你作為外行能了解他的工作性質、意義、術語，那麼這種稱讚的效果就會好得多。

讚美別人要符合實際，既達到溝通的目的，又不違背客觀事實。如果確實不了解對方，暫時無法達到想法的溝通，還不知從具體事物入手，達到感情的溝通。

對部屬，可以從所得的印象入手，談談留下的好印象。對新交來的報告，尚未細讀，可以誇獎一下行文工整或字體優美之類。它是客觀存在的，包含了對方的勞動，你的稱讚自然就比較接近實際了。

筆者友人的女兒正在學習吉他。他們的住處隔音效果不甚理想，所以這位友人經常被迫聆聽生澀的吉他聲。有一天，女兒又開始彈了起來，他漫不經心的說了聲：「不錯。」

此時，女兒立刻生氣的說：「哪裡是不錯？不要輕易下斷語！」說完收起吉他離去。據說，從此以後，很長一段時間不曾聽到吉他聲了。

這位友人讚美女兒的方式顯然不恰當。當然，如果他是出於真心的讚美，在女兒生氣時，就應該說：「我認為妳彈得很好才讚美妳，妳對自己應該有信心才對啊？」相信效果必然不同。

這種情形與讚美下屬並無二致，讚美之詞若是不著邊際，極可能讓對方誤解，誤以為是挖苦自己，如果能具體指出好在哪裡，對方便不會產生反感了。

另一方面，讚美雖是好意，但如果經常予以不痛不癢的讚美，對方習以

為常之後，便不再心存感激了。一旦當事者本人不認為值得讚美而予以讚美時，他不會心存感激；當你真心誠意要讚美時，反而得不到預期的效果。

記得一位資深教師曾表示：「不要輕易讚美人！」他的意思是說，如果學生沒有特別的成果，經常讚美他，極易讓學生對老師的讚美感到不屑一顧。一個人如果達成了即定目標時，則務必予以真誠的讚美。

若是你有意的對長年居住在本地的外國人說：「你的中文說得很好。」所得到的反應可能是「你是在諷刺我嗎？」所以，讚美他人時應拿出具體的理由。如果讚美的方式不妥，反而會被人輕視。

重要的是要及時公正

讚美是對一個人的工作、能力、才能及其他積極因素的肯定。透過讚美，人們了解了自己的行為活動的結果。可以說，讚美是一種對自我行為的回饋，回饋必須及時才能更好的發揮作用。

一個人在完成工作任務後總希望盡快了解自己的工作結果、特質、數量、反映等。

好的結果，會帶來滿意愉快的情緒體驗，給予人鼓勵和信心，使人保持這種行為，繼續努力；壞的結果，能使人看到不足，以促進下一次行動時的專注、改進，以求得好的結果。

同時，人們需要透過盡快的了解回饋資訊，對自己的行為進行調節。鞏固、發揚好的；克服、避免不好的。如果回饋不及時，時過境遷，人的熱情和情緒已經冷漠，這時的讚美就沒有太大的作用了。

美國的一家公司，急需一項重要的技術改造。一天夜裡，一位科學家拿了一臺確能解決問題的原型機，闖進總裁的辦公室。總裁看到這個主意非

常妙，簡直難以置信，琢磨著該怎樣給予獎勵。他彎下腰把辦公桌的大多數抽屜都翻遍了，總算找到了一樣東西，於是躬身對那位科學家說：「這個給你！」他手上拿的竟是一根香蕉，而這是他當時能拿得出的唯一獎酬了。

自此以後，香蕉演化成小小的「金香蕉」形的別針，作為該公司對科學成就的最高獎賞。由此看出這家公司領導者對及時表揚的重視。

不僅是重大的科技成果要及時獎勵，對下屬的點滴微小成績，領導者也應重視，及時加以鼓勵。

美國惠普公司的市場經理，一次為了及時表示酬謝，竟把幾磅袋裝水果送給一位推銷員，以鼓勵他的成績。另外一家公司的「一分鐘經理」提倡「一分鐘表揚術」：「下屬做對了，上司馬上會表揚，而且很精確的指出做對了什麼，這使人們感到經理為你獲得成績而高興，與你站在一條戰線上分享成功的喜悅，然後鼓勵你繼續努力。一共花一分鐘時間。」下屬們對「一分鐘經理」的做法，頗為推崇。這位經理說，幫助別人產生好的情緒是做好工作的關鍵。正是在這種動機的指導下，他實行了「一分鐘表揚術」。這樣做有三重意思：第一就是表揚要及時；第二是表揚具體，準確無誤，不是含含糊糊；第三是與部下同享成功的喜悅。讚揚要公平還要保證公平公正。

領導者讚揚下屬，實際上是把獎賞給予下屬，就像分蛋糕，也需要公平、公正。

有的領導者不能擺脫自私和偏見的束縛，對自己喜歡的下屬極力表揚，對不喜歡的下屬即使有了成績也看不到，甚至把團體參與的事情歸於自己或某個下屬，常常引起下屬們的不滿，從而激化了內部衝突。這樣的領導者不僅不總結經驗，反而以「一人難稱百人意」為自己解脫，實在是一種失敗。

要做到公正的讚揚下屬，領導者必須妥善處理好下面幾種情況。

（一）稱讚有缺點的下屬要公正

有的下屬缺點明顯，比如工作能力差、與同事不和、衝撞主管等等，這些缺點一般都被領導者所厭惡。其實，有缺點的人更需要稱讚。稱讚是一種力量，它可以促進下屬彌補不足、改正錯誤。領導者的冷淡和無視則使這些人失去了動力和力量，無助於問題的解決。在一般人心目中常常這樣認為，受到領導者稱讚的人應是沒有很多缺點的人，受到讚揚應該把自己的缺點改掉，才能與領導者的稱讚相符，同事看了也提不出意見。

（二）稱讚比自己強的下屬要公正

現代社會中什麼能人都有，許多單位裡也不乏「功高蓋主」的下屬，一些下屬在某些方面也超過領導者，從而使領導者處於一種不利的局面。小肚雞腸的人容不下這些強己之人，對這些強人或超過自己長處的人不敢表揚，這也有失公正。

（三）對自己喜歡的下屬，稱讚時要把握好分寸

領導者與下屬交朋友很常見，每個領導者都有幾個比較得意的下屬，不僅工作合作愉快，而且志趣相投。稱讚這樣的下屬要不偏不倚，把握好分寸，不能表揚過分過多，也不要不敢表揚。表揚過分過多，一有成績就表揚，心情一高興就誇獎幾句，喜愛之情溢於言表，很容易引起其他下屬的不滿。與其說是向著自己喜歡的下屬，倒不如說是害了他。有的領導者怕別人看出與某個下屬關係密切，因而不敢表揚，這都是錯誤的做法。

（四）不要把團體的功勞歸於一人，也不要據為己有

單位的工作成績往往是下屬和領導者團體智慧的結晶，是齊心協力的結果，評功論賞時要表揚集體，不能歸於一人，否則有失公道。

有的領導者貪功心切，為向上司請賞，匯報工作時往往把成績據為己有，這種做法很不明智，其他領導者可能把這樣的資訊回饋回來，如果這個領導者與上司不和，那麼其上司也可能調查取證，遲早會露餡。

不要吝嗇「高帽子」

讚美別人是無本的投資，巧給別人戴高帽更是無形的買賣，領導者化無為有，化無形為有形，反得其利，此種技巧領導者不得不巧用。

常言道：十句好話能成事，一句壞話事不成。高帽子誰都喜歡戴，恭維話人人都愛聽，這是人們的共同心理。恰如其份的適當恭維肯定會讓別人精神愉悅，同時贏得人們的信任和好感。

身為領導者，若是你能恰到好處在給你的下屬戴一戴高帽子，定能對你改善與下屬的人際關係帶來意想不到的好處，有力的贏得下屬的好感和信任，更重要的是，它有時能給你那不太自信的下屬以極大的激勵，讓他們能精神抖擻、自信的去完成你交給他們的任務。

玫琳凱所經營的美容、化妝品公司在全世界都享有勝譽。在玫琳凱所提倡的以人為本的管理方式中，就提到了「高帽子」的藝術。有一次，一個在公司中新跳槽來的業務員在跑行銷屢遭失敗後，對自己的行銷技能幾乎喪失了所有的信心。玫琳凱得在此事後，找到這位業務員並對他說：「聽你前任老闆提起你，說你是很有闖勁的年輕人。他認為把你放走是他們公司的一個不小損失呢……」這一番話，把年輕人心頭那快熄滅的希望之火又重新點燃了。果然，這位年輕人在冷靜的對市場進行了研究分析後，終於使自己的行銷工作打出了一個缺口，獲得成功。

其實玫琳凱根本就沒有與什麼前任老闆談過話，但這頂「高帽子」卻神

奇的讓這位業務員找回了自尊與丟失的自信。為了捍衛榮譽與尊嚴，他終於背水一戰，作了最後的一搏，最終以再次的成功來增強自己的自信心。

扣高帽確實有神奇的功效，但扣的方式要講究技巧，講究方法：

扣高帽要有一個度，不要誇大其辭，過度的不切實際的高帽只會產生適得其反的效果。若是你的下屬對電腦業並不是特別了解，你卻對他說：「聽說你對我國的電腦業有研究，你能跟我談談近期電腦業的發展狀況嗎？」他心裡一定會非常反感，認為你是在揭他的短。

高帽也可用間接的方式給你的下屬戴上，如果你是新走馬上任的領導者，對你的一位下屬說：「我聽某某說，你這個人人緣很好，愛交際，做事穩重，我們做個朋友吧，一起為部門出力。」聽者心裡一定覺得甜甜的，即使他不如你口中所說的那麼好，但他一定會盡力朝著你所說的那個方向努力。

採取個新穎的形式和高帽。如果一個領導者，一再提及一個下屬，對他是一種莫大的鼓勵和恭維，提起某人以前講過的事，也是對他的一種激勵，因為這表示你認為聽過他講的話，並牢記在心。

總之，管理中的扣高帽並不是那種不切實際的誇大，阿諛奉承，溜鬚拍馬。在某種程度上，若是你能巧用高帽子，定能讓你的員工重新重視自己，樹立一個自信的新我。

第二十計
巧用激將

命令的最高境界

能夠促使屬下依照自己的意願完成任務的方法是什麼呢？成功的領導者認為：「要使部屬（並非受到了領導者的命令）是基於本身的意願而完成任務。」的確，這是命令的最高境界。

在前章曾提及，屬下本身即使想要往右前進，但是領導者如果命令他「往左走」時，他也只能服從。如果領導者有能力不須下達指令就能使屬下本身認為「應該往左走」，就可說是最理想的狀態了。

在這種氣氛下，屬下必定是積極、意志高昂，並且能夠發揮平時能力的兩倍，而達到你的要求。屬下因而得到充實感與滿足感；即使工作迫在眉睫，亦能從容不迫的完成。

如何才能達到如此完美的境界呢？以下介紹幾種方法：

（一）要使部屬有責任感。你若對屬下說：「這件工作拜託你了！希望你能好好的完成它，大家都拭目以待。」如此，部屬會深受感動，並且努力振作，全心投入於工作中。

（二）激起部屬的英雄氣概。你與部屬商討：「這個問題不知道該如何解決？真傷腦筋。你有沒有什麼好的點子？」此時若部屬接口說：「如果這麼辦，應該可以！」你就趁勢追擊，並且誘導他：「這是一個好方法，那這件事就交給你囉！」

（三）喚起部屬的自尊心。假設你對部屬提起：「這件工作很難辦，我看算了！」「這件工作一定要由拿手的張某來做才行吧？」然後詢問他的意見，此時若對方是位自尊心強的人，相信他會拍胸脯保證說：「什麼？那種工作，我也可以勝任啊！」若部屬欠缺此魄力，你還是不要讓他負責比較妥當。

這些方法都是為激起部屬的意志力而使其聽命於領導者的策略。你必須認同對方的立場、想法，並且給予高度評價與信賴。基本上，這和激發有著異曲同工之妙。

有句俗語：「豬受到鼓勵也會爬上樹」。相信這也是促使人們賣力工作的有效方法。你可以將此原理運用在各種場合。

上述表面上看來似乎頗為尊重部屬的人格與能力，但仔細思考，卻又令人覺得那也只是將屬下視為自己工作的道具而已。若能因此而達到目標，卻也未嘗不可。只是，最好盡量避免使用卑劣的手段，即使是欺騙，真誠也能使你萬無一失。

第二十計　巧用激將

激將自古是高招

激將法的原理是抓住有人心浮躁的弱點，或刺激其的痛處，使其失去理智的方法。激將法一般來說，有如下幾種：一是「明激法」。就是針對對方的心理狀態，直截了當的給予貶低，用否定的語言刺激，刺痛之、激怒之，使之「跳起來」。二是「暗激法」。就是不就事論事，而採取隱晦、旁敲側擊的方法去激勵下屬，刺激下屬，或有第三者在場，暗中貶低對方，激怒起下屬一定超過第三者的決心，從而達到促使下屬努力工作，完成任務的目的。三是「自激法」。就是一味的褒揚對方光榮的過去的狀況，而不提及其現在。

激將法又有正將和反將法兩種，正將法用於激勵朋友，這種激將法不能只採取簡單的否定或貶低，而要「貶中有導」，既能激勵他的意志，又要指明其奮鬥方向。反將法用於對付敵人，目的是把敵人刺激的越失去理智越好。在軍事戰爭中，採用反將法十分普遍，而在現實生活中，採用正將法往往更為多見。許多仁人志士都是在被激怒後發憤圖強而走上成功之路的。

著名畫家徐悲鴻，原名徐壽康，曾先後擔任過家鄉三個學校的圖畫教師。離家 30 多里，徐總是徒步往返。一次徐去吃喜酒，因穿布長衫未穿綢衣而遭人冷落，從此立志不穿綢衣。他想進學堂深造，卻無法弄到學費，深感世態炎涼，悲從中來，猶如鴻雁哀鳴，遂改名悲鴻，並一直以哀鴻自勉，發憤繪畫，終成大師。貧寒從來都是孕育成功的土壤，但缺了徐悲鴻這種自激自勉的志氣也是不行的。

無獨有偶，著名律師達羅的成功之路也是這樣開始的：有一天，他想抵押一批財物借 2,000 美元來買房子。交易就要做成時，借款人的妻子在旁邊插了一句：「別犯傻了 —— 他永遠也賺不夠還債的錢。」達羅本人原來也很懷疑是否還得起借款，但是聽到她的話之後，「情況就完全不一樣了。」這一

天他氣得簡直要發瘋，他感到了從未有過的極度輕蔑，因此下決心努力去工作而獲得了成功。

激將要有「分寸」

一個成功的領導者，能夠滿足員工的各種需求，善於用語言和行動激發下屬完成任務的熱情和信心，勇氣和決心。這同樣需要高度的技巧。有句俗話：「請將不如激將。」激將法，也是其中辦法之一。

愚蠢的激將法，往往是用嘲諷、汙蔑、輕浮的語言將對方激怒，拚死一搏。一個優秀的領導者所用的激將法是聰明的激將法，他可以運用以下幾種策略。

（一）巧妙的激將法

運用激將法要看對象，年輕人的弱點是好勝，「激」就是選在這一點上，你越說他害怕，他就越勇敢。老年人的弱點是自尊心強，此點一「激」就靈，你越說他不中用，他越不服老，越逞強。所以當別人指責他放棄責任、隱退不出，嘲笑他不負責任、膽怯後退時，他的能量就激發出來了。

（二）對比激將法

對比激將法是要借用與第三者（一般來說是強者）對比的反差來激發人的自尊心、好勝心、進取心。

用對比法激人，選擇對比的對象很重要。一般來說，最好選擇被激對象比較熟悉的人，過去情況與他差不多，各方面條件與其差不多的人。而且對比的反差越大，效果越好。

(三) 煽情激將法

煽情激將法需要用具體的有感染力的描述,用富有煽動性的語言激起人們心中的激情、熱情。所用的可以是嚴酷的現實,也可以是輕鬆的遠景,不拘一格。

(四) 絕路激將法

軍事家都懂得一個道理,人到了沒有退路的時候,往往特別勇敢。歷史上破釜沉舟、背水一戰而獲全勝的戰例不勝枚舉。如果企業領導者懂得這個道理,在瀕臨絕境的時候,激勵員工背水一戰,也可以大獲全勝。

俗話說「置之死地而後生」。所以,一個企業領導者若想讓一個臨死的企業「活」起來,就要想辦法讓員工們知道自身企業處於「絕地」的處境。

(五) 身先士卒激將法

這種方法軍事家、政治家可以用,企業領導者同樣可以用。一個廠長發現必須加班製造一項產品,於是請領班找工人回來加班。領班面有難色,表示有很多困難,廠長沒有再說什麼,晚上親自跑到工廠加班,領班聽到後,立即找了幾個工人將廠長換下來。從此之後,碰到加班的時候,這位領班再也沒有意見。

戰場上主帥是不宜親自出戰的。主帥出戰則意味著部將無能或失職,這個行動本身就是「激將法」。

激將法有智庸高下之分,領導者掌握好其分寸,靈活發揮,機智應用,可以讓你在需要員工拿出他們最大的力量,拚死效力時,派上絕妙的用場。

第二十一計
因勢利導

要徹底了解別人

說服別人，消除誤解，化解矛盾，首先要分析對方的「聽力」。領導者常常會遇到這種情況，你在這邊一個勁的說，下屬在那邊心不在焉，「這隻耳朵聽，那隻耳朵出」，事過之後，他根本沒有領會你說了些什麼。之所以如此，原因之一，很可能是你沒有對對方的「聽力」細加分析，只是一廂情願的嘮叨而已。

所謂「聽力」，並非耳朵接受聲音的能力，而是指對方對不同意見的接受能力。有時，你話是說了，但因事先未了解對方的「聽力」，反而不能奏效，卻因此引起口角。常常有如下幾種情況：

有的人比較精於邏輯思維，能冷靜的聽你的話，還一邊思考分析。這種

人並不立刻相信你的話，但要求你說話有根有據、條理分明，然後他再分析研究。

有的人不習慣長時間思考，也不善於同時掌握太多資料，甚至無法與你一起逐步推理，他只急於等你做出確定不移的結論。

有的人滿腦子人情世故，他不考慮你說話的精髓，卻喜歡在你片言隻語中去搜尋尋找「弦外之音」，揣測你的話會有什麼影射含義。

有的人情緒容易激動，常常未聽完你的下文，就動起感情，或怒或怨，把你下面的話聽漏了，聽錯了，聽偏了。

有的人在聽你的話之前，心中早有固定的「模式」，你不管說什麼，聽到他心裡都會走樣。有的人心地狹小，只能容納某一類事物，其他一概不能接受。

有的人幻想太多，聽你的話時，常常中途發揮想像，甚至會把他自己的想像加進你的話裡，當作是你說的……

凡此種種，都要悉心研究，才能夠有針對性的採取說明的方式。

了解別人是要有許多學問的。不能說服別人，是因為不仔細研究對方，不用適當的表達方式，就急忙下結論，還以為「一眼看穿了別人」。就像粗心的醫生，對病人病情不了解就開藥方，當然沒有不碰釘子的。

必須具備好口才

身為一個領導者，處處要在不同場合下表達自己的意見，傳達上層的命令。因此一位優秀的領導者必須重視自己的口才，如果作為領導者的你，說話吞吞吐吐，表達不出自己的意思，員工也很難理解，企業將管理混亂。良好的口才可使領導者更有魅力。

假如你是一位博學多識、思想深邃的領導者，但無法把自己所思所想正確的表達出來，你的起初才能往往也得不到展現，影響到你管理決策的正確實施和有力貫徹。

談吐上水準低，也會對你的領導者形象產生不良影響，不利於威信的建立。你與上級會面時，你給他最直接的印象就是你的談吐和外表。你在談吐上的優劣表現很可能成為他是否會提升你的重要參考依據，這絕沒有誇張。

你是一位領導者，在言語表達上你不一定要成為一名優秀的演說家。但是，為了你的成功，你必須使自己向著一名標準演說家方向努力。

這個要求很高，當你發現語言的眾多重要性後，你就不會放棄在這方面的精力投入了。

一場精心動魄的商戰，由於你卓越的口才，勝利的天平偏向了你；會議上，一段精彩絕倫的發言，語驚四座，大家對你的看法大加改變；婚禮慶典上，你幾句熱情洋溢、恰到好處的祝詞，贏得眾人的陣陣掌聲⋯⋯

運用自如的口才，可以幫助你團結下屬、同事，獲得上級的賞識、信任，直至獲得事業的成功。良好的領導口才將使你受益匪淺。

作為領導者，優秀的口才對於資訊交流、情感溝通、建立廣泛友好的人際關係，發揮著舉足輕重的作用。

不善言辭表達的領導者，也許你的口訥正在無形中影響著你自身的進步和發展。你切不可不以為然，自甘放棄語言表達能力的提高，做一名默默無語者。否則，你的才華將被逐漸埋沒。那麼，從現在起，立刻開始鍛鍊你的口才，磨練出一副鐵嘴皮吧！不要自卑於你天生嗓音不好，也不必羞恥於一時的拙嘴笨舌，更不要為自己進步緩慢而灰心。只要你鍥而不捨、堅持不懈的在實踐中努力，就一定會擁有優秀的口才，到那時，你會感覺如虎添翼。

要知道，一名領導者在口才上過不了關，肯定是一大缺憾，因為在任何

情況下，言不盡意都是一種痛苦，這一點猶如「茶壺裡煮餃子」—— 倒不出來；相反，能準確的表達自己的觀點，及時發布準確的指令，達到言能盡意的效果，讓下屬踏踏實實的工作起來，豈不快哉。因此，嘴巴的力量有多大，關鍵要看你的表達能力，而表達的好壞，可以展現你的魅力。

說服比強迫好

說服比強迫好得多。

利用誘導激勵員工、子女，比強制好得多。強迫被激勵者做事不是好辦法，效果絕對比不上誘導。請求比命令更容易達到目的。

某紡織廠工作績效很差，雖然按件計酬，產量就是無法提高。經理嘗試用威脅、強迫的方式影響員工，仍然無效。

該廠請了一位專家來處理這個問題。專家將員工分為兩組：告訴第一組員工，如果產量達不到要求會被開除；告訴第二組員工，他們的工作有問題，要求每個人幫忙找出問題在哪裡。結果第一組員工的產量不斷下降，壓力升高時，有的員工辭職不做了；第二組員工的士氣很快提高，他們依照自己的方式去做，負起增加產量的全部責任。由於齊心協力，經常有創見。第一個月，產量就提高了 20%。這種效果完全是誘導造成的。

對待子女和學生的道理也一樣，強迫的效果總是很差。往往你強迫他往東，他卻偏偏往西。「小尼，如果你在晚餐前不將房間清理好，晚上不准吃飯。」小尼會不高興，也可能東摸摸西弄弄，到了吃晚餐的時候，仍然沒有清理房間。母親怎麼辦？親自幫他清理房間，還是大發慈悲：「好，我讓你吃晚餐，但是上床睡覺時，你必須將房間清理好。」

不論如何，強迫總不是好辦法，只有誘導才能有效激勵被激勵者。

利用地位的影響力不會持久，唯有出處自真誠的關愛、仁慈、謙恭、溫柔的影響力才會持久。

看人臉色

某公司總經理曾說：「由於我始終採取與一般人不同的觀念來管理公司，所以才能有今天的成就。

「例如，我們所成長的大環境都強調不要看別人的臉色生活，我卻總是注意下屬的臉色及表情。當然不是迎合他們，而是為了掌握他們的心理狀況，以便找出配合他們當天心情的指導方法。」

的確，身為上司者若能掌握下屬當時的心理狀況，例如對方是否集中精神、心存疑慮、焦躁不安等，則可針對他們的實際狀況施行指揮，其效果自然事半功倍。

若要了解下屬的心理狀況，最確實而有效的方法無疑是察顏觀色。須知一個人無論怎麼隱藏自己內心的喜怒哀樂，多多少少仍會形之於色，從眼神及小動作中表現出來。

許多成功的領導者，本身便是一位善於察顏觀色的人。他們由一個人的腳步聲即可判斷出對方心情如何，這種擅於洞悉人類心理狀況的能力，甚至高於某些只限於理論知識的所謂心理學家。

當然，並非一直要目不轉睛的盯著下屬的臉或軀體的某一個部位。因為如此一來，反而使對方感到被別人盯著，忐忑不安，無法完全發揮實力。

具體做法應是在早上碰面時，經由對方問候的語調、臉上的表情以及身體的動作等，捕捉他們當天的心理狀態，然後擬定對應的指導方法。

打開「悶葫蘆」

　　和「悶葫蘆」在一起工作，總會感到沉悶和壓力。特別是性格外向、活躍的人，更是覺得難受。有些人為了活躍氣氛，打破這種局面，故意找話題說。其實這是沒有必要的。對於沉默寡言的人來說，他們之所以這樣可能是有某種心事而不願多言。

　　在這種情況下，你應該尊重對方，不要去破壞對方的心境，讓其保持自我選擇的存在方式。你如果沒話找話，想方設法與對方交談，只能引起對方的反感和厭惡，以致他們不願意和你在一起。

　　在工作實踐中，人們琢磨出幾種使「悶葫蘆」開口的辦法，領導者可以適當採用。

（一）從興趣談起

　　興趣，是人在情感意志等個性特質作用下對某種事物產生熱愛，追求以及創造性活動的傾向。悶聲不響的人大都有某種執著的興趣偏好，當你以他的興趣作為交談的話題時，就能較敏銳的觸動他心靈的「熱點」，進而產生心理相容和語言的共鳴。

（二）從煩惱談起

　　「悶葫蘆」大都具有較明顯的「閉鎖心理」。他們既苦於無人知曉自己的心事，又不情願讓人真正知曉自己的心事。當你對他的煩惱給予理解，並熱情幫助他解脫時，他往往就會與你攀談起來。

（三）從評價談起

　　這類人常常希望從別人對自己的態度、評論中了解自己，借助外物折射

來認識自己，尤其是重視領導者對他的評價。作為領導者應持以誠心，對他的言行予以客觀的、公正的評價，引起他內心的反思，從而產生語言資訊的交流。

（四）從自我隱祕談起

「悶葫蘆」往往更善於思考。他們不輕言，不盲從，遇到問題常常要問一個為什麼，偏愛形象的現身說法。當你毫不隱諱的暴露出自己內心的隱祕時，「悶葫蘆」也會向你傾吐內心隱祕的。

心靈互動很重要

「感人心者，莫先乎情。」即興講話的特點決定了講話者和聽者之間距離最近，講話者擺脫了文稿的制約，有充分的時間和空間與聽者接觸、交流、融合。

聽者也一改那「填鴨式」講話中充當「聽筒」的被動態勢。有更多機會與講話者的溝通。

講者與聽者形成一種「和諧」的境界。這種和諧境界就是種心靈溝通情感的交流，能否達到這種境界的關鍵在於講話者。在整個講話過程中，講話者始終處於主導地位，掌握著心靈溝通、情感交流行為的主動權，掌握著打動聽者心理的主動權。

心理學研究證明，目光交流是人類情感交流的最佳方式。即興講話的主體由於跳出了文稿的桎梏，目光便有更多的時間停留於講話的整體氛圍中，這種扭轉既包括靜態的會場，同時也包括與講話者息息相關的聽者。這種目光停留，實際上是一種招呼、問候，聽者易產生被人注意的感覺，同時對講

話者也不如不覺地萌生出一種信任感。

　　這種信任感的反射對講話者來說又是一種無聲致敬。聽者此時此刻的心理活動是講話者在瞬間必須捕捉的對象，眼神交流只是表層接觸，它無法反映更深層次的內涵。這種捕捉過程實質上是一個由表及裡、由此及彼的過程，講話者設身處地、站在聽者的位置上，扣住聽者的心弦，運用聽者的思維方式，提出問題，分析問題，解決問題。然後再上升到理論高度，指出這種思維方式的得失利弊，讓聽者做出講話者此行是專門為其而來，即興講話是專為解決其問題而做的反應，使即興講話始終處於一種良性循環的狀態，並時時泛起情感的漣漪。

　　講話中領導者的手勢是語言的補充，手勢使語言更有節奏，更有動感，更有活力。

　　領導者的語言藝術是相當重要的。一個好的講話，或事實有據、邏輯嚴謹，或慷慨激昂、浩氣凜然，或聲情並茂、引人入勝，或機智幽默、妙趣橫生，足以使人堅定對崇高理想的信念，使人增加知識，明白道理，足以動人心弦，促人奮發，給人歡樂，得到美的享受。

順毛摸取奇效

　　激勵的目的，不在改變員工的個性，而在促使員工自我調整，產生合理的行為。員工自我調整的方向，如果朝向公司的目標，所產生的行為，即屬合理。

　　年齡越大，個性越難改變。強制某人改變行為，不如設法讓他自行調整。一般而言，什麼樣的人就是什麼樣的人，我們很不容易改變他。我們所能做的，只是順著他的個性，增加一些東西，使其自己改變行為。

　　所增加的東西，稱為激勵的誘因。每一個人的誘因都不相同，必須個別了解之後分別認清。把每一個人都當成獨立的一個人看待，是管理者應有的正確心態。

　　由於激勵的誘因不同，激勵的方法也不盡相同，對某甲有效的，對某乙未必有效。而且時間改變，方法也要跟著有所調整。

　　員工自己充實自己的實力，提升自己的本身。公司提供合適的工作機會，使具有實力的員工，得以好好表現。然而，有本事的員工，肯不肯表現，會不會好好地表現呢？這就牽涉到激勵的問題。

　　在有本事的員工身上，加上一些東西，使其調整自己的行為，亦即好好的盡心盡力把工作做好。這加上去的一些東西，叫做激勵。

　　良好業績是本事與激勵的乘積。本事指員工應該具備的條件，亦即做人做事的本領。激勵是公司在工作機會之外，必須提供的某些因素，用以激發員工努力的意志。業績則是員工受到激勵應有的良好表現。

　　員工的本事是否符合工作的需求，這是甄選時就應該明確辨識的。從應徵者的喜愛、態度、專業、人際技巧以及溝通能力，來判斷其做人做事的本領。

　　常見的情況是：新進人員都十分賣力，可惜一段時間過後，便逐漸降低努力的程度，然後保持不被開除的水準。原本希望新人新血輸入帶來新氣象。不料新人被舊人同化，依然舊習性。

　　可見有本事的人，必須給予有效的激勵，才能人盡其才。有本事未激勵，是公司的損失，造成人才的浪費。

　　但是，公司常常用同一種方式來激勵不同的人才，實際上收效不大。最好能夠針對不同的需求，分別給予合適的激勵，以提高生產力。

第二十二計
真金火煉

懶牛狠鞭打

領導者都會碰到一些難纏的人，對這些人處理不好，就會與他們結怨，多了一個敵人。領導只要狠狠打擊，難題就會迎刃而解。

時下，人多不願接受卻又不得不承認一個既成的事實，那就是在很多情況下，債主反倒成了「龜孫子」，而負債人卻成了「爺」。

為什麼這麼說呢？

借用行業術語說就是「釘子戶」越來越多了。

以前，一提到「釘子戶」，多是指潑辣刁鑽的人，窮橫窮橫的，而現在則不同，這「釘子」都是「軟釘子」。不過再軟也是釘子，弄不好便會扎傷你的手指，劃破你的衣服。

　　怎樣對付「軟釘子」，尤其是領導者，對待「軟釘子」更須方法得當、巧妙，以免畫虎不成反類犬。

　　「軟釘子」是一種形象的說法。是對某些小人的概括。

　　這些人學得聰明起來，再不像原來，以硬碰硬，而是以軟抗硬，大有「以四兩撥千斤」之勢。

　　這種類型的人，多善用軟磨軟抗，拉拉扯扯，耗時間能拖則拖，能等則等的方法。無論你怎樣著急，怎樣發火，他都不會著急，不會與你翻臉，更不會與你打架。相反，他會悠然自得。你越是火冒三丈，他越是神態安閒，你暴跳如雷，他則平心靜氣。

　　這類人使你急不得，氣不得，惱不得，悔不得，卻又不得不與他打交道。

　　正好比一拳打在沙發上，綿綿軟軟，毫無力道可言，可是耗得久，卻又對你有百害而無一利。倒是對方待你被拖得筋疲力盡時穩操勝券。

　　既然如此，對付「軟釘子」便須講究方法策略。筆者認為，縱觀官場、商界等成功的領導者，其中有一種有效的方式便是，重拳出擊，直搗「黃龍」，「硬釘子」也好，「軟釘子」也好，硬硬的錘子只管砸下去，搗個稀爛。

　　前面說過，「軟釘子」靠的是「軟」，以「軟」抗硬，有人或許會說，既是這樣，你硬錘子砸下去，肯定會像抽刀斷水一樣，使不出勁道，又會起什麼作用？

　　不然。

　　這裡我們說「硬錘子」也並非是一般意義上的「硬」，不是要你用強制的手段，硬生生的去做。而是要找準要害，狠狠出擊，不可姑息手軟。

　　「軟鼓重錘敲」，「懶牛狠鞭打」。

　　「軟釘子」無非就是將釘子用棉花包起來，先將棉花燒掉，再對付釘子，

難題迎刃而解。

打掉高傲者的傲氣

有的下屬「恃才傲物」，仗著自己才高，目空一切，有時甚至玩世不恭，對誰都不在乎。掌握這種下屬的個性特點並學會與之和諧相處，是每個領導者都期望的。最好的辦法是挫其傲氣，把他推到他不熟悉的職位，讓他知道自己的不足，從此不再恃才傲物。

大凡恃才傲物都有以下共同特性：

（一）自以為本事大，有一種至高無上的優越感。總以為自己了不起，別人都不如自己，說話常常硬中帶刺，做事我行我素，自信心和自負心強，對別人的態度則表現為不屑一顧。

（二）恃才傲物者大多自命不凡，好高騖遠，眼高手低，自己做不來，別人做的又瞧不起。所以，做什麼事都感到淺薄、不值得去做。

（三）恃才傲物的人往往性格孤僻，喜歡自我欣賞，聽不進也不願聽別人的意見。凡事都認為自己做得對，對別人持懷疑和不信任態度。

與這種下屬相處，領導者必須有的放矢，科學的採取措施。

（一）要用其所長，切忌壓制打擊。

恃才傲物的人，大都懷有一技之長。否則，無本可「恃」，更無「傲」之本。領導者在與這種下屬相處時，要有耐心，要視其所長而用之。絕不能採取冷處理的辦法，為了壓其傲氣，將其擱在一邊不予重用。

須知，這樣做不僅不能使下屬正確的認識自己的不足之處，相反，會使其產生一種越「壓」越不服氣的叛逆心理，說不定從此便與你結下難解之仇，

工作中有意給你拆臺，故意讓你出醜·

（二）要有意用短，善於挫其傲氣

恃才傲物者並非萬事皆通，樣樣能幹，充其量只是在某些方面或某個領域裡才能出眾、出類拔萃，在其他方面可能就不如別人。

領導者欲消除恃才傲物者的傲氣，就要設法讓他們看見自己的不足，最好是在單獨場合，安排一兩件做起來比較吃力而且比較陌生的工作讓他去做，並且要求限時完成任務。下屬要完成這些任務就必須付出更大的努力，即使勉強完成了任務，也會深感做出一件自己不熟悉的工作是相當艱難的。

（三）要敢擔擔子，以大度容傲才

這種人才做什麼工作都掉以輕心，即使再重要、再緊迫的事情，他們也會表現得漫不經心、微不足道，所以，常常會因其疏忽大意而誤事。作為領導者切不可落井下石，一推了之，要勇敢站出來替部下擔擔子，使他感到大禍即將臨頭，領導者一言解危。日後，他在你面前不會傲慢無禮，甚至對你感恩不盡、言聽計從。

不要姑息養奸

縱容下屬，自食其果，這是管理工作中鐵的教訓。現代企業管理推崇「以人為本」，是要把下屬擺在主體地位上來考慮。尊重他們的人格，體察他們的性情，重用他們的能力；但這絕不意味著以情感代替原則，以理解取消制度，因為這樣只能縱容下屬不合理的欲望和行為產生。要知道，這是管理工作之大忌。

第二十二計　真金火煉

作為一個領導者或主管，我們提倡你對下屬多寬容，少苛不責；但是，也不能寬容得太過分，變成了姑息養奸。

姑息養奸不但不能讓下屬對你服服貼貼，反而會讓你威風掃地！

某位充滿自信的上司曾經說過：「因為我對自己的工作充滿熱忱，因此對於下屬我也嚴加指導。」但是，我向他的下屬探問情況時，他們卻異口同聲的回答我：「才不是嚴格，他只是喜歡挑下屬的毛病而已，而且相當囉嗦！」

「斥責」，是上司對下屬的行為。單以此觀點而言，可說是單方面特權，但這並不表示上司可以為所欲為斥責下屬。

公司方面雖然會強調「賞罰必明」，但是身為下屬，卻會認為公司偏袒某一方，或者處置不公。

因此當你在斥責下屬時，對方也並非一定都會從內心深處感到懊悔，並且向你道歉。表面上他認為不要忤逆上司為好，所以始終低著頭，最後冷笑一聲說：「不！不！你的教訓相當有道理，都是我不好。」對於此類型的下屬，你必須使他了解你斥責的緣由。或許你必須花費較長的時間與精力，但是你不可吝於付出努力。對於會產生反抗行為的下屬，則要追根究柢的和他爭議到他能完全理解為止。

有的下屬在將被斥責時，會很有技巧的支吾其辭，或者將責任推到別人身上，然後逃之夭夭。應付如此狡猾的下屬，你必須嚴屬的斥責他。假如你對此種現象視而不見，則「賞罰分明」原則便會有所疏失。

對於可能產生反抗行為的下屬，你必須使其了解錯處。或許對方會提出辯解，你必須靜下心來傾聽，然後在下屬的辯解中發現他的誤解之處，一旦有誇大其辭、歪曲事實之嫌時，應馬上指正並令其立即改善。

如果碰到難纏的下屬，則必須事先做好心理準備。有時因狀況不同，必須分組徹夜討論，此時你更不應該膽怯，必須具備拚命一搏的幹勁才行。

在斥責時所採取的態度，會影響到別人對你的評價，因此若你能獲得「真不愧是……」的評語，對方也將會成為你忠實的信奉者。

有的下屬一被斥責，便會提出冗長的辯解。你可以聽聽看，但不可逾越一定的程度。辯解終究是辯解，你必須命令其不可再犯相同的錯誤。

完全不聽下屬的辯解是不近人情的行為。每個人都有自尊心，只是單方面的被斥責而無法提出解釋的機會，對方必定會覺得不公平。若下屬淨是說些毫無意義的理由，比如：「我只是考慮錯誤而已。」「對方太差了。」「這種失敗，以前的人也曾經犯過。」他的內心此時多少已有些紛亂了！

即使下屬一廂情願的以為：「雖然科長怒不可遏，但是經我說明後，他已經相信我了！」此想法對他而言，可說是一大安慰。預留一點餘地給對方是一種美德。

《孫子兵法》中曾要事先預留敵人的退路。就算是與你有深仇大恨的敵人，也不可將其趕盡殺絕，片甲不留。否則不僅自己受到傷害，周圍的人也會感到困擾。

也有上司過分相信下屬的藉口，並表現太過親切：「這只是你方法錯誤而已！」「對方太差勁了！」雖然這只是一句安慰話，但是你並不需要過分的為下屬設想。

所以，縝密的思考下屬的藉口，設身處地為下屬著想也可算是你的一項修行。你必須親身力行才會有所助益。

有的下屬會因為被斥責而顯得意志消沉，也有的會嚇得面無人色。然而斥責亦是一帖好藥，你可以藉此期待他從失意的泥沼中站起來。

當斥責對下屬而言，是一個相當沉重的打擊時，不妨在私下拍拍他的肩膀或握握手的予以安慰，並加上一句：「不要灰心！」

相信這帖藥方將會發揮很大的療效。

要想不姑息養奸，就必須學會斥責下屬，使他時時注意自己的言行不會過分！

該批評就批評

面對那些被前任領導者嬌縱慣了的下屬，你必須堅守原則，該批評就批評，絕不能像前任那樣姑息縱容！

批評的方式有各種形態：有像下大雨似發怒罵對方，也有像下梅雨般很耐心的責罵對方。

批評的形態各有特色，也會因各人性格而有所差異。總之，上司在批評下屬時，音量最好加大，因為這樣比較自然，也容易達到效果。

很多人主張批評時要冷靜，千萬不可意氣用事。但是能夠達到此境界的人並不多。

上司因為生氣、發怒才會批評下屬，也正因如此才全產生爆發力。監督與指導需要冷靜與理智的。也有人認為若下屬反省自己的失敗，即不須責怪他；反之，若下屬毫無反省之意時，才需要責罵。

事實並非這樣，若你對未達成任務的下屬批評：「這實在太糟糕了。」他必不會重蹈覆轍。有時下屬會覺得將被批評，甚至抱持「期待」的心理。

但是，此時你卻未予以批評，只是溫和的叮嚀他，則你的下屬會深覺「期待」落空而不滿足。覺得上司的反應令人不愉快，事後還留下疙瘩，反而更討厭。若被上司痛罵一頓，一切也就過去了。因此，遇到該批評時，你最好順應下屬的「期待」。

如果你突然對一位並不認為自己失敗的下屬大聲批評：「你為什麼做這種事？」恐怕會令對方一頭霧水。如果下屬不明白自己為什麼被批評，則此行

為便毫無意義。

如不能對下屬說明：「你這件事做得不好，所以我要批評你。」只會令他垂頭喪氣。對於不明瞭失敗原因的部下必須詳細的指導他，並說：「以後要好好注意！」

很多主管並不擅長批評下屬，他們頗為在意的反倒是下屬的情緒。他們認為毫不留情的批評下屬是不好的，若批評無法使對方完全理解，那批評就毫無意義。

如果你一邊批評，一邊在意下屬的反應，只會被下屬看輕。此即所謂的「虛假的批評遊戲」，當然不算是批評。

有位上司向主管報告：「我已經訓斥過他了，他本人也在反省。」而那位被批評的下屬卻對他人說：「我給科長面子，傾聽他的埋怨。他好高興啊！」這時你再如何發揮驚人的才能，也來不及了。

有人認為：在大聲且一氣呵成的批評下屬後，要像狂風過後的萬里晴空一樣，不可拖泥帶水。然而這種方式卻也容易失去批評的意義。

原因在於被批評的人，剛開始通常「聽」得進去，但往往不消五分鐘，他就會表現出不在乎的態度，剛剛才被責怪的事早就忘得一乾二淨了，而批評的人也宛如狂風過境似的瞬間便了無痕跡。由於下屬本身並不感到愧疚，因此同樣的錯誤很可能重複出現。

應付這種下屬，你必須採取緊迫盯人的方法。即使批評他「聽好！不能再失敗了」、「你應該為那些收拾善後的人想想看」、「你應當要好好的反省反省」這類令人感到厭煩的話亦無妨。在批評後你必須監視下屬的工作情形，並且留意事情有無改善。遇到此情況，你必須採用梅雨拉長戰線型的做法，而非集中暴雨型的方式。

在批評下屬時要情緒性的批評，但必須注意措詞，絕不用粗俗的詞句。

第二十二計　真金火煉

　　受到電視的影響，有人誤以為流氓的謾罵聲或短劇中的粗魯臺詞是當今流行的腔調。雖然有一部分的公眾人物或者演藝人員是屬於那一類型的，但規規矩矩的上班族也依樣畫葫蘆，則會令人留下低俗的印象。在一個正派經營的公司裡，是不習慣聽到「我怎麼知道」、「別開玩笑了」、「笨蛋」等這些詞句。

　　也有人為了誇示自己的地位，而胡亂的怒斥下屬，像這種上司是無法得到下屬的認同，上司應該站在對方的立場行事才對。

　　另外，有一點必須牢記，那就是自己的下屬雖然是公司的職員，但是，他也有他的尊嚴。

　　每個人必有其優點。我們要愛人、尊重人，這才是我們生存的力量。

　　該批評就批評，但不要侮辱下屬，而應就事論事！

第二十三計
用人不疑

要相信部下

　　老闆必須充分相信自己的員工。否則就等於放棄自己的領導權力。員工如果知道上級不相信自己，那他們就不會認真執行上級的命令。

　　如果老闆對員工的言行有所懷疑的話，員工會很敏感的察覺到。他們就會對這種器量狹窄的上級感動失望，甚至表示輕蔑。

　　老闆應當相信員工的能力和忠誠，這樣才能使工作有大幅度的進展。如果你信任員工，他們就會精神百倍的去努力工作。

　　明智的老闆對員工的信任絕不能因為他們犯了一兩次錯誤就失去對他們的信任。只有這樣做，才能使員工對你更加忠心，使他們工作得更加努力。

　　對一個企業來說，最高層領導者只需要做出兩三項決定命運的選擇。其

他的選擇都可以交給員工來決定。無論是中層幹部、還是一般職員，對他們來說，同樣也有面臨決定命運的選擇。也就是說，要相信員工，要給他們選擇的權力。

幹勁來自寬容

老闆越是對工作有自信，越是有工作能力，就越能清楚的發現員工的缺點和能力的不足之處；而且很容易向他們提出高標準、嚴要求。

老闆應當清楚的了解每一個員工的能力，而且要因材施用，不應當總以自己的工作水準和能力來衡量和要求員工。

作為老闆，既要嚴格要求和管理員工，又要懂得寬容能使人產生工作幹勁。老闆一定要注意，不能總是挑剔員工的毛病。

每一個老闆都應以身作則，努力做到嚴以律己、寬以待人。

在各式各樣的管理者當中，有一種上下級都覺得不好對付的人，這就是那種靠著自己苦幹而當上老闆的人。當著任何人，他們都會大聲的說：「我沒有什麼學歷，但是在工作上我不會輸給任何人。」這種人是從最基層靠著實做而被提升上來的。因此，他們特別自信、頑固、獨斷。

這種人最大的缺點就是自己要掌管一切，事必躬親。如果工作不能像他們想像的那樣發展的話，就會非常不安心。因此，他們即使把工作交給員工，也不會給員工應有的許可權。這樣的老闆雖然有實做能力，卻缺乏寬容，很難原諒員工的錯誤。

膽怯的員工遇上這樣的老闆就會畏縮不前，以至於他們無法發揮出自己的實力來，有的時候剛想有所表現，但因老闆的一句話，也許又會使他們一事無成。

士為知己者死

　　古代有一個故事，說的是一位大將軍率兵征討外虜，得勝回朝後，君主並沒有賞賜很多金銀財寶，只是交給大將軍一只盒子。大將軍原以為是非常值錢的珠寶，可回家打開一看，原來是許多大臣寫給皇帝的奏章和信件。再一閱讀內容，大將軍明白了。原來大將軍在率兵出征期間，國內有許多仇家誣告他擁兵自重，企圖造反。戰爭期間，大將軍與敵軍相持不下，國君曾下令退軍，可是大將軍並未從命，而是堅持戰爭，終於大獲全勝。在這期間，各種攻擊大將軍的奏章更是如雪片般飛來。可是君王不為所動，將所有的這種奏章束之高閣，等大將軍回師，一齊交給了他，令將軍深受感動。他明白：君王的信任，是比任何財寶都要貴重百倍的。

　　這位令後人扼腕稱讚的君王，便是戰國時期的魏文侯，那位大將軍乃是魏國名將樂羊。

　　這樣的事，在東漢初年又依樣畫葫蘆似的重演一次。

　　馮異是劉秀手下的一員戰將，他不僅英勇善戰，而且忠心耿耿，品德高尚。當劉秀轉戰河北時，屢遭困厄，在一次行軍途中，彈盡糧絕，飢寒交迫，是馮異送上僅有的豆粥麥飯，才使劉秀擺脫困境。馮異治軍有方，為人謙遜，每當諸位將軍相聚，各自誇耀功勞時，他總是一個人獨避大樹之下，因此，人們稱他為「大樹將軍」。

　　馮異長期轉戰於河北、關中，甚得民心。成為劉秀政權的西北屏障。這自然引起了同僚的妒忌，一個名叫宋嵩的使臣，前後四次上書，詆毀馮異，說他控制關中，擅殺官吏，威權至重，百姓歸心，都稱他為「咸陽王」。

　　馮異對自己久握兵權，遠離朝廷，也不大心安，擔心被劉秀猜忌，於是一再上書，請求回到洛陽。劉秀對馮異的確也不大放心，可西北地方卻又離

不開馮異。為了解除馮異的顧慮，劉秀便把宋嵩告發他的密信送給馮異。這一招的確高明，既可解釋為對馮異深信不疑，又暗示了朝廷早有戒備。恩威並用，使馮異連忙上書自陳忠心。劉秀這才回書道：「將軍之於我，從公義上講是君臣，從私恩上講如父子，我還會對你猜忌嗎？你又何必擔心呢？」

說是不疑，其實還是疑的，有哪一個君主會對臣下真的信任不疑呢？尤其像樂羊、馮異這樣位高權重的大臣，更是國君懷疑的重點人物，他們對告密信的處理，只是做出一種姿態，表示不疑罷了，而真正的目的，還是給大臣一個暗示：我已經注視著你了，你不要輕舉妄動。既是拉攏，又是震懾，一箭又雕，手腕可謂高明。

上司和下屬之間很容易產生誤解，形成隔閡。一個有謀略的企業家，常常能以其巧妙的處理，顯示自己用人不疑的氣度，使得疑人不自疑，而會更加忠心的效力於自己。

當然，發現了下屬真的產生反叛之心，並非忠耿之士，那就要毅然採取果斷行動，將其剪除而後快。

不要以己度人

領導者在用人的問題上要走出用人的誤區，必須克服這樣一種偏見，即以己度人。這種領導者愛用自己的心理去猜度別人。自己跟人過不去，可他總覺得別人在跟自己過不去；自己好說東道西，可他總覺得是別人在說東道西，明明是自己愛占小便宜，但他總覺得別人是斤斤計較個人得失，如此等等。然而，在現實生活中，有些人在用人問題上，總喜歡「以己度人」、「以己觀人」。他們比較喜歡跟自己脾氣、秉性、興趣、專長相同的人在一起，而比較厭惡跟自己脾氣、秉性、興趣、專長不相一致的人。這就會影響他對人

才個性特性的正確認識，造成親近一些人，疏遠一些人，或重用一些人，嫌棄一些人。

在用人的問題上，勿以己度人，就是不要將別人不喜歡的東西，強加於人；不要因為別人不知道的，就去教導別人；自己喜歡做的事，不一定別人也喜歡去做；自己不愛做的工作，不一定別人也不愛做。

古人說：「君子成人之美，不成人之惡。」就說，君子成全別人的美事，不促成別人的壞事。在生活上有的人看人識人，就有點小人氣。如當別人學著做好事時，他卻認為是為了出風頭，追名利；當有人善意批評指出他的缺點時，他總認為提出批評的人是黃鼠狼給雞拜年，沒安好心；當有人見到家庭有困難的同志，願伸出友誼手想幫助解決問題時，另一些人總認為這舉動肯定是為了有朝一日有所報答。勸君莫要以小人之心度君子之腹，不要太神經質了！

第二十四計
攻心為上

情感投資見奇效

領導者要以情動人聚人才，才是優秀領導者應該做到的。以情打動人才的心，人才才能為你所用，領導魅力也深入下屬心中了。

（一）以情動人聚人才

現代商戰，說到底就是人才的較量。在人才就意味著財富的今天，人才流失一直是令領導者們大傷腦筋的問題。

領導者們要想能力強的得力助手和部下長期在自己公司工作，畢竟不是一件很容易的事。人才市場上眾多「獵頭公司」慣於以高薪加前途作為挖競爭對手牆角的武器。

因此，領導者們千方百計的想留住人才，近幾年，他們吸取了「士為知己者死」的古訓，對自己的員工進行情感投資。領導者們細心的透過關心體貼、人情世故、情感交流去努力贏得員工的心。

通常情況下，其員工在親情感動下，往往就會表示忠誠，安心工作，不思跳槽之事。

縱觀今日之商場，大凡業內成功人士，幾乎無一不是進行情感投資的高手。畢竟，領導者無論多麼足智多謀，他一個人的頭腦仍是遠遠不夠的，他還需要更多具有他那樣頭腦的人才。也只有如此，才能保證企業留住人才，從而在商戰中立於不敗之地。

(二) 情感投資並非百試百靈

某集團的大門前，原先按照員工們的意思要寫上「忠誠、勤奮、求實、奉獻」這八個字，但是該集團總經理想了想，決定把「忠誠」二字改為「真誠」。

他對全體員工是這樣說的：「我總覺得忠誠有封建色彩，不能表現人與人之間的平等關係。人是有感情的，需要平等和民主，也需要理解和信任。只有他們把自己當成主人，企業才能興旺發達，我想要在這家公司造就一種新的人際關係，要真誠待人、真誠經營，讓公司成為兄弟姐妹般和睦相處、溫馨友愛的大家庭。」

這不外乎是進行情感投資的宣言！聽得每一位員工心中都熱呼呼的。

總經理的情感投資並非僅限於口頭上，他不斷的以自己的行動來證明自己的這一信條。

一位員工的父親病故了，總經理派人幫助料理後事，還送去了生活補助費；一個司機大年三十去外地送貨，午夜才回來，大門一開，就見總經理

夫妻倆在寒風中親自迎接，為他端上餃子，問寒問暖，就像自己的親兄嫂似的。如此的情感投資恐怕連石人也會被感動。

公司在春節期間規定由四名主管值班。但是大年初一這一天卻有 40 多名員工不約而同來到工廠加班，不要分文報酬……

總經理對此非常自信，他感慨的說：「一個日本客戶對我說，在日本如果企業與家裡同時起火，日本員工會奮不顧身的去救公司的火，因為他們明白只有公司得救才能重建家園。我堅信我們集團員工也能這樣做。」

這就是商人樸素而又真誠的情感投資所帶來的自信和氣度。

但說起情感投資的花樣來，國外領導者們就更會推陳出新了。

據美國《讀者文摘》報導，有一位年輕的婦女第一天去公司上班，一進自己的辦公室，便發現桌上有一朵鮮豔欲滴的紅玫瑰，旁附一張精緻的小卡片，上面寫道：「歡迎妳加入我們的公司。從今往後，我們要像一個大家庭一樣和睦相處。」然後，下面是總經理的簽名。這位女職員倍受感動，按照小卡片的話努力工作，與人親善。二十年後，當她擔任這家公司的總經理時，每一位新來公司上班的員工也都能收到同樣的花和卡片。

有的外國公司甚至把公司職員的生日、愛好都全部輸入電腦，每逢一名職員過生日時，公司總會派專人按喜好獻上不同的生日禮物。

可以說，花樣不斷翻新的情感投資方式層出不窮，這種管理方式很是風靡了世界一陣子。

然而，是否情感投資都是那麼靈驗？

這個問題的答案當然是否定的。人是感情動物，但一些領導者，平時對員工毫無表示，即使在特殊關頭對下屬施以小恩小惠，也留不住明眼的人才。

有這樣一家私人企業，領導者非常器重一位會計小姐。然而，這位吝嗇

的領導者從來不像一些大的企業那樣主動替員工們辦保險，算資歷。有一天，這位能幹的會計小姐想跳入另一家大公司，這時，領導者非常著急，他一邊忙著允諾替她加二成薪資，並且，親自夜訪該員工的父母、兄弟，表達自己對她的器重、信任之情。然後，不久之後，那位會計小姐還是決定毅然離開。

她自己這樣說明離開的理由：首先這是一家規模很小的投資公司，發展前景並不太好；二是這位領導者生性吝嗇，處事猶豫，並不是真正從內心關心自己的員工；三是自己到大一些的企業去，不但可以拿到更高的薪水，學到更多的業務知識，而且大公司裡有一整套完備的人事管理措施，對於個人的發展很有好處。

可見，那位領導者的情感投資不僅做晚了，而且是應急性、虛偽性的東西，因而就留不住人才。

而這位員工跳槽時所考慮的因素絕非僅僅限於情感投資上。公司的發展前途、合理的人事管理制度、優秀的領導人物以及更高的薪水等等，都構成了人才流動的主要因素。

因此，我們有理由說，情感投資並非一顆能留住人才的靈丹妙藥，正確看待它，它才能充分發揮自身的效用。

（三）值得深思的情感投資方式

說老實話，如果把領導者們管理人才的辦法比作一塊蛋糕，那麼進行情感投資的方式頂多只能算是蛋糕上的櫻桃而已。

而真正能留住人才並讓員工心動的，是合理的利益分配政策，或者說，是能否做到合理取酬。

對於公司的員工而言，其實他們關心的不僅僅是公司的薪資標準有多

高，因為你給的薪資高，一定還有比你更高的。

　　一般人向來有「不患貧，而患不均」的習慣，因此，在一個公司內部，大家更關心的是在同一個團體內利益如何分配？並且，在這個團體內做得好與做得不好是否有差別？是否真正做到透過自己的（勞動）能力獲得自己的報酬？

　　從以上這些方面著眼，我們可以說，建立合理利益分配制度才是留住人才的關鍵。

　　因為，只要能夠建立一套吸引人才的體制自然就會有人才聚攏到你的大旗之下。而這是任何小恩小惠式的情感投資所無法比擬的。

　　但是，話又說回來，領導者們的情感投資方式仍是有其特定的效果的。至少，它有助於加強企業管理人員與員工之間的感情連結，促進人際關係的改善，增強企業內部的溫馨和睦氣氛。從這個意義上講，情感投資可以說是一種調整企業管理階層與員工之間關係的「潤滑劑」，雖然它不能從根本上解決一些基本問題，但它也為一個企業的團結向上發揮了重要的作用。

　　一些公司、企業的領導者往往只注重外部環境的公關、策劃，往往忽視了企業的內部管理，更鮮有人大膽使用情感投資方式。否則，就有可能被稱之為「籠絡人心，玩弄手腕」。

　　重視人際關係一直是一種傳統習慣，尤其是民間風俗有不少都滲透著濃濃的人情味。然而，情感投資方式這種深蘊人情味的東西沒有好好發揚光大，但在日本，它卻是一株被成功移植的異域奇葩。這是值得我們深思的事。

　　此外，與人才發展的需求相背離，領導們的情感投資在一定程度上也隱含著一些自私自利的成分。

　　譬如，假如跳槽到了別家公司的那個 A 君被東家施以種種情感投資方

式的話，那以，無疑 A 君這個能創造幾百萬無產值的人才一年頂多只能為自己創造的 50 萬元那點業績而沾沾自喜。從這個意義上說，情感投資固然有利於鞏固企業的穩定、人才的穩定，但是，對於某些優秀的人才而言，有時它往往限制了他們向更高層次發展的機會，在一定意義上，也造成了人才的浪費。

而上述例子中，那位會計小姐就沒有囿於領導者的情感投資，大膽的選擇了更有利於個人發展的一條道路。

對此，我們不禁沉思：既然人才流動與企業的發展和個人的發展存在著一定的矛盾，那麼，我們應當選擇什麼樣的人才管理體制來解決這個問題。

這要求我們必須以全方位的眼光來看待這個問題。

無疑，人才的流動不能夠以圈住現有人才的方法來解決問題，情感投資的方式在一定程度上就沒能走出這個「誤區」。

立體的看，單一的人才流動也許會對一個企業建設的層面有一些影響，但從整個團隊而言，一套穩定發展的人才機制才是保證企業健康、穩定發展的根基。

「流水不腐，戶樞不蠹」，流動的人才機制才是合理的機制。

我們不可能熬費苦心的試遍所有情感投資的方式去留住人才，那只是捨本逐末的作法。真正要留住人才的作法必須是建立一套吸引人才的體制，唯有如此，領導者們的情感投資方式才能百試百靈。

從小處做起

假如你是一位統率千軍萬馬的大元帥，你會過問每一個士卒的飢寒冷暖嗎？

事實上，這是根本不可能的。

但是，你可以適時、適當的參與一些仔細入微的工作事務，這是對你有益而無害的。如果你總是擺出一副官架子，遇到一些事就滿臉的不高興，不屑於做或者根本不情願去做小事，那麼，你的下屬或同事會對你產生成見的。

在處理一些小事上，你做的效果不佳，或不完美，下屬們也會輕視、譏笑於你。認為像你這樣連一點小事都不想做，或者連一點小事都做不成的人，又如何做得了大事情呢？你的信譽會受到威脅。

況且有一些小事，你作為領導者，必須努力去做到。

例如，你的下屬得了一場大病，請了半個多月的病假在家養病，今天，他恢復健康，頭一天來辦公室上班，難道你對他的到來會面無表情，麻木不仁，不加半句客套，沒有真誠的問候話語嗎？

再比如，你同室的一位年輕人找到了一位伴侶，不久要喜結良緣，或者這位年輕人在工作上獲得了突出成就，為本部門做出了傑出的貢獻，難道你就不冷不熱、無動於衷的不加一聲祝賀稱讚的話語嗎？

這些小事足可以折射出領導者特質的整體風貌，大家會透過一些雞毛蒜皮的小事，去衡量你，評判你。

小事往往是成就大事的基石，這兩者之間是相互連結，相互影響，相輔相承的。領導者要善於處理好這兩方面的關係，使兩者相得益彰。

如果領導者能在許多看似平凡的時刻，勤於在細小的事情上與下屬溝通感情，經常用「毛毛細雨」去灌溉員工的心靈，下屬會像禾苗一樣生機勃勃，水水靈靈，茁壯成長，最終必須結出豐碩的果實。

領導者要為手下攬錯

領導者賦予下屬重大責任，在激發士氣上非常有效，但並不是說將責任都推給下屬後，領導者就可以逃避責任。當下屬在工作中失敗，或發生內外糾紛時，領導者絕不能以「這是你做的事，你要負責」為藉口，將其置之不理。

相反，也有些領導者會將下屬的實績，全都當作是自己的功勞，或是在和下屬一起工作之初，對下屬的提議持反對意見，但事成後，卻又誇耀自己很有本事，這些作法都會打擊下屬的士氣。

一旦下屬對領導者產生不信任感，提出提案或從旁協助的意願也就消失了。

人都希望被讚美，即使是領導者要求下屬交提案，如果你能稱讚下屬的提案很好，那麼下屬也會有「受主管賞識」的感動，因而更加努力工作。

逃避責任和搶功爭賞，都不是領導者應該做的事。

有人認為在這競爭激烈、人情淡薄的社會中，那些提拔下屬的老實人，永遠沒辦法出頭。的確，短期內那些利用別人來獲取名利的人是勝利者，但就長遠的眼光來看，這種人註定要失敗。

人的一生總有起伏，欺壓別人，利用別人來晉升的人，如果在遇到逆境時，一定會得到報應，當初那些被利用的下屬，也不會伸出援手來幫忙的。

下屬對領導者的一切，其實都觀察入微。在緊急的時候下屬是否會出手相助？或是藉機扯後腿？這都有賴於領導者平時的表現。

不要忘記！今天對別人所做的一切，在將來必定會同樣的發生在自己身上。

雖然領導者必須積極去發掘下屬的工作熱忱，但是「不打擊下屬士氣」，

才是更重要的事情。

關鍵是行動

領導者讚揚下屬是為了更好的調動其積極性、激發職員的熱情和幹勁，光會說一些漂亮話是不夠的。配合實際行動，不失時機的顯示你的關心和體貼，無疑是對下屬的最高讚賞，這種方法可以在下列場合中收到最好的效果。

（一）記住下屬的生日，在他生日時向他祝賀

現代人都習慣祝賀生日，生日這一天，一般都是家人或知心朋友在一起慶祝，聰明的領導者則會「見縫插針」，使自己成為慶祝的一員。有些領導者慣用此招，每次都能給下屬留下難忘的印象。或許下屬當時體會不出來，而一旦換了領導者有了差異，他自然而然的會想到你。

給下屬慶祝生日，可以發點獎金、買個蛋糕、請頓飯、甚至送一束花，效果都很好，乘機獻上幾句讚揚和助興的話，更能產生錦上添花的效果。

（二）下屬住院時，領導者一定要親自探望

一位普普通通的下屬住院了，領導者親自去探望時，說出了心裡話：「平時你在的時候感覺不出來你做了多少貢獻，現在沒有你在公司裡，就感覺工作沒了頭緒、慌了手腳。安心把病養好！」

有的領導者就不重視探望下屬，其實下屬此時是「身在曹營心在漢」，雖然住在醫院裡，卻惦記著領導者是否會來看看自己，如果領導者不來，對他來講簡直是不亞於一次打擊，不免會嘀咕：「平時我做了好事他只會沒心沒肺

的假裝表揚一番，現在我死了他也不會放在心上，真是卸磨殺驢，沒良心的傢伙！」

（三）關心下屬的家庭和生活

家庭幸福和睦、生活寬鬆富裕無疑是下屬做好工作的保障。如果下屬家裡出了事情，或者生活很拮据，領導者卻視而不見，那麼對下屬再好的讚美也無異於假惺惺。

有一家公司，職員和領導者大部分都是單身漢或家在外地，就是這些人憑滿腔熱情和辛勤的努力把公司經營得很好。該公司的領導者很高興也很滿意，他們沒有限於滔滔不絕、唾沫星飛的口頭表揚，而是注意到員工們沒有條件在家做飯，吃飯很不方便的困難，就自辦了一個小食堂，解決了員工的後顧之憂。

當員工們吃著公司小食堂美味的飯菜時，能不意識到這是領導者為他們著想嗎？能不感激領導者的愛護和關心嗎？

（四）抓住歡迎和送別的機會表達對下屬的讚美

調換下屬是常常碰到的事情，粗心的領導者總認為不就是來個新手或走個老部下嗎？來去自由，願來就來，願走就走。這種想法很不可取。

善於體貼和關心下屬的領導者與口頭上的「巨人」做法也截然不同。當下屬來報到上班的第一天，口頭上的「巨人」也會過來招呼一下：

「小陳，你是某大學的高材生，來我們這裡虧待不了你，好好把辦公用具整理一下準備上馬！」

而聰明的領導者則會悄悄的把新下屬的辦公桌椅和其他用具整理好，而後才說：

「小陳，大家都很歡迎你來和我們同甘共苦，辦公用品都幫你準備齊全

了，你看看還需要什麼儘管提出來。」

同樣的歡迎，一個空洞無物，華而不實；另一個卻沒有任何恭維之詞，但領導者的欣賞早已落實在無聲的行動上，孰高孰低一目了然。

下屬調走也是一樣，彼此相處已久，疙疙瘩瘩的事肯定不少，此時用語言表達領導者的挽留之情很不到位，也不恰當。而沒走的下屬又都在眼睜睜的看著要走的下屬，心裡不免想著或許自己也有這麼一天，領導者是怎樣評價他呢？此時領導者如果高明，不妨做一兩件讓對方滿意的事情以表達惜別之情。

要以人為本

在領導者眼中，下屬是人還是機器？這個問題直接關係到領導者採取哪一種管理方式並能獲得怎樣的效果。

對此大多數領導者和主管的答案都傾向於前者，畢竟以人為本的概念已深入到這些企業管理者的心裡了；但是也有一部分例外。

有的主管認為下屬像一部機器，開動它的時候，要它什麼時候停就什麼時候停，絕對沒有一點商量的餘地。有這種想法的主管，不能得到下屬的受戴。另一方面，下屬長期處於緊張狀態，對於工作特質及效率均無好處。

也許那些主管說得對，人好像一部機器，但他們卻忽略了機器也需要休息的原理。機器不能在室溫不適當的環境下操作，機器亦需要加油，更需要在適當的時間停下來，否則機件過熱，影響操作。如果上述的主管如機器的話，就更要懂得在適當的時候，讓員工得到休息。在一間公司的員工辦公室，氣氛猶如停屍間，既靜且冷。一位在該處工作的朋友稱，公司有規定：員工在辦公室時間不得交談非公事的話，去洗手間必須往接待處取鎖匙，茶

水間外駐有一位員工，登記往該處喝水的人。

換句話說，一到辦公時間，本來言笑歡歡的同事，得立刻換上冰冷的面孔，整個人猶如被公司買下來似的，沒有絲毫的私人尊嚴。可笑的是，這間公司的業績並不見得突出，員工流動量亦很大。大部分辭工不做的員工，都認為那間公司沒有人情味，甚至做上十年以上的人，當離開公司時，亦沒一點留戀。

那間公司最失敗之處，就是忽略了人性的生理機制。

人和機器的區別在於：人有感情、自尊等精神因素，而機器則沒有；所以那些把下屬當做機器一樣管理，使用的領導方式已註定了失敗！

而只有以人為本，才是最妥善的管理方式。

情感投資更有效

領導對下屬的情感投資，總是能帶來豐厚的回報 —— 正所謂「我敬你一尺，你還我一丈」。人是有感情的動物，不能強要下屬公私分明，一切私人情感均不帶進辦公室，更不要期望每一位下屬都是硬漢或鐵娘子，他們都需要別人的關懷。

一位上司發覺他的祕書愁眉苦臉，要她倒杯奶茶，她卻送來一杯咖啡，又將客戶的名稱忘了。上司問她是否身體不適，建議她回家休息；祕書道歉並稱沒事。

情況持續了一星期，上司忍無可忍，輕責了她幾句。不久，上司從她平日最投機的同事口中，得知祕書原來失戀，與相戀多年的男友分手了。

上司很同情她，但是他認為私人情感影響工作，仍是不能縱容的。他要祕書放一段假，並向職業介紹所僱來一位臨時工。那位祕書竟在休假期間跳

樓自殺了，除了申訴感情失落外，其中一項是工作不如意。

實際上，一個感情受打擊的人，很容易誤解別人的意思，所以往往會出現「禍不單行」的情況，遇到一連串不如意的事。

下屬滿懷心事，未必是因為工作不如意或身體不適，有可能是被外在因素影響的。例如至親的病故、家庭糾紛、經濟陷於困境、愛情問題等，都會使一個人的情緒波動。作為上司者，應予以體諒，並就下屬某方面的良好表現加以讚賞，使他覺得自己的遭遇並非那麼糟。

不過，有些下屬非常情緒化，很瑣碎的事情都顯得不安。如果三天兩日要安慰他，未免多此一舉。最適當的做法是以長輩或過來人的身分，教他凡事別太執著，使其心情平靜下來，重新投入工作中。

某些時候，情感投資甚至比金錢投資更有效。

用籠絡代替斥責

既然下屬是人而不是機器，那麼籠絡他們要遠比苛責他們或對他們漠不關心要更能打動他們的心。

不少人抱怨自己員工的流失率高，對公司的發展影響太大。究竟原因，就在於員工對公司缺乏歸屬感，終日想跳槽他去。員工歸屬感低的公司，至少會有下列問題：

（一）浪費培訓資源。

（二）員工適應耗時，效率偏低。

（三）對公司聲譽有影響。

（四）主管的管理才能受質疑。

這樣的公司應當形成完善的制度，使員工樂於付出，全心全意的為公司

帶來更佳的發展。影響員工歸屬感的原因：

（一）上司情緒化，動輒以降職或解僱威脅下屬。

（二）人際關係不佳。

（三）上司偏袒某些下屬，令其他人感到不公平。

（四）儘管多麼努力，也得不到上司的認同或讚賞。

（五）前景不明朗，公司經濟經常陷於困難。

（六）諸多限制，下屬不能暢所欲言及盡展所長。

以一天工作八小時計算，人生有三分之一的時間就用在工作中。如果工作不愜意，不是三分之一的人生活在不快樂中，而是除了睡眠時間外，所有時間都感到不快樂。有些較敏感的人甚至會出現失眠現象，足見一份愜意的工作，對人生起著何其重要的影響。

用籠絡代替斥責，能讓你跟下屬打成一片，他們也更樂意為效勞，共同為提高企業的競爭力而忘我工作。

美國著名喜劇大師卓別林在《摩登時代》這部電影中深刻的諷刺了工人像機器一樣工作的場景，其意味是工人首先是有生命的人，而不是無生命的機器。把下屬當機器的領導者，工作業績只越來越糟。因為每一個下屬都被他視為沒有思想、沒有情感的勞動工具，這樣下屬就會產生心理抗拒，影響工作特質。因此，企業領導者千萬不能把下屬當成冷冰冰的工作機器，而應讓他們感受到「以人為本」的管理思想，加強主人翁意識。一個好的企業應當是「思想庫」，而不是「冰窰」。

第二十五計
論功行賞

獎勵方式要科學

領導者巧妙動用獎勵的招數，選擇恰當的獎勵方式比增加獎金的數量更能激發員工的積極性。科學的獎勵方法應該具有：

（一）具體性。即對具體的人和工作獎賞，應使人們明白為何得獎，怎麼才能獲獎。

（二）及時性。什麼時候做出成績就什麼時候給獎，這樣能因管理者經常關心自己的工作而激發出持久的工作熱情。

（三）廣泛性。獲重獎的人畢竟是少數。大獎常常會成為政治性的，而且會使大批認為自己應該得而沒有得到的人感到喪氣。小規模的象徵性的獎勵是積極的慶功表彰目標，而不是政治爭鬥的焦點，

這也許可以解釋少數模範人物易感「孤獨」的原因。

（四）經常性。定期的獎勵往往會失去作用，因為人們可對它做出預測。不可預期的間歇性的獎勵效果更佳，人們為了經常得到獎勵就得經常努力工作。

（五）關心性。純物質刺激，其作用終難持久，而當管理者用寶貴時間關心下屬，它應成為強有力的手段，關心比獎勵本身更為重要，這也就是常說的更有「人情味」。

（六）多樣性。物質獎勵以外還應有精神獎勵，如給予榮譽稱號，承認人的個性、自立性，給創新工作予以保護，提拔擔任更重要的工作，給機會深造等等。

（七）公開性。獎勵應是獎一個帶一批，而祕密給獎（如紅包）易產生神祕感，增加相互間的猜疑，影響工作的積極性和團結，並且獲獎者不能做橫向比較，只能做自我縱向比較，不易造成力爭上游的氣氛。

（八）合理性。論功行賞，功大獎高，功小獎低，有大貢獻的給予重獎，這樣能鼓勵人們盡力作出更大的貢獻。如果獎勵不當，小功大獎，大功小獎，倒不如無獎。

獎勵方式的講究

下屬工作勤懇賣力，使你的企業蒸蒸日上；下屬為你的事業做出了突出貢獻，那麼作為領導者，你千萬不要吝惜自己的腰包，要不失時機的給予他們金錢獎勵，讓他們感覺到自己的努力沒有白費，多付出一滴汗水就會多一分收穫。

獎勵可分明獎及暗獎。一般企業大多實行明獎，大家評獎，當眾評獎。

明獎的好處在於可樹立榜樣，激發大多數人的上進心。但它也有缺點，由於大家評獎，面子上過不去，於是最後輪流得獎，獎金也成了「大鍋飯」了。

同時，由於當眾發獎容易產生嫉妒，為了平息嫉妒，得獎者就要按慣例請客，有時不但沒有多得，反而倒貼，最後使獎金失去了吸引力。

外國企業大多實行暗獎，老闆認為誰工作積極，就在薪資袋裡加錢或另給「紅包」，然後發一張紙說明獎勵的理由。

暗獎對其他人不會產生刺激，但可以對受獎人產生刺激。沒有受獎的人也不會嫉妒，因為誰也不知道誰得了獎勵，得了多少。

其實有時候領導者在每個人的薪資袋裡都加了同樣的錢，可是每個人都認為只有自己受了特殊的獎勵，結果下個月大家都很努力，爭取下個月的獎金。

鑑於明獎和暗獎各有優劣，所以不宜偏執一方，應兩者兼用，各取所長。

比較好的方法是大獎用明獎，小獎用暗獎。例如年終獎金、發明建議獎等用明獎方式。因為這不易輪流得獎，而且發明建議有據可查，無法吃「大鍋飯」。月獎、季獎等宜用暗獎，可以真真實實的發揮刺激作用。

精神獎勵不可少

業務菁英做出一些令領導者引以為榮的事情，這時領導者應及時給他們喝彩帶動業務菁英的積極性，讓他們更加努力和做好每件工作。否則，業務菁英的努力得不到領導者的讚美，那麼他們還會努力為你工作嗎？你還有什

麼成績可談？上司又會對你有什麼樣的看法呢？

美國的一家公司是發展迅速、生意興隆的大公司。這個公司辦有一份深受業務菁英歡迎的刊物《喝彩·喝彩》。《喝彩·喝彩》每月都要透過提名和刊登照片對工作出色的員工進行表揚。

這個公司每年的慶功會更是新穎別致：受表彰的業務菁英於每年 8 月來到科羅拉多州的維爾，在熱烈的氣氛中，100 名受表彰的業務菁英坐著直升機來到山頂，領獎儀式在山頂舉行，慶功會簡直就是一次狂歡慶典。然後，在整個公司播放攝影師從頭到尾攝下的慶功會全過程。工作出色的業務菁英是這種開心和熱鬧的場面中的中心人物，他們受到大家的喝彩，從而也激勵和鼓舞全體業務菁英奮發向上。

美國一家紡織廠激勵業務菁英的方式也很獨特。這家工廠原來準備替女工買些價錢較貴的椅子放在工作臺旁休息用。後來，領導者想出了一個新花樣：規定如果有人超過了每小時的生產定額，則她將在一個月裡贏得椅子。獎勵椅子的方式也很別致：工廠領導者將椅子拿到辦公室，請贏得椅子的女工進來坐在椅子上，然後，在大家的掌聲中，領導者將她推回廠房。

美國的一些企業，就是這樣以多種形式的表揚和豐富多彩的慶祝活動，來激發業務菁英的積極性和創造精神。

這兩家企業都能注重運用榮譽激勵的方式，進一步激發業務菁英的工作熱情、創造性和革新精神，從而大大提高了工作的績效。榮譽激勵，這是根據人們希望得到社會或團體尊重的心理需求，對於那些為社會、為團體、為企業做出突出貢獻的人，給予一定的榮譽，並將這種榮譽以特定的形式固定下來。這既可以使榮譽獲得者經常以這種榮譽鞭策自己，又可以為其他人樹立學習的榜樣和奮鬥的目標。因而榮譽激勵具有龐大的社會感召力影響力，能使企業具有凝聚力、向心力。

凡是有作為的領導者無不善於運用這種手段激發其部屬的工作熱情和鬥志，為實現特定的領導目標而做出自己的貢獻。

擢升最有效

擢升，是對員工卓越表現最具體、最有價值的肯定方式和獎勵方式。擢升得當，可以產生積極的導向作用，培養向優秀員工看齊和積極向上的企業精神，激勵全體員工的士氣。因此，領導者在決定擢升員工時，要做最周詳的考慮，以確保人選的合適。擢升還應講求原則，不能憑個人的喜好而濫用領導大權。

什麼是擢升依據呢？一定要根據他過去工作業績的好壞，這是最重要的擢升依據，其餘條件全是次要的。因為一個人在前一工作職位上表現的好壞，是可以用來預測他將來表現的指標。切忌根據人的個性、你是否喜歡他的性格作為擢升。擢升不是利用他的個性，而是為發揮他的才能。這也是最公正的辦法，不但能堵眾人之口，服眾人之心，而且能堵住後門，讓眾多「閒言閒語」失效，避免陷於員工間的勾心鬥角。

這個道理雖然簡單明瞭，可是許多人往往做不到，主要是因為跟著感覺走，被表面現象欺騙，以致失去了判斷力。很多時候，擢升一個員工往往是因為他與主管脾氣相投，主管喜歡他的性格。比如主管是快刀斬亂麻的人，他就願意擢升那些乾脆俐落的員工；主管是個十分穩當、凡事慢三拍的人，就樂意擢升性格審慎小心、謹慎萬分的員工；主管是個心直口快的人，他就不提升那些說話婉轉、講策略的人；主管是愛出風頭、講排場、好面子的人，就不喜歡那些踏實的人。這是一個誤區。另外還有一點，主管普遍喜歡擢升性格溫順，老實聽話的員工，對性格倔強，獨立意識較強的員工不感興趣。

這樣提升的結果，很可能用人失當。被擢升者很聽話，投主管脾氣，也「精明幹練」，工作卻做不出成績，而且浪費了一批人才，一些性格不合主管意而又有真才實學的人卻報效無門。

　　主管在擢升員工時，千萬要記住：不管你喜歡他的個性也好，不喜歡也好；也不管他個性乘戾、孤僻也好，溫順柔和也好，都不必過多的考慮，要把注意力集中在他們以前的工作業績上，誰的工作實績好，誰就是擢升的候選人。

第二十六計
鐵腕治眾

慈不掌兵

懲處措施是企業家堅持原則、確立強有力的當家人形象的重要手段。能否採取必要的懲處措施，直接關係到企業家魅力形象的確立。

古語說得好：「慈不掌兵。」人的水準是參差不齊的。每個企業都有水準較差的人，或者成績平平甚至起反面作用的人。這些人也許有的很有背景，有的是個難搞的人，有的甚至與企業家還是親屬。但是他們犯了錯，員工看在眼裡，企業家的形象便受到嚴峻的考驗。如果你採取果斷措施懲處了他，那麼威信很快便樹立起來。如果你優柔寡斷，猶猶豫豫，那麼你用幾年才確立的形象可能將大大貶值，甚至會毀於一旦。

企業家強有力的形象是透過懲處等措施建立起來的。沒有懲處便沒有

管理，該處分的人不處分，該懲戒的不懲戒，難搞的人不修理，賴皮不治治，企業家會被人們視為軟弱，沒有力量。長期下去，其形象便將受到極大的損害。

企業家一定要透過適當的懲處措施來加強對員工的管理，確立強有力的當家人形象。只有這樣，令出才能行，有禁才能止，上下才能齊心，一起走向成功的彼岸。

火焰法則

對違反規章制度的人進行懲罰，必須照章辦事，該罰一定罰，該罰多少即罰多少，來不得半點仁慈和寬厚。這是樹立領導者權威的必要手段，西方管理學家將這種懲罰原則稱之為「火焰法則」，十分形象的道出了它的內涵。

「火焰法則」認為，當下屬在工作中違反了規章制度，就像去碰觸一個紅紅的火焰，一定要讓他受到「燙」的處罰。這種處罰的特點在於：

（一）即刻性：當你一碰到火焰時，立即就會被燙。

（二）預先示警性：火焰是紅的，擺在那裡的，你知道碰觸則會被燙。

（三）適用於任何人：火焰對人不分貴賤親疏，一律平等。

（四）徹底貫徹性：火焰對人絕對「說到做到」不是嚇唬人的。

當領導者必須具備硬手段，並且實施起來堅決果斷。懲罰雖然會使人痛苦一時，但絕對必要。如果執行懲罰之時優柔寡斷，瞻前顧後，就會失去它們應有的效力。

引而不發

　　部下犯了錯誤或造成失誤，當然要追究責任，要批評、處分、甚至撤職。但在事情和責任沒有搞清楚之前，千萬不要急於處理。如果處理錯了或重了，傷了感情，事情就很難挽回了。你如果還沒有處理，那麼主動權就掌握在你的手裡，想什麼時候處理就什麼時候處理。如果你處理得好，不僅不會傷部下的感情，反而會贏得部下的心，使其成為你的忠實擁護者。

　　某企業的情報科長因提供了錯誤的市場訊息導致企業領導決策的失誤，造成企業重大損失。對於這樣嚴重的錯誤，總經理完全可以將情報科長撤職。

　　這位總經理並沒有急於做出處理，他分析了兩種可能：一是這位情報科長本身不稱職，不宜於再繼續擔任這個職務，另一種可能是「好馬失蹄」，由於一時大意而出現判斷錯誤。如果是後者，那麼將他撤職就會毀掉一個人才。總經理進一步考慮到，目前還找不到一個更適合的人選頂替情報科長的職務，一旦將他撤職將會影響工作。

　　於是他把情報科長找來，告訴他自己將要對這一錯誤做出處理，但具體如何處理沒有明確告知。事情就這樣拖下來了。

　　在這段時間裡，情報科長為挽回錯誤一直兢兢業業的工作，多次提供了很有價值的資訊，為企業的決策做出了貢獻，同時用事實證明他做這項工作是稱職的，上次的失誤是意外情況。不久，總經理再次將情報科長叫去，對他說，由於他的貢獻本來準備給予嘉獎，但因為上次失誤還未處理，故將功抵過，既不嘉獎，也不處分，既不升也不降。這種處理方法的效果無疑是最好的，既沒有影響工作，同時又令情報科長以及其他員工心服口服。

　　在整個過程中，主動權始終掌握在總經理手裡，雖然他沒有馬上將情報

科長撤職，但只要找到合適的代替人選，他隨時可以這樣做，同時他又透過這段時間考察了情報科長，避免了倉促決策，誤傷人才。

另外，他還等到了處理問題的絕好時機，即情報科長立功，功過抵消的處理使情報科長打心眼裡感激總經理對他的關照和信任，同時又沒有姑息錯誤，實踐了自己要處理情報科長的諾言，其他員工也透過這件事的處理對總經理深為佩服。

總之，在處理這件事的過程中，這位總經理彎弓搭矢，引而不發，處處主動。箭在弦，則隨時可發，箭出弦則一發而不可收。所以「引而不發」不失為一種處事妙招。

打人不揭短

一般說來，人們並不喜歡揭人瘡疤。生來就喜歡揭人瘡疤的人是少數。但在情緒不好的時候，暴怒的時候，可就難說了。尤其是領導者，因為人事資料在握，對別人的過去知道得一清二楚，怒從心頭起難免出口不遜，說些諸如「你不要以為過去的事情沒人知道」之類的話。對於今天該指責的事項，引用過去的事例是不適當的。只有當過去的例子可以作為追究事理原因的資源時，才可以把它拿出來。

如果牽扯到人的問題，感情的問題，那麼別人就會產生這樣的心理：「都已經過去的事情了，現在還抓住不放，真太過分了。在這種主管手下工作，只怕是一輩子也不會有出頭之日了。」

揭了瘡疤，除了讓人勾起一段不愉快的回憶外，於事無補。這不僅會叫被揭瘡疤的人寒心，旁人一定也不大舒服。因為瘡疤人人會有，只是大小不同。見到同事鮮血濃淋的瘡疤，只要不是幸災樂禍的人，都會有「兔死狐

悲，物傷其類」的感覺。

「並不是我喜歡揭人瘡疤，而是他的態度實在太惡劣，一點悔過的意思都沒有。我這才忍不住翻起舊帳來的。」有的領導者辯解說。

這並不是不能理解的。如果有必要指責其態度時，只要針對他的惡劣態度加以警戒即可。每次針對一件事比較能收到好效果。集中許多事時，目標分散了，被批評的人反而印象不深。調查顯示：凡是喜歡翻舊帳的領導者，也喜歡把今天的事情向後拖延。這種拖延的人，指責下屬也不乾脆。他不能迅速解決問題，就會將各種問題、包括某人過去犯的錯誤累積起來，不知什麼時候又提出來，完全失去了時間性，這是很笨拙的做法。

企業中的各種事務都要有個完結，這很重要。過去的事已經過去，我們應該努力把現在的事情做好。沒有「今日事今日畢」的好習慣，把現在事拖到將來，那麼，在將來的日子裡，你就得不停的翻舊帳。這是惡性循環，辦事越拖，舊帳越多，舊帳越多，辦事越拖。

領導者要杜絕揭人瘡疤的行為，除了要知曉利害，學會自我控制外，還須養成及時處理問題的習慣。不要把事情擱置起來，每個問題都適時解決，有了結論，以後也就不要再舊事重提，再翻老帳。

常言道：清官難斷家務事。許多人常常只因聽對方提起一件小事或對方多說一句話，便怒火中燒，爭執越演越烈。夫妻吵架越來越激烈的原因，往往也是互揭對方的瘡疤。例如一方口無遮攔的脫口說出：「你過去做了……」，此話一出口，情況便無法收拾了。

為什麼舊事重提會引起對方如此的反感和憤怒呢？其實不只是夫婦之間，一般人亦然，事過境遷之後，總認為自己已得到對方的寬恕，相信對方必然將過去的事忘了，並從此信任對方。所以，當對方重提舊事時，內心自然憤怒至極，認為原來他只是裝作忘記，事實上他仍記掛在心！如此一來，

不但從此不再相信對方，且可能因此而形同陌路。

此種心理也可運用在指揮下屬的情形中。當上司對下屬說「你的毛病又犯了」，相信下屬必定感到相當反感。須知上司如果經常重提往事，下屬必認為自己的上司就像「祕密警察」一樣。從此以後，也許再也不願向上司傾訴自己的真正想法了。

雖然有很多現實的情況，必須以責備的方式來教導下屬，但請切記，絕對禁止再去揭舊的瘡疤。

打掉搗蛋分子

作為企業領導者，工作中常常有這樣不幸的時刻：你「不小心」碰上了一個搗蛋分子。

更不幸的是，這個搗蛋分子恰好是你的下屬之一。

當你知道了根據什麼去鑑別一個人是否是個成問題的人的時候，你就很容易確定誰是個成問題的人。為了妨礙你的工作，他必須破壞你的生產，你的銷售，或者你的利潤，在這種情況下，所有需要你去做的只是問自己三個簡單的問題，如果你對其中的任何一個問題都不能給予肯定的回答，那他就不是一個成問題的人，你還得到別的地方去尋找：

（一）他做的工作是否低於你所要求的標準？

這個人的工作在特質上和在數量上是否低於你所能接受的標準？他的工作數量是否低於他每天應該完成的數量？他的特質不合格的產品是否比別人的多？他每週的銷售量是否比別的推銷員的銷售量少得多？這個人有沒有按照你為他建立的規章制度工作而自己另行一套？如若是這樣的話，那他就是

在花你的錢，他對你來說肯定是一個成問題的人。

（二）他是否妨礙別人工作？

這個人是否是惱怒者干擾的主源？你是否經常發現他在員工之中製造混亂？他是否干擾別人工作？他的特質和數量是否日漸下降？他是否影響其他部門的工作進展？他是否由於自己馬馬虎虎的工作影響同事們的上進心？如果是這樣，那這個人就確定無疑是一個成問題的人，他不僅會妨礙你的工作，也會妨礙別人的工作。

（三）他是否會對整個團體造成損害？

任何一個團體的聲譽都會因為它有一個成員的不體面的行為受到損害，他可以透過自己的言行在這個團體的其他成員之中製造永無休止的混亂或者把他們推到混亂的邊緣。例如，一個體操隊在表演的時候，如果有一個隊員出了邊界，他就會給整個體操隊造成損失。一個愛惹麻煩的推銷代表能給整個公司帶來不好的名聲。如果你手下的什麼人工作無所用心，沒有任何責任感，經常使你叫苦，有時還不得不取消命令，甚至失去老主顧，你能對這樣的人掉以輕心嗎？

綜上所述，為了迅速確定一個事實上是否給你惹了麻煩，你可以向自己提出如下三個問題：

（一）他做的工作是否低於你確定的標準？

（二）他是否妨礙別人的工作？

（三）他是否給整個團體造成損失或者帶來麻煩。

如果你對其中任何一個問題的回答是肯定的，那就說明你已經碰上了一個成問題的人。

如何才能解決這個搗蛋分子？這個問題，應留給你自己來回答。

揪出搗蛋分子

在你準備管教那些愛搗亂的下屬之前，先要把他們和其他安分守己的下屬區別開來。鑑別誰才是給你製造麻煩的人，然後才能考慮去對付他們。

首先，也是最重要的一點，你應該知道怎樣確定一個人是否是一個可能造成麻煩的人。有些人不同意我的這種基本看法。他們認為不能墨守成規者、不能按照大多數人的樣子去說話、思維或者做事的人，都應該屬於難對付的人之列，還有的人認為留長頭髮、蓄長鬍鬚的人就是難對付的人。

現在你應該明白了，一個人的習慣、信仰，或者有什麼怪癖，與會不會給你帶來管理上的麻煩是沒有關係的。正像美國管理大師所說：「如果一個人的舞步沒有與他的同伴們保持一致，恐怕他是在聽一個不同的鼓手的鼓點在跳，那就讓他伴著他聽到的音樂節奏跳吧，不會太出格的。」

不管別人對一個人有什麼說法，為了確定一個人是不是難以管理的人，你只須回答一個問題：這個人能不能給你造成某種麻煩或者損害？如果能，他就是一個有問題的人，你就應該想辦法改變這種潛在的威脅。如果他不能造成任何損害或帶來任何麻煩，不管他的外觀是什麼樣，也不管他的穿戴是什麼樣，更不用管他有什麼個人習慣，對你來說他絕對不會是一個成問題的人，對於這種人你也用不著操太多的心。

不能因為一個人染紅頭髮、穿短裙子、吸菸、刺青，就對他抱有成見，也就是說不能用自己的好惡判斷一個人，那樣會誤導你，更不能拿你自己的對與錯的標準去判斷所有的人。

當你理解了什麼是成問題的人這個簡單的概念以後，實際上你也就掌握了對付成問題的人的具體辦法，甚至你在處理這方面的事情時要比在各個企業中專門從事管理工作的人還要高明得多。

愛搗亂的下屬並不都是流裡流氣、不修邊幅，對此你一定要留意。

指責要有正當的理由

指責下屬，有時可以提高領導者的聲望，有時，反會喪失領導者的威嚴。為了督促下屬達成企業目標，指責是難免的，但必須要考慮到正反兩方面的效果。

職員小黃桀驁不馴，什麼事情都搶著發表意見，對同僚說話毫不客氣，十分尖銳，所以很不受同仁歡迎。大家都希望找個機會整整他，出出他的洋相。

一向看不慣小黃的年輕科長了解到大家的情緒，故意派給小黃一個棘手任務，再找出他的不足之處，當眾斥責了一頓。小黃根本不知道自己為什麼會挨罵，委屈的接受了。

年輕科長有意在眾人面前顯示領導者的權威，雖然指責的對象是小黃，眼睛卻停在眾人身上，顯露出一種示威的意思：「你們看到了吧，連小黃都被我指責得不敢抬頭了，何況你們？」起初，眾人很興奮，頗為得意，漸漸明白了上司的用意，就產生了反感，並不再繼續觀看。年輕科長若能見好就收，到此為止，尚可保持斥責的價值。若為盡情的發揮威嚴，罵個不停，則小黃很可能因無法忍受而萌生反抗的念頭和動作。這時，火爆的場面就不可避免了。眾人目睹此景，會有一種微妙的轉變，原先對小黃的討厭化作了同情。

還有多種原因促使領導者藉故指責下屬，目的就是藉此來維護自己的名譽和威信。

這當然是領導者的一廂情願。不要說莫名其妙的被指責的人記恨你，旁

人也會因為你不講道理的指責人而輕視你。說不定還會有人背後罵你神經病哩。靠這種方法顧全自己的聲望,效果往往適得其反。

指責必須要有正當的理由,該指責的才指責。要想顧全己譽,就要多做光明正大的事。

好虎不得罪一群狼

領導者常會遇到這種情況,大多數人犯錯誤,比如單位開會,大多數人都遲到了。在這種情況下,你不管不問不行,進行處理又有難度。

有句古話叫「法不責眾」,挨罵的人多了,大家會覺得無動於衷,點誰的名進行責罵,誰就會心中不服:「大家都是這樣,又不是我一個,憑什麼單挑我的刺?」大多數人有著共同心理,會覺得你的批評是嘮嘮叨叨,吹毛求疵,十分討厭,說不定還要「觸犯眾怒」呢。

那麼,這個時候應該怎以辦呢?聰明的領導者會採取表揚少數的辦法來服眾。

比如說,總經理召開工作會議,只有財務部主任準時到達會場,其他人全部遲到。總經理大為惱火,但他沒有批評任何人,只是表揚了財務部主任,高度讚揚了他的守時作風。結果其他人都面帶愧色。

因為遲到的人當中很可能有人有正當理由,如果不分青紅皂白,將他們批評一通,那麼有正當理由者必然心中不服,覺得冤枉要申辯。他一申辯,其他人也會紛紛申辯,結果不但達不到目的,還把大多數人都給得罪了。

其實在場的人誰也不怕批評,因為有這麼多人陪著,又不丟臉,一旦有人申辯,何不跟著起哄?若將「有正當理由的」和「沒有正當理由的」區別對待又不可能。就算你能區分,後者也會惱怒。

所以，表揚少數在是最佳作法，既揚了正，又壓了邪，受表揚者當然高興，對大多數人來說，雖然你含蓄的批評了他們，但並沒有得罪他們，他們一方面感到羞愧，一方面還覺得你給他們留面子，會對你更加感激和服氣。

　　記住：好虎不得罪一群狼。領導者行使批評的手段不可觸犯眾怒。把所有的人都得罪了，一旦眾人聯合起來抵制你，拆你的臺，那時你吃不了可要兜著走。

第二十七計
榮耀加身

讓他知道，在你眼裡他最重要

　　一個公司的業績是公司裡的每個員工努力的集合，每一部門總管與所屬的職員所作出的成績加起來，就是公司的總業績。成績和成果是與下屬工作的狀況成正比的。因此是否成功的激發下屬，關係到是否能使效率提高及成績提升。

　　如果老闆能為下屬尋找一個好的動機。點燃起其熱情，便可以使下屬對工作全力以赴。也就是說，給部屬一個不得不努力工作的理由，部屬自然會極有效率地執行業務，呈現給老闆一個豐碩的成果。

　　一個真正的稱職的老闆是不允許對下屬進行故意甚至惡意的欺騙的，然而有時來一些善意的謊言卻無作大雅，例如對下屬的小優點誇張一下，

沒什麼大不了的成績獎勵一番，這是一種正面的肯定，應該好好的加以利用才對。

「小王，你今天的發現很及時、很重要，使我們的計畫更完善，不然的話，後果可就比較嚴重了。」也許這個發現並不很重要，影響也沒有這麼嚴重，那有什麼關係，重要的是老闆藉此向小王傳達了這樣一個意識：「在我眼裡你最重要。」

這等於是肯定了小王的價值，給予了他強勁的動力。

人們決定目標、開始行動欲望越大，動機就越會發揮出強大的力量來左右一個人的身心。

老闆們若想讓下屬們全力以赴去達到目標，則必須為下屬尋求動機。可提供的動機很不少，如：

（一）共同目標

（二）激勵士氣

（三）期望的表達

（四）給予其自由發展的空間

（五）公平的評價

（六）尊重其存在的價值

……

尋求動機必須注意三個要點，首先最重要的是：讓下屬有參與感，亦即使其參與計畫的擬訂。

疏遠是使下屬工作意願降低的最大原因。無論誰都是組織中的一員，因此，讓員工從目標設定和計畫確立的開頭，到業務的分配、實施、洽談、聯絡，工作環境的改善，一直到解決問題等一連串步驟的全程參與，自然而然的為其謀求一個適當的動機。

即使是不能讓下屬參與全盤計畫，仍可利用專題研究的方式來達到和前述相同的效果。

參與全盤計畫後，若無法使得下屬的潛力全部發揮出來，那就喪失了意義。應借助提案和目標的發表等發揮潛力的機會，把下屬的工作幹勁提升到最高點。

第二個要點：把下屬當成主角。

也就是賦予其主要的成分，利用所有機會，只要稍微運用一點「主角」中心人物的作法，便可使得下屬的潛力發揮到極致。此時老闆只須做好從旁支持、協助的工作即可。組織的業績一旦有所提升，實際上受益的「主角」還是老闆。

第三個要點是：尊重下屬的意見。

亦即對其意見的重視。換言之，也就是對他們的存在價值，重新誠心肯定及尊重的一種表現。

因為，若單從其目前的經驗、年齡和能力作為評價標準，則可能會造成低估的遺憾，更會在下屬的滿腔熱血上潑一盆冷水，可能將永遠無法讓每個下屬的特長獲得發揮。

當然，能夠提供動機的因素並不是僅限於上述三點。不過，我們應該始終牢記，尋找動機的最終目的是要讓下屬產生「我很重要」的感覺，從而全力以赴，享受到一種「滿足感」。

意想不到的榮耀

領導者給下屬意想不到的榮耀，會使下屬格外興奮，因為他們感到自己得到了領導者的寵愛，這種非同尋常的寵愛會給他留下刻骨銘心的記憶，使

他終生難忘。就為了這種意想不到的榮耀，他也要永遠的忠於這位領導者，甘願為這位領導者賣命。

給下屬意想不到的榮耀是蔣介石的拿手好戲。他平時很注意給下屬意想不到的榮耀。來表達自己對下屬的器重、賞識和厚望，以此來達到籠絡人心的目的。

蔣介石為了掌握下屬的情況，專門做了一本小冊子，記錄著師級以上官員的字型大小、籍貫、生日、喜好、親戚等一些情況。少將以上的官員他都要請到家裡吃飯，飯後總要合照一張作為留念，這些做法無疑大大抬高了屬下的身價。

蔣介石很懂得利用人情世故收買人心，他對部屬的名字、生辰八字、籍貫記得滾瓜爛熟，很善於利用別人的生日大做文章，使部屬每每感到受寵若驚。雷萬霆在調任他職時，蔣介石召見了他，並說：「令堂大人比我小兩歲，快過甲子華誕了吧！」雷萬霆一聽，眼淚都快下來了，激勵的說：「總統日理萬機，還記著生母的生日！」蔣介石寬慰他說：「你放心的去吧，到時我會去看望她老人家，為她老人家增福添壽。」雷萬霆看到蔣介石如此器重、關心和賞識自己，自然死心塌地為蔣賣命。

還有一次，蔣介石的頭號祕書陳布雷過 50 歲生日。陳布雷是一個既不愛官又不貪財的知識分子，對待這種人，蔣介石也有自己的手段。在陳布雷過生日的當天，對待這種人，蔣寫了「寧靜致遠，淡泊明志」八個字，並附記：「戰時無以祝壽，特書聯語以贈，略表嚮慕之意也。」這樣幾個字，成了陳布雷最好的生日禮物。正是這種意想不到的榮耀抓住了陳布雷的心，他決心侍奉蔣介石終生，最後因部分子女投共，國共之爭加劇，左右為難下自殺，也可以稱作是蔣介石的忠誠追隨者了。

善於給下屬意想不到的榮耀是蔣介石領導才能中的重要內容。正是這種

才能的力量才使蔣介石雖不能「將兵」，卻能夠「將將」，獲得了許多人的支持，這也是他能夠在國民黨內統治那麼長時間的重要原因。

　　給能幹的下屬配備值得炫耀的條件，就是採取一種方式給他們帶來一種極大的榮譽感和自豪感，當他們得到這種獎賞後，會感到極有面子，為了維持這種面子，同時也為了回報給他面子的人，他必定要像以前一樣甚至是比以前更加勤奮的工作。這也正是獎賞的本意。

　　對能幹的下屬配備值得炫耀的條件，是許多聰明的領導者都曾採用過的管理方法，清朝後期的封疆大吏曾國藩也曾經用這種方法激勵過自己的將士。

　　那是曾國藩初練湘軍，從太平天國軍手中奪回了岳州、武昌和漢陽後，獲得了建軍以來第一次大勝利。為此，曾國藩上書朝廷，為自己的屬下邀功請賞，朝廷對此也給予了恩准，給這些人都封了官。

　　但是，曾國藩並不認為這樣做就夠了，還必須給那些最勇敢的下屬配備值得炫耀的條件。鼓勵他們在作戰時更加勇敢。同時，因為這些下屬有了值得炫耀的條件，其他的將士肯定也希望得到這樣的獎賞，這樣一來，全體官兵就會同仇敵愾，奮勇作戰。

　　給下屬們配備什麼樣的條件他們才會引以為豪呢？思來想去，什麼樣的條件他們才會引以為豪呢？想來想去，曾國藩決定以個人名義贈送有功的將士一把腰刀，這既表達了自己與對方的特殊感情，又鼓舞了湘軍的尚武精神。於是他派人鍛造了 50 把非常精緻美觀的腰刀。

　　這一天，曾國藩召集湘軍中哨長以上的軍官在湖北巡撫衙門內的空闊土坪上聽令，這些軍官都穿著剛剛被賜予的官服，早早等候在那裡，不知道曾國藩要發布什麼命令。

　　正在大家胡亂猜疑的時候，曾國藩邁著穩重的步代從廳堂裡走出來。這

第二十七計　榮耀加身

一天他穿得格外莊重，他頭戴裝有花珊瑚紅頂帽，身穿石青四爪九蟒袍，束一根金方玉版中嵌紅寶石腰帶，腳登粉底黑緞朝靴，顯得格外高貴而莊重。這陣勢頓時使得土坪鴉雀無聲。

這時，曾國藩開口說話了，他說：「諸位將士辛苦了，你們在討伐叛賊的過程中英勇奮戰，近日屢戰屢勝，皇帝也封賞了大家。今天召集這次大會，是要以我個人名義來為有功的將士授獎。」

到這時，湘軍軍官才知道自己的最高統帥要為他們發獎，獎什麼呢？誰能得獎呢？大家都在暗自思忖。

只聽曾國藩大喊一聲：「抬上來。」兩個士兵抬著一個木箱上來，幾百雙眼睛同時盯住了那個木箱，士兵把木箱打開，只見裡面裝著精緻美觀的腰刀。曾國藩抽出了一把腰刀，刀鋒刃利，刀面正中端正刻著「殄滅丑類、盡忠王事」八個字，旁邊一行小楷「滌生（曾國藩的字）曾國藩贈」。旁邊還有幾個小字是編號。

曾國藩說：「今天我要為有功的將士贈送腰刀。」接著一一親自送給功勳卓著的軍官。

頓時，在場的人們心中湧動著不同的心情，有的為得到腰刀而欣喜；有的為腰刀的精緻而讚嘆；有的在嫉妒那些得到腰刀的人；然而更多的人則在暗下決心，在以後的戰爭中一定要衝鋒陷陣，爭取也得到這樣一把腰刀。

就這樣，曾國藩給他能幹的下屬配備了值得炫耀的條件，這使受刀者受到了激勵，同時，沒有接受腰刀的將士就會向這些受刀者看齊，在以後的戰鬥中奮不顧身，為的就是得到這把值得炫耀的腰刀，曾國藩腰刀達到了他激勵將士的目的。

歷史上這種給能幹的下屬配備值得炫耀的條件的事很多，劉邦即位後，就給他的功臣蕭何「劍履上殿，入朝不趨」的厚待，現代社會中也有許多這

樣的事。老闆給自己的下屬配備手機，給他們一輛轎車，這都是為了給下屬
足夠的面子，讓他們認為值得炫耀，從而達到激勵下屬的目的。

記住部下的名字

許多單位的領導者都不大注意，或者認為沒有這個必要，或者藉口自己
工作太忙沒有這個時間和精力。有個較大單位的領導者，一般員工去找他，
主動匯報姓名，幾分鐘後，他就記不住人家的姓名了，等到下次再見時，有
時竟問：「你是哪個單位的？」

難道我們比羅斯福和拿破崙三世還忙嗎？羅斯福總統知道一種最簡單、
最明顯、最重要的得到好感的方法，就是記住姓名，使人感到被重視。克萊
斯勒汽車公司為羅斯福製造了一輛轎車，當汽車被送到白宮的時候，一位機
械技師也去了，並被介紹給羅斯福，這位機械技師很怕羞，躲在人後沒有與
羅斯福談話。羅斯福只聽到他的名字一次，但他們離開羅斯福的時候，羅斯
福尋找這位機械技師，與他握手，叫他的名字，並謝謝他到華盛頓來。拿破
崙三世（即拿破崙的侄子）曾自誇說，雖然他國務很忙，但他能記住每個他
所見過人的姓名。這說明，能不能記住下屬的姓名，與忙不忙沒有必須的關
聯。關鍵在於是否尊重自己的下屬。

當然，記住下屬的姓名，並不是一件輕而易舉的事，需要下一點工夫，
還得有一套方法，一般能記住大量名字的人的方法，主要有如下幾點：

一是當對方介紹姓名時，要聚精會神，並記在心裡。

有的人雖主動問對方「尊姓大名」、但對方介紹時又心不在焉，對方還未
走，你已經忘記了他是誰，哪裡還談得上下次見面！有的人記憶力強，有的
人記憶力差一點，這是事實。如果記憶力差，可以運用拿破崙三世的方法，

可以說：「對不起，我沒有聽清楚。」讓他再說一遍，加強記憶。還可以在逐字聽的時候，一邊用每個字造成一個詞或者一個詞在逐字聽的時候，一邊用每個字造成一個詞或者一片語，來加深記憶。比如，你的下屬名叫馬勝長，不就是「馬到成功的『馬』，勝利在望的『勝』，長命百歲的『長』嗎？」這就使人的印象深刻多了。

二是記住每個人的特徵。

人有許多方面的特徵，有外形的特徵，如眼睛特別大，鬍子特別多，前額很突出等等；有職業上的特徵如他最擅長某一技術，在某一技術、學識上有受人稱道的雅號等等；名字上的特徵，有的名字故意用些生僻的字，或者很少用來作名字的字，有的名字與某幾個人的名字完全相同，這本來是沒有特徵的，但可把「同名共姓」作為一個特徵，再把他們區別開來，就容易記憶了。

三是備個小本本。

如果是尊貴的客人，切不可當面拿出小本本來，只能背後再記。但對下屬，你可以說：「我記憶力差，請讓我記下來。」下屬不但不會討厭，還會產生一種自重感，因為你真心實意想記住他的名字。為了防止以後翻到名字也回憶不起來，除了記下名字以外，還要把基本情況如單位、性別、年齡等記下來。這個小本本要經常翻一翻，一邊翻一邊回憶那一次會見此人的情景，這樣，三年五載以後再碰到此人，你也可以叫出他的名字來。

四是多與下屬接觸。

百聞不如一見。有不少的領導者，一有時間就深入到基層，與他的下屬一起工作，或者一起玩樂，或促膝談心，或共商良策。這種的領導者，不但能叫出下屬的名字，連下屬在想什麼都能說得出來。

第二十八計
治病救人

批評要講究方式

領導者批評指責下屬，不可採用「家庭式」的指責方法。

什麼叫「家庭式指責法」呢？下面略舉幾例：

例一，小王把一份謄寫完的報告交給科長，科長一看，便皺眉道：「你的字怎麼寫得這個樣子？蹩腳不說，還這麼潦草。去，給我重抄一遍。一筆一劃，端端正正的寫。」小王滿臉通紅。拿著文件訕訕走了。從此以後，小王遠遠看見科長就趕緊掉頭走開，唯恐躲之不及，不要說積極配合工作了。

例二，高經理一走進辦公室，便嘮叨開了：「你看你，怎麼把垃圾桶放在這裡？難看不難看？」「小王，我昨天不是叫你把頭髮剪短的嗎？怎麼還是這副披頭散髮的樣子？」「哎喲喲，瞧你這辦公桌，簡直像垃圾堆！」高經理一

邊說著，一邊走出辦公室。眾人剛剛不約而同的舒了口氣，高經理又伸出頭來嚷道：「喂，你們都聽好，今天可不准再提早吃飯！」

例三，「小陳啊，我這可是為你好。」辦公室主任老張一面說，一面把沾在小陳衣領上的一小片枯葉拂掉，「這件事我已經和你談過好多次了，你怎麼就是不聽呢？這樣下去怎麼行呢？」小陳眼睛看著窗外，對張主任的話置若罔聞。

不難看出，上述領導者都用了「家庭式」的指責法。那科長如同嚴父，一點也不給下屬面子，搞得小王非常狼狽，失去了做好工作的信心。高經理是「婆婆嘴」，事無大小，嘮叨個沒完。老張則像個教子無方的慈母，對不聽話的孩子束手無策。

下屬不是孩子，既不可以溺愛，也不可以過分嚴屬。像那個科長，應該對小王說：「你的字寫得太潦草了，列印起來有困難，希望你重新謄抄一下。另外，你經常要處理這類工作，有空的時候可以練練字。」這樣，該表達的意思都表達清楚了，卻不至於讓下屬下不來臺。高經理對那些小事，則應該視若無睹。假若覺得有必要整頓，不如乾脆把全體人員召集起來，說一下勞動紀律和注意個人和環境衛生的問題。既能解決問題，又不顯得婆婆媽媽。張主任對小陳則應該嚴肅點，國有國法，廠有廠規。屢教不改要受相應的處分，哀求苦惱只會喪失威信，而收不到好效果。

家庭和工作場所不同。家庭是由有血緣關係的人組合而成的，由親情緊緊維繫著。這和以勞動契約為基礎而結合的工作關係根本不一樣，即使工作場所的氣氛非常平穩，也不可能像一家人。在家庭中，再沒有道理的指現，都因為親情而得到諒解、理解，好管閒事也不會引起反感。工作中，不適當的指責會給雙方帶來的損害，日後不管你怎麼苦心挽回，要恢復都是困難的。領導者應清楚的意識到這一點。

指責要有的放矢

　　訓誡部屬並非出於個人好惡，而是應將其視作達成目標的方法，沒有效果的指責方式是徒勞無功的。以下是一些領導者訓誡部屬有的放矢的要點，可作為參考。

（一）正確的掌握應該責備的事實。也就是說對事情採取客觀的態度，使被訓誡之人能心服口服。

（二）不要喪失時機，不要舊事重提，保持事情的新鮮感。

（三）掌握要點，目的清楚。一件事情在一次訓示中交待清楚，不要累積多項。衝動式的責備方式絕對要避免。要時時自問：「我對部下之責備是否有助於達成企業目標？是不是意氣用事？」為公的信念越堅定，越能給部下強烈的印象。

　　身為領者對上述三項要點必須有正確的認知，作為指責部屬的心理準備。但是單牢記這些項目，依照順序實行，也無法達到好的水準。一個精明能幹的領導者必須具備多種臨時應變的能力，事情一發生，馬上有能力指正。

　　去除雜亂觀念，一心一意只為達成目的而努力。若具有這種精神，適時、適當的指責方法會自然產生。不僅指責，任何事都須先定下目標，然後再尋找達成目的之手段，自然能找出無數條道路。沒有目標的思索方法是難以中矢的。

　　我們經常可以發現，領導者責備部屬不是出自糾正過失的動機，而是由於怨恨，雖然我們常自我告誡，不可因怨恨而罵人。開始時，也許的確是想糾正對方，指責一兩句就算了。但因對方態度不好可能使你脾氣頓時發作起來。結果原本一兩句就完了事，卻越罵越離譜，最後竟連他的態度一起罵起

來了。這時已超越了指責的範圍，也責備錯了軌。

　　若部屬一再反駁，領導者應切記：要說明事實，絕不可走到叉路上。如果說出超越主題的話，那就難免形成雙方的爭論，而不是領導者對部屬的指導。而且即使在爭論中贏了部屬，也只不過使自己更像個莽夫罷了。你要找理由說明自己是對的，部屬也要找出許多理由反駁領導者。一旦部屬占了上風，那麼他就可能在同僚中吹牛：我「擊敗」主管了！

　　在雙方即將展開爭執時，作為領導者應堅定告誡他：「你做的這件事錯了，不改正不行！」或是簡單的說：「我說的是……」，其餘的話不必多說。

　　許多部屬會利用主管罵人的機會，找出空隙發洩他平日的不滿。遇到這種情形時，你不可採取靜聽的態度。所以姿勢也十分重要，絕對不可讓部屬坐著接受指責 —— 這點要注意。當對方想找麻煩時，領導者最好採取俯視的姿勢，在對方想開口說話之前，先表示自己的意見，然後立刻站起來。這樣有時反而有效。領導切不可因對方的態度、言辭而走上岔路。

　　指責部屬實在不是件簡單的事。所以有些領導者對部屬的錯誤往往視若無睹，這是很要不得的。即使你不善此道也要鼓起勇氣，不可漠視不理。

練就說服人的本領

　　說服別人，是領導者必備的一種能力。說服別人要理由充分，一味的說空話、套話是沒用的。

　　旁徵博引，往往會使你的說服工作更有力量，這要以豐富的知識作為條件，否則，你的說服工作成為無源之水，無本之木。培根曾經講到，讀書足以怡情，足以長才，讀史使人明智，讀詩使人雋秀，數學使人周密，科學使人深刻，倫理學使人莊重，邏輯思維學使人善辨。

你是一個知識淺陋的人，你的語言也就不可能有見地，說服工作也會漏洞百出。說不定你去說服他人，到最後反被對方說服。

你的話語裡若是沒有一句至理名言，沒有一絲真知灼見，沒有一處幽默的描繪，沒有一個形象的比喻，沒有一條值得稱道的獨特見解，沒有一點真實的情感，你仍不自量力的去說服別人，那麼，你的說服將是蒼白無力的，你只能做一個庸才的說服者。

你的說服力大概是與你的知識多少、學問深淺成正比的。明白了這個道理，你就應該在學習和實踐中不斷豐富、加深自己的知識文化修養。

「冰凍三尺，非一日之寒」，只有平時努力、刻苦的累積，等到用的時候，才能厚積而薄發，言簡而意賅，說出的話也才有分量。

說服別人話越少越好，不要喋喋不休一大堆，應努力加強語言的力度。說話要有內容，不要空洞說教，言之無物。還要條分縷析，脈絡清晰。

一些領導者在對下屬進行說服工作時，喜歡從頭到尾流水帳一樣，羅列許許多多理由。這些理由堆積在一起，既無主次之分，又無重點可言，讓人聽了毫無眉目。主要原因是次要理由掩蓋遮擋了主要理由，眉毛鬍子一齊抓，因而失去了勸說語言應有的力度。

不懂得有效節制自己的語言，是惡劣的語言表達習慣之一種。

你總是嘮嘮叨叨，沒有中心，重複拖沓，別人會認為彼此都在浪費寶貴的時間。而且你廢話連篇，會使情緒不好的人變得慍怒，哪怕再有耐心的人，也會聽得昏昏欲睡。

不要輕易批評

你對下屬提出批評之前，要想清楚下列 6 個問題：

第二十八計 治病救人

（一）對方會立刻接受這個批評嗎？

他可能正處於困難時期，極其脆弱。如果你想和他談一些麻煩事，得先想想現在是不是時候。

（二）你能耐心的等待他從打擊中恢復過來嗎？

你在提出嚴重批評的時候，必須了解對方的心情。他可能感到徹底絕望，難以繼續工作。也可能要從你這裡得到證實，證實他不是被當作不合格的人來看待，而只是某件事上出了差錯。你要告訴他，在另外一些事上你覺得他做得更好。批評必須要有表揚作為緩衝。

（三）此人以前聽到過這種批評有多少次了？

如果你感到你只是在自己不斷的重複這個批評，再說一遍顯然是沒有用的。你現在要注意了解的不是他犯的錯誤，而是為什麼他在受到這麼多批評以後仍無改進。是不是還有別的什麼該做而沒有做的事情呢？讓他來幫你解決這個問題吧。

（四）你提出批評之後，他對此能有什麼反映嗎？

你應該知道，為了有所改進，他該做什麼。

（五）是不是你自己的一些問題使你提出這個批評？

領導者有時有可能感到來自員工的威脅，感到不受歡迎，莫名其妙的想懲罰他們。不要根據自己的情緒，而要根據實實在在的原因做出反應。

（六）你是否知道對方需要的是不是另一個方面的批評？

如果你把你自己也放在他的位置上，想想你在受到了這樣的批評之後會

有何感想，你就會有了答案。

千萬不要諷刺

有些主管看到部屬因工作不順利而意志消沉時，會以揶揄的口吻說：「為何這樣頹喪，失戀了嗎？」「優秀的人，到底也會有失敗的時候。」聽到這種話，有些部屬會付諸一笑；較敏感的則會回答你說：「不要諷刺我，好嗎？」「不要再諷刺下去了。」

當部屬遭到挫敗時，你應當這樣告訴他：「不要緊！把失敗的原因找出來，下次改進」。「以後你在這些地方要小心點。」這樣才能收到良好的效果。

說話的方式也要因人而異。有時候，同一句話會因對象的差異產生迥然不同的反應，這全視對方性格而定。

以自我為中心之部屬（自信過甚型），無意的訕笑，也會引起他強烈的反感。對付這種部屬，明指他的缺失是最好的方法。

依賴他人之部屬（自信喪失型）——諷刺他，就如同將他推至地獄；反覆不停的責罵，更易使他失卻信心，抬不起頭來。遇到這種部屬，唯一可行的就是盡量寬恕他，尤其要避免正面的責難；事後再找適當的機會慢慢誘導他踏上正軌。

E公司的工廠，有一個部門裡的年輕男性員工皆留著長髮，有些披頭散髮，好像流浪漢；有的雖然經過整理，但卻易被誤認為女子。總之，從外人的眼光看來，都是非常不舒服的。

工廠的F經理利用中午休息時間，將這些人一一叫來諷刺他們說：「你這樣從後面看像個女人」、「你就像乞丐一般」。

以後，這些年輕人盡量迴避經理，絲毫不理會他的諷刺。

知道此情況後，G 經理立即召集這些年輕人說：「你們留這麼長的頭髮，使我很傷腦筋，你們這樣不僅破壞了別人對公司的印象，而且別人還以為是我答應你們這麼做的，我實在吃不消。請你們盡快到理髮店去剪短頭髮，不願意這麼做的人，就請到我這裡來，大家好好商量。」

　　聽了這段話，這些年輕人都覺得很不好意思，心想若不去理髮就要到經理那裡解釋，反而不好。結果，這家公司的長髮現象就真的看不到了。

己所不欲，勿施於人

　　古語道：「己所不欲，勿施於人。」自己無法達成的事，也不要去指責別人。對當領導者的提出這個要求好似有點過份。領導者不可能是萬能的，如果自己無法達成的事就不能指責，那不是什麼都管不了嗎？

　　如果是技術性、專業性問題，當然不能做此要求。我們所說的是將技術性、專業性排除在外的問題。

　　某地區遭受特大水災，全國各地紛紛募捐救災。某廠廠長在會上慷慨激昂的進行了一番捐款勸說，又嚴厲的批評了某些人見災不救的行為，宣布幹部帶頭捐款。廠級幹部 100,000 元，處級 50,000 元，科級 30,000 元，工人 5,000 元至 500 元。這位廠長自己捐了多少錢呢？100 元！當他擱下錢想走時，臺下噓聲四起。工人們都為有這樣的廠長感到丟人。

　　這位廠長自然是吝嗇成性，其實，既知自己有這個毛病，就不要再去指責別人。這樣做，無異於搬起石頭砸自己的腳，即傷著了自己，又得不到別人同情，反而叫人恥笑。

　　當然，在更多的時候，問題不是這樣明顯。有的領導者要求員工準時上下班，自己卻愛什麼時候來就什麼時候來，愛什麼時候走就什麼時候走。有

的領導者要求員工不化公為私，自己的小孩卻常常坐廠裡的公務車。凡此種種，也許你自己並不覺得，別人卻都看得清清楚楚，由此對你的批評產生牴觸情緒。

有的領導者喜歡說：「限你三天完成」或「這件事辦不好別下班」說這種話時，領導者應該考慮到完成工作的可能性，設身處地想一想，假若自己是那位職工，有沒有可能在你所說的規定時間內完成。假若做不到，就不能這樣要求別人。

鑑於此點，領導者精通業務的問題也應該提到重要的位置上來。在對下屬提出要求或者批評下屬時，下屬態度強硬的說：「你來做做看。」你胸有成竹的說：「好，我來做，你好好看著。」然後，你不慌不忙的做了，做得非常完美，那麼下屬會心悅誠服的。即使不服，也絕不敢再強辯了。這樣處理問題，當然是最理想的。領導者即使不能做到樣樣精通，也要盡可能的熟悉業務。

現代社會科學發達，社會分工越來越細，精細的、專業化的知識、學科越來越多，領導者無論如何也不會樣樣精通的。我們只要做到不指責自己也無法做成的事，專業技巧上的不如人可以坦率的承認。可以這樣來回答下屬挑釁性的話語：「這個工作我不會做。在這方面不如你，因為你是負責這項工作的，就如我負責管理這個工廠一樣。管理的工作你同樣不熟悉。我們各司其職。」謙虛的態度加上嚴格的要求，想來是能夠說服下屬的。

要影響別人最佳的辦法是改變自己的行為；尤其是與難纏的人物交手時，特別適用。

當你遇到人際相處的問題時，下面的方法，可供你參考。

對事不對人。把焦點轉向當事者的人格特質不但於事無補，有時反而造成更難收拾的殘局。此時，不妨請教對方解決之道。通常提出解決辦法的

人，會比較努力去執行。

不要互相報復，以牙還牙、以眼還眼的心態，只會造成兩敗俱傷，相互報復的結果，使問題惡性循環，而且越來越難解決。

認識你的不足。每件事都有正反兩面，你的看法或許非常正確，但可以試著從對方的角度來思考，假設對方所說都是正確無誤的。保持耐心。立即情緒化的反擊難纏的人，只會破壞彼此的關係，特別是憤怒時更可能一發不可收拾，試著擺脫偏見與衝動情緒，冷靜而理性的回應。

把難纏的行為視作雙方須解決的問題，以客觀的態度來面對與解決。

不要失去重點。有時候我們被某一個問題或行為困住，以致失去立場，結果使問題比實際存在的還大。

不要責備任何人。責任只會讓問題變成對與錯、好與壞、輸與贏的罪魁禍首，會使一個單純的問題升級成為衝突。

採取正面的態度。讚美總是比批評受用，一般人也比較喜歡與欣賞自己的人共事。試著從周圍難纏的人物身上找出值得讚美的地方，誠懇的讚美他（她）。你頭一次這麼做，這個難纏人物可能會心存懷疑，但沒有關係。多正視對方的優點，是改善人際關係最簡單、最沒有風險的方法，即使對難纏人物也非常奏效。

控制自己的脾氣

領導者也是凡人，也有心情好壞的變化。比如，昨天晚上和妻子吵了嘴；或者剛從電話裡得知兒子數學考試又拿了零分；或者原有的訂貨單位突然取消訂貨；或者剛受到上司的一頓批評；再或者什麼事也沒有，就是情緒低落，莫名其妙的心情不好。

　　領導者處於這種心理狀態時，下屬做錯了事或批評下屬時對方態度惡劣，便容易衝動罵人。往往在怒不可遏的情況下，說出許多不該說的話，事後又悔恨莫及。

　　要請別人原諒，不是容易的事。人總希望他人能以寬容美德對待自己，但又常常不肯真正原諒別人的過錯。即使嘴說原諒，心裡仍在想：「這傢伙，罵我罵得這麼難聽，你氣出完了，就來叫我原諒，有這麼容易嗎？」有時想原諒對方，潛意識中卻仍耿耿於懷。一遇到合適的時機，反感又會湧上心頭。所以，領導者在遇到麻煩，或心情不好的時候，尤其應該警惕，不要隨意發脾氣，發脾氣的結果往往不可收拾。

　　領導者在心情不好的時候怎麼能有效的控制住自己，不發脾氣呢？除了加強意志的力量外，還有幾種辦法也行之有效：

　　暫時把四周的人統統當作物品來看（不含有不尊重人的意思）。生氣全是因人而起，有人使你不滿意了，他的臉、甚至他的一撮鬍子也會使你大生反感。所以不妨把對方視為物品；對桌子椅子或機器電腦，有什麼氣可生？這樣就可使你在發脾氣前有一段緩衝，用比較客觀、公平的標準來看問題。

　　深呼吸，使上衝的血液得以緩和。命令自己放鬆，深吸一口氣，再慢慢的吐出來。然後說：「我不生氣。我心情很平和。」（必須說出聲音來！）如此重複數次，必能使胸中忿悶舒解，甚至徹底舒解。

　　運動轉移法。你不妨請幾小時假，去跑步或打球或游泳，什麼運動都行。必須做到大汗淋漓為止，然後用熱水沖浴，換上潔淨寬鬆的衣服，最好再去做一下頭髮。隨後你一定會覺得心情不那麼壓抑了。

　　心情不好的時候，切記不要大量抽菸喝酒或蒙頭大睡。古人早就說過：「借酒消愁愁更愁」。菸和酒對神經中樞都有麻醉作用，麻醉之後，自制力更差。所謂「酒後吐真言」、酒瘋、酒糊塗，都是這個意思。自制力差，自然更

容易發脾氣。睡覺也是如此。睡不著時，千頭萬緒湧上心頭，越想越煩。睡著的了，潛意識活動又占了主要地位，一旦醒來，頭腦朦朧，自制力也處於較低水準，極易發脾氣。

許多領導者失敗的原因就在於：濫用自己的權威，盛氣凌人，頤指氣使，像對待不懂事的孩子那樣隨意訓斥，甚至作踐自己的下屬。

批評要對事不對人

心理學家榮格首次將人類的性格分為外向型及內向型兩種，此二分法便成為性格的基本分類。在教導下屬時，亦應先考慮當事人的性格，再決定指導的方法，如此方可提高效果。基本上，對於外向型性格者，大可毫不客氣的糾正其錯誤。此種類型者在被斥責之後，通常不會留下後遺症。他們懂得如何將遭受斥責的不甘心理向外擴散，腦中餘留下的只是教導的內容。上司對他們大發雷霆時，他們反而能提高接受的程度。

對於內向性格的則不可採取前述方法。內向性格者受到責罵時，情緒會變得非常緊張，將不甘心理積沉於心底。如此一來，不但無法將痛苦往外擴散，還可能因此萎靡不振。對於這種類型的人，唯有採取邊教導邊讚美的方法，才能對他們產生作用。

在教導工作中，當然不能完全讚美下屬，對於內向性格者不妨採取以指責代替發怒的方式。換言之，就是根據對方犯過失的程度決定懲罰的輕重。一般說來，性格內向的下屬一旦感受到上級因自己的過失憤怒時，心中難免誤認為自己工作能力差，且做人方面也要受到指責。於是挫折感油然而生，甚至懷疑自己的工作能力。如此效果必然不彰。身為上司者，只是指出對方的錯誤，不是見了面就加以痛斥，相信屬下將不致產生諸多想法，覺得上司

並不是在指責自己的為人，只是針對自己在工作中過失罷了！於是便會虛心學習，努力謀求改進。

不要非難失敗者

作為領導者，看到下屬做錯了事，總是很生氣的。尤其這些事至關重要，領導者就更加生氣了。「你這個人怎麼總是這樣，沒一件事辦得好！」

「連這點事情也做不好，我真不明白要你這種人做什麼！」

諸如此類非難的話，往往不加思考的脫口而出，使下屬萬分尷尬沮喪。這種非難是絕對沒有好處的。

誰不會有失敗的時候？人生，就是由無數的失敗堆砌而成的，誰又能去責備他人呢？不是有這麼一個故事嗎？有個少女犯了罪，人們手持石塊要砸死她。這時，耶穌出現了。耶穌說：「無罪的人才能砸死她。」人們悄然無聲的散開了—— 沒有人是無罪的。沒有一個人能保證自己永不失敗，那也就沒有一個人有權非難失敗者。

再說，失敗者總是極度痛苦的，這個時候你再去責罵他，除了徒增他的懊喪之外，於事何補？

我們說，「不做無謂的非難」，就是說，有些非難是必要的。下屬做錯了事，不能不批評。假若下屬的失敗視若無睹，不如斥責，甚至只有撫慰，只說些「失敗是成功之母」之類的話，不能引起下屬警戒，可能還會重蹈覆轍。斥責是必要的。問題是這處批評必須針對工作，絕不能損傷人格，要追究失敗的原因，促使本人反省，從失敗中吸取教訓，作為下次行為的借鑑，邁向成功。

人的個性不同，對待失敗的態度也不同。有的人一味找理由，極力辯

白，不肯低頭認錯；有的人喜歡閉眼沉思，默默承擔責任；有的人驚惶失措，煩惱不安；有的人則顯出一副滿不在乎的樣子，只當運氣不好罷了。

不論對哪種人，胡亂斥責一通都只能產生壞作用。不肯認錯的人，說不完會和你頂撞起來，結果鬧得面紅耳赤，彼此都下不來臺。別人已經願意承擔責任了，你再大加斥責，相形之下，倒顯得你修養不如人。煩躁的人，會因斥責而更煩躁。滿不在乎的人，你的斥責充其量也不過是耳邊風而已，說不定他心中還在笑你大驚小怪哩。

所以，只要是屬於「出氣」一類的於事無補的話，當領導者的都不該說。這也許是當領導者的一點小小的吃虧之處吧。

第二十九計
賞罰分明

斥責是必要的

對領導者而言，給予「威迫感」，常以責罰的方式進行。凡是企業都有部下守則，這裡面一定會有獎懲各適其所的相關規定，一般來說，領導者只要依此實行即可。不過，對於心愛的部下，要加以責罰實在很麻煩，而且，責罰可以說是最糟的統御手段。

可是，部下都有妄求僥倖的本性，如果對錯誤不加責罰，則會對部下產生縱容作用。運用懲罰，則是在獎勵做好事的人。

領導者行使責罰，必須遵循既定的規定，冷靜行事：

（一）忙碌的時候、興奮的時候、還殘留發怒的情緒時，絕對不可斷下罰狀。

懲罰不可草率行之。古人云：「過一夜以後，再加以斥責！」其中的道理，頗值得玩味體會。

（二）行使懲罰權時，必須具有責任感所產生的勇氣與對部下的關心。

（三）懲罰不可雷聲大，雨點小，否則只會招致反感，全然沒有一　　　點效果。

懲罰原本不為人喜歡，所以要抓住時機，把該指責的事情，一次全部斥責完畢，之後就要保持緘默，靜靜的看結果會如何。

如果要斥責愛將，彼此心中都不舒服，而且誰都不願這樣做，所以即使知道部下所犯錯誤，也會因為想避免引來不必要的怨恨，而將之一筆帶過，此乃人之常情。

因此，斥責時，想收到相當的效果，並非簡單的事，至少必須具備以下條件，否則難以成功：

（一）強烈的覺察到身為領導者的責任心。

（二）對部下具有愛才之心。

（三）確定部下的過失是否是無可奈何的結果，還是其他原因。

（四）對自己的主張充滿信心，並確信部下犯下過失的原因不在於自己　　　的不當言行所致。

（五）具有使部下自覺到對其過失的說服力。

領導者切記，斥責是必要的，因為破產的公司中，共同的現象是很多員工都說：「我從來沒被罵過。」

合理賞罰

試驗證明：科學的賞罰會給企業帶來高效率和高效益。所以，身為領導

者就應該深諳這條合理賞罰員工的道理。

　　某公司過去遲到早退現象相當嚴重，上班遊遊逛逛。後來，公司在管理上實行高賞重罰的原則，收到了極好的效果。現在除每天上下午各休息 10 分鐘以外，鈴聲一響，每個員工都在自己的工作職位上緊張的工作著。該公司的所謂高賞，充分展現在關心員工的生活福利，在發展生產的基礎上，不斷提高員工的薪資福利水準。所謂的重罰，是強調公司的規章制度要嚴格遵守執行，以保證有一個好廠風。例如，在勞動紀律方面，除了設立自動簽到機，嚴格考勤之外，還規定，凡是遲到 1 次、1 分鐘，就扣發當月的獎金和浮動薪資 200 元。為了保護環境衛生，公司規定，隨地吐痰 1 次，扣發半年的獎金和全部浮動薪資 1,200 元。規定宣布後，一個副總經理第一個遲到，總經理親自找這個副總經理談話，並按規定扣發了當月獎金。

　　該公司領導者認為，制度不嚴，員工長期養成的壞習慣克服不了，不痛不癢的規章制度往往會落空。制度嚴了，引起大家的警覺，毛病就會不犯、少犯。兩年多來，全公司基本消滅了遲到早退的現象。

　　總而言之，掌握好一套科學獎懲的本領是每個領導者必備的能力，如果不通此道，必然會跟不上時代的潮流，慢慢的被淘汰出局。

漁夫的故事

　　怎樣才算是正確合理的獎賞？在為數不少的主管腦海裡，並沒有一個正確的答案。因而，在具體的執行中常常走入誤區。

　　讓我們先來看下面這則寓言：

　　某個週末，一個漁夫在他的船邊發現有條蛇咬住一隻青蛙，他替青蛙感到難過，就過去輕輕的把青蛙從蛇嘴中拿出來，並將牠放走。但他又替飢

餓的蛇感到難過，由於沒有食物，他取出一瓶威士忌酒，倒了幾口在蛇的嘴裡。蛇愉快的離開，青蛙也愉快，而人做了這樣的好事更愉快。他認為一切都很妥當，但在幾分鐘後，他聽到有東西碰到船邊的聲音，便低頭向下看。令人不敢相信的是，那條蛇又游回來了 —— 嘴中叼著兩隻青蛙。

這則寓言帶給我們兩個重要的啟示：

（一）你給予了許多的獎賞，但你卻沒有得到你所希望、所要求、所需求、或你所祈求的東西。

（二）你為求做對事情，很容易掉入獎賞不妥當、忽略了或懲罰了正當活動的陷阱中。結果，我們希望甲得到獎賞卻獎勵了乙，也不明白為什麼會選上了乙。

身為主管的你，在行賞的時候，是否也犯過這位漁夫的錯誤呢？

獎罰一定要分清

獎解決問題，不獎表面文章。我們企業員工在面臨問題時，往往會有兩種工作方式，一種是從產生問題的根源出發，認真分析原因並尋求解決問題的方法，但這種工作方法需要時間，效果來的又較慢，需要耐心與毅力。另一種是就事論事，盡快的解決問題，這種方法能很快收到效果，但由於頭痛醫頭，腳痛醫腳，不能解決根本問題。

而在我們的實際獎勵體系中，老闆們都比較喜歡第二種方式，因為老闆們對「當陽橋」一喝退千軍張飛式的實用主義英雄氣概非常讚賞，認為這些人能辦事，能解決問題，特別是關鍵時候方法多，路子廣，能幫助企業迅速補救，度過難關。所以許多民營企業中這種人很吃香，常常受到獎勵與讚賞。其他員工覺得這樣有好處，也跟著學，長此以往造成企業機會主義盛

行，追求做表面文章，熱衷於修修補補，員工只願意做那些能立竿見影的事，之後馬上伸手要利益。而那些從企業根本利益出發，希望企業長治久安，細心工作的員工並不受重視，從而使企業逐漸病入膏肓。

所以正確的激勵體系應該把注意力放在正本清源上，獎勵深入扎實工作的人。企業的病因消除後，自然不需要止痛藥了。

獎承擔風險，不獎逃避責任

企業員工有兩種不同的方式對待風險與責任，一種是「不做錯任何事」，另一種是「不做任何錯事」。第一種方式看上去有道理，實際上對企業危害很大，因為一做事就會縮手縮腳，只會做老好人，就會缺乏承擔風險與責任的精神。人們會盡量少做事，會事不關己，高高掛起，會推卸責任，表面上沒出什麼錯，而實際上並沒有為企業做什麼貢獻，企業中唯一不做錯事的人就是不做事的人。

第二種人有時老闆不喜歡，因為他們想做事，但在做事的過程中難免會犯錯誤，會給企業與他人帶來一些影響。老闆們會懷疑這些人是否有能力把事做好。他們怕如果不制止員工犯錯誤的話，企業將無法控制，所以老闆們常常不是看做沒做事，以及最終結果，而只看有沒有出錯，結果使企業毫無生氣或機體腐敗，最終形成多做多出錯，不做不出錯的不良企業文化。

許多民營企業大多很年輕，就像是學生學習，如果害怕出錯而不願意學習與嘗試，那麼這個學生永遠沒出息。如果學校的風格是抓住學生的錯誤不放，不給學生從錯誤中學習和成長的機會，那麼這個學校永遠不會是好學校。所以在民營企業應該提倡承擔責任，承擔風險，除了錯事（即那些違反常理、違反法律社會公德與商業道德的事），一般情況應該鼓勵員工做事，並

且對做事中出現的錯誤進行正確引導，使員工能從中吸取教訓，把事情做得更好。所以我們應該這樣來理解風險與錯誤，即允許員工犯錯誤，但不允許員工做錯誤的事，而且同樣的錯不能發生兩次。

獎創造性工作，不獎因循守舊

老闆是思想者，他們大都是有非凡的創造性。但在我們這些勇於創新的企業中卻沒有勇於創新的風氣。也許老闆們覺得只要自己能夠為員工開拓出一條路，其他人跟著就行了，其實不然，現代企業中創新是企業前進的動力。老闆的創新是非常重要的，但更重要的是企業中的創新意識與鼓勵人們創新的風尚，如果老闆缺乏創新而企業又沒有形成創新機制的話，企業就會面臨很大的危險。同樣，如果光有老闆的創新，就像我們常說的「一個瘋子領導一群傻子」，企業也會面臨風險，因為「瘋子」會消亡，或者「瘋子」發現「傻子們」根本不能理解自己，結果最終造成「一個越走越遠的瘋子，後面跟著一群漫無方向的傻子」的局面。民營企業與舊體制中的企業相比最大的優勢是創造性。我們的老闆一定要鼓勵全體員工不斷創新，對於現代企業而言最主要的是財富不是金錢、設備、關係，而是新的思路與新的想法。只有鼓勵創新，企業之樹才能長青。

獎實際行動，不獎空頭理論

老闆一定要學會獎勵實踐者，而不是政治家（當然更應該獎勵理論加實踐者）。企業不是研究單位，不是慈善機構，企業經營的目的很簡單，就是要

有結果，要獲得效益。我們要鼓勵發現問題，分析問題，但更應注重解決問題。老闆們都是很實際的，他們喜歡實踐者，但實踐者往往把精力都放在做實事上了，而不像那些空頭理論家那樣有時間與老闆侃侃而談，因而也不易被老闆發現，不如那些善於辭令的人能博得老闆的歡心。雖然老闆們也覺得這些人有點空洞，但偶爾也會有一些事被說中，所以老闆覺得這些人還是有些水準的。久而久之，企業中說大話、說空話的人吃香，而實踐者得不到應有的重視與獎勵，企業也就漸漸變得越來越空洞，越來越虛浮了。既然輕鬆動動嘴皮比真正解決問題吃香，那麼有誰會不樂而為之呢？

獎有效率的工作，不獎表面忙碌

許多企業存在著一種現象，即員工以加班為榮，以是否忙碌作為衡量工作態度的尺度，企業表面看上去人人都在拚命工作，都有做不完的事，而實際上效率低下，為忙碌而忙碌。因為老闆喜歡看到大家都在忙著做事，所以該忙的忙，不該忙也在忙，形成整個企業「無事忙」。

但事實真相又如何呢？事實是大部分時候，員工們並不需要忙，他們的忙碌純粹是做給老闆看的。這種「無事忙」給企業造成了兩大危害，一是養成了拖拉的習慣，辦事效率低下。因為就這麼多事，要想讓老闆高興，就把只需用半個鐘頭做完的事，花一個鐘頭來做。手頭有事做就不會挨批，老闆看見了也高興，長此以往，慢慢的養成習慣，到了關鍵時候，效率反而提不上去，讓老闆乾著急。二是養成了形式主義的壞風氣，老闆在時大家都在加班，都顯得很忙，但老闆一走企業上下一片茫然，當老闆的面一套，背著老闆是另一套。

民營企業產權明晰，目標明確，沒有必要注重形式，追求表面的緊張與

忙碌，因此老闆們要從企業風氣的好壞來考慮這一問題，提倡高效率做事，能一個小時做完的事，絕不1小時零1分完成。

獎默默無聞，不獎誇誇其談

當今的企業中，仍然有這樣的人，他們兢兢業業、默默無聞的工作，但在企業中他們就像他們的個性一樣不被人注意，倒是一些「一斤鴨子半斤嘴」的天橋把式更引人注目，更得老闆的青睞，所以有人認為民營企業中需要的是上下活躍、顯露奇才、裡外吃得開的人。

但事實上，民營企業是由許許多多默默無聞的「老黃牛」員工支撐的。因為在關鍵時刻起作用的、能真正保證企業長期穩定的正是這些人，所以老闆們要重視這些人，宣傳這些人，並依靠他們。

這些人很少請假，在壓力之下仍能努力工作，能及時完成任務，老闆不在時，他起到重要的作用。你束手無策時會想到他們。你的企業中有這樣的人，那真是你的大幸。

獎工作特質，不獎工作數量

美國《時代週刊》一名記者這樣形容：「在某地，經濟成長以2位數計，在這樣成長率的社會裡人們不是在走，他們是在跑。」對於民營企業，「他們不是跑，他們是在百米衝刺。」

是的，對於沒什麼背景的人，不衝刺而想得到些什麼無異於天方夜譚，所以在民營企業中快速工作被認為是效率與勤奮的標誌，但我們往往會忽略

了這一傾向帶來的負面作用。一是會造成只注重結果，不注重成本的現象發生。就像我們常說的「花一塊錢去賺一毛錢」。二是過分注重速度，往往會犧牲特質，就像早期劣質產品給人的印象一樣，一天生產十個，卻頂不上人家半天生產一個更耐用。三是之所以今天拚命做，是因為昨天缺乏整體計畫，今天的快速只是為了彌補昨天的失誤，即所謂的進一步退兩步。

市場經濟發展到今天，已從供給不足走向供給過剩，數量已不再是決定因素，特質越來越受到重視，民營企業已從速度型轉向特質型，所以在企業中，也應該提倡注重工作特質，產品特質，而不僅僅注重工作速度與產品數量。

這裡我們介紹一個提高特質的方法，這就是第一次就把事情做好，就是說，做任何事情首先保證特質而不是追求速度。如果第一次沒把事情做好，大量的售後服務、維修、返修會導致成本不降反升。一般民營企業大約20%左右的成本花在因為第一次沒有把事情做好而造成的額外費用上。第一次就把事情做好能讓員工充滿自信，使用者、同行及領導者都會隨之而來的效益讚賞有加，這樣員工們就會從這個不用花錢的獎勵中得到鼓舞，就會嘗試更具挑戰性的工作。

獎忠誠企業，不獎朝三暮四

民營企業面臨一個人員流動的問題。在許多民營企業中，由於觀念與方法上的問題，企業內部始終存在著不穩定性，員工缺乏安全感與長久打算，真正能讓員工忠誠的企業並不多，而所有這些都是不適當的激勵機制產生的消極影響。

在一些民營企業中，老闆憑個人好惡用人，另一方面，他們往往相信

「外來的和尚會念經」，所以對土生土長的員工不大重視。所有這一切的結果就是造成人員流動，而且是越優秀的員工走得越早，因為他們感受最深，也最容易找到新的工作。往往是當他們提出要離開時，老闆又會覺得可惜，又會極力挽留，並開出平時想都不敢想的條件挽留這些員工，但是十有八九去意已決，想留也留不下來了，只有「早知今日，何必當初」的感慨。

　　這裡給老闆兩個留下員工的高招。

　　（一）要有寧可犧牲自己的利益也要保證企業員工的利益的勇氣，尤其是在企業面臨困境時最能展現老闆的用人與待人之道。如果能從老闆自己開始節約開支，那麼，這個企業就具備了員工「忠誠企業」的基礎。從若干在公司中做了十年以上而且仍兢兢業業工作的員工調查中我們發現，促使他產生留下來的答案大致一致，「如果一個公司能關心我們，相信我們，交給我們有挑戰性的工作做，並且能理解與鼓勵我們把工作做得更好一些，我們會留下來長期做。而且這種信任與理解不僅是從員工的角度，同時他是從一個普通人的角度。

　　（二）從內部提拔人：要想讓每一個員工能長期留在企業，勢必有調動與提拔，如果過多的從外面招聘人就會限制老員工的發展，會挫傷員工的積極性，所以除非特殊職位，或特殊人才，一般能從內部提拔，不從外部招聘，當然老闆們考慮外聘，主要不是老員工能力的問題，而是人事協調問題，人們的觀點是與其從數個內部人選中選拔一個，還不如外聘一個，否則的話，提拔了任何一個其他幾個就會不服，會鬧意見。殊不知，新聘一個也同樣會成為眾矢之的，矛盾並不會解決。

第三十計
剷除問題

安則留，不安則去

　　領導者都知道，要想留住人才，一個最基本的因素就是讓他感到在你手下做事很安定、很安全、有保障。總之，就是一個「安」字。

　　如果一個領導者無法讓他的員工感到安定，就是一種不稱職的表現。因為讓員工安於工作是對一個領導者的最基本要求，這種失敗的領導者可以走人了。

　　也許還有一些領導者不明白：為什麼安定對我的員工是如此重要呢？難道他們不都想跳槽嗎？

　　跳槽，除了少數有野心的員工，都是員工迫不得已的做法；而安定，才是他的最根本的追求。

求安是人生的根本要求，一個「安」字，代表多少安慰與欣喜。孔子希望我們用「患不安」來消減員工的不安，因為「安」乃是激勵的維持因素。然而，員工不可能完全達到安的地步，不安只能消減，無法消滅。

員工的求安，主要建立在同仁與環境這兩大因素，而人境互動，因此產生愉快的工作環境、可以勝任的工作、適當的關懷與認同、同仁之間融洽與合作、合理薪資制度與升遷機會、良好的福利、安全的保障、以及合乎人性的管理等等需求。

安則留，不安則去，乃是合理的反應。下屬的求安程度不同，認為大安、久安、實安、眾安的才會安心的留下來。認為小安、暫安、虛安、寡安的，雖然留著，心中仍有不安，必須設法予以消滅。

安的反面是不安。公司不能做到「有本事就來拿」，過分相信面試及測驗，以致不知如何識才、覓才、聘才、禮才、留才、盡才，員工就會不安。家族式經營並非不好，但是如果不敢相信外人，不能容才、用才，就會構成員工「留也不是，去也不好」的不安。領導者不了解真正適合大眾個性的領導、溝通、激勵方法，不能人盡其才，也會引起員工的不安。

當然，公司的經營方針不明確、缺乏技術開發能力、勞務政策不能因應時代的潮流、或者不能重視整體發展，都是員工不安的誘因。

讓員工安心是對領導者的起碼要求，問問自己，你做到了嗎？

該解僱時手不軟

解僱是領導者在工作中最難做的事。有些領導者會為此整夜不合眼，想方設法減少這件事對人的打擊。不論你怎樣想怎樣做，即使解僱是你的上司做出的而不是你做出的，但只要是你把這個消息告訴他們，你就被看成是唱

黑臉的。他們常常認為你沒有盡力保護他們。

如果要你來決定解僱人,儘管你有充分的理由,但是解僱將給對方帶來極大的影響,你仍舊會感到難以痛下決心。然而這是你必須做而且還必須要做好的事。效率低下的員工必須被開除。你的同情心只能表現在為他們積極尋找新的工作上。

解僱之前,要先給予他們幾次警告,讓他們明確知道自己行為不合標準。然後在某次會見的時候,指明他的行為仍不合格,將面臨被解僱的危險。

一旦真正解僱,他們會有許多的牢騷、怨恨、困難要向你說,你不要給予任何回答或承諾,你在同情他們的處境之餘,只能對他們說:我只能,而且必須這麼做。

你還要勸告他們,要吸取教訓以免再經歷一次這樣的痛苦。這種話可能不會被當作一回事,但你必須說,聽不聽只好由他們。

有些在單位中造成不良影響的人應開除。你要明示你根據的是公司的哪些規定,以及他們做了哪些出格的事情。由於個性等原因造成的惡劣關係,很難指出其具體的原因,很難說哪件事使人際關係壞了多少,而另外哪件事使人際關係又壞了多少,並且這都是因為其中一個人的緣故。這樣的因果關係是很難指明的,與此相似,任何造成人際關係惡劣的原因都很難說明。要據此開除某個人更加困難。但是公司必須保持良好的人際關係。困難不能作為容忍公司內部不和諧的藉口。

為了克服第一次解僱別人的膽怯,你可以找個朋友充當被解僱人進行一次演習,他模仿被解僱人做出各種姿態,以免你在解僱時心理準備不足而受到損害。事後在某些場合可以要求你的上司和你在一起,不要給他人威脅你的安全的機會。上司如果不能到場,找個和你地位差不多的同事也行。

當然，也有這種情況：某個下屬早就知道自己要被開除，當你真正做出這一決定的時候，他也可能感到如釋重負，這是一個皆大歡喜的結果。

解僱對別的員工會有影響。不管被解僱的水準多低，他總是得到同事的同情，而你則被看做是毫無情面的人。這很正常。解僱本來也有殺雞儆猴的含義在內。他們能夠感覺到這層含義。不過在另一方面，你言出必行，有始有終，會受到敬畏。

解僱也有技巧

對那些實在難以管教的下屬，作為領導者你必須當機立斷，該解僱就解僱，來個快刀斬亂麻。尤其對其中一部分敢於背叛自己的下屬，更要毫不留情。

解僱員工一般總是使你心情沉重，唯一使你不感到難受的時候是當你解僱一個徹底背叛公司的人。

（一）解僱「爛蘋果」

我們曾經有一個厚顏無恥的背叛者，私下準備離開公司，並打算帶走所有他染指過的東西：客戶、卷宗、機密文件等等。當我們得知此事後，立即安排他出一天差。趁他不在的時候，我們徹底清理了他的辦公室並更換了所有的鎖。他一回來，我們就將他解僱了。

這裡並沒有任何玩弄陰謀詭計之嫌，這樣的情況無論在微型公司或大規模的公司都時有發生。遇到這樣的事你只有以毒攻毒。

記得十年前，一家大廣播公司裡一個非常有實力的部門主管，愚蠢的他貪汙了公司的財產。公司老闆將其叫到辦公室，向其出示了罪證後，宣布將

他開除。與此同時，工人們來到貪汙者的辦公室將其個人物品搬出，接著硬將辦公室貼上封條。這樣似乎有點粗魯，有點過於嚴厲，但，這也許是結束一個混亂局面的唯一方式。

（二）解僱地點的選擇

你應該選擇在什麼場合解僱某個人，取決於你自己的想法。他的辦公室，你的辦公室，另外一個什麼地方都可以。因為解僱一個員工的背景是千變萬化的，所以這裡也沒有什麼規矩可循。

有些領導者在決定解僱職工的地點與方式時，所依據的是他們希望將何種資訊傳遞給其他職工。有位公司領導者曾當著全體員工的面解僱一位主管，目的是殺雞給猴看。他將公司所有的 100 名員工召集到會議室，心裡盤算好，在會議的過程中他一定可以挑出那顆爛蘋果，並當場炒他的魷魚。這是精心策劃的一場戲，只是這名員工不知道而已。

我把這個問題留給你們去判斷，這種手腕對留下來的 99 位員工究竟能產生什麼樣的作用。

（三）解僱需要技巧

作為公司領導者，對不稱職的員工予以解僱完全是份內之事。但往往會遇到此事，即使是那些以「硬漢」著稱的公司領導者也難下決心，認為解僱員工是件很棘手的事。總擔心會引起連鎖反應，怎樣向客戶解釋呢？如何以此激發員工工作積極性和責任感，做到善後工作等等。

解僱不稱職的人，最好的辦法是：

①機會選擇適當

如果你要炒他的魷魚，應選對公司最為有利的時機。在商務來往中，你

的職員必然手中尚有要完未完的生意，掌握有一定數量的客戶，在未找到代替他的人之前，一切未準備就緒時，就暫時不要解僱他。有時你會等上幾天甚至更長的時間，以便更大限度的減少解僱他所給公司員工帶來的震動和對公司帶來的傷害。

在你準備時，或許你應及時通知客戶，公司與某人之間有些矛盾，將會有另一位員工代替他的工作，並表示公司願意與客戶繼續合作的願望。另外在公司內部可派另一員工到其負責的部門工作，並委以重任；或讓另一部門的經理與他的客戶認識，並逐漸接手其業務。

②由他先提出來

對付想跳槽的員工，最好的辦法是由他提出辭呈。讓他體面的離開公司，總比你直接下逐客令要好。如在解僱他時，給他發放一定數額的離職費，並且幫他在其他的公司找一個適合他做的工作，對你和的所作所為，他會一輩子永記心中，不會到處對你解僱他而說三道四，敗壞你的名聲。

其實安排某人主動提出辭職，並不是件複雜難做的事。但也不能太隨便，應注意當時說話的場合和方式。最容易讓人接受的是這樣說：「鑑於我們公司業務的特殊性，我認為你在公司這樣長期做下去，顯然對你公司都不太合適，公司已決定，你應離開公司另找工作。但是什麼時候離開？怎樣離開？還沒有正式決定下來，請你先考慮一下，然後我們再交換意見。」

這樣簡單而直截了當的談話，將會獲得你預想的結果。

③讓別人來「聘用」他

有的公司礙於當時聘用人的後臺關係，或其他難以言明的因素，不便直接下令讓某人離開公司，總是說服別的公司接收此人，並讓這家公司主動找該人聯絡工作。當此人被該公司「聘用」後，自認為是自己的才華被領導者看中而被挖走的，對於「聘用」之中的一切都始終蒙在鼓裡，根本不知自己

是被原公司體面的「開除」的。

④為他找到合適的位置

有些員工雖然肯做誠實，但是礙於自身程度較低、適應能力弱等原因，不太適應公司業務發展需求。如公關部的某公關先生對於結識發展新客戶，開拓新市場有一定能力，但在其他方面卻毫無辦法，並且常常會把事件弄得很糟。這裡如何安排他為好，是解僱？或是降級使用？必須認真研究。常用的處理方法是，把他調到另一個適合他的工作職位上去，或許到了別的職位，他會做得更好。關鍵是找到這個部門。

⑤果斷處置不手軟

對任何公司和領導者來說，開除或解僱員工，總是一件令人不快的事，因為這或多或少的反映了公司存在的某些缺陷或不足之處。但是如果解僱的是一個多存在一天，對公司就危害無窮的「搗亂分子」，則沒有一點值得留戀的。

讓他自己走人

不少領導者都非常抗拒做一項工作：炒下屬魷魚。理由很簡單，大抵不外兩種，一是不好意思；二是恐怕因此與下屬結怨，日後遭到報復。

一名經理炒女職員魷魚，幾乎被打。所以提到炒魷魚的工作，大多數領導者都可免則免，或委派副手去做，由後者當「黑臉」。

其實身為領導者的人士，既然坐這個職位上，也就必須承擔責任，不應逃避。況且，也不是所有員工都是那樣冥頑不靈的。炒下屬魷魚，不一定會結怨，遭人「毒手」的機會亦很微小。最近一位市場經理談起他老闆炒下屬魷魚的方法，甚有參考價值。當這位老闆一旦不滿意某名下屬的工作表現，

並想把他解僱時，他會實行其炒魷三部曲，行動逐步升級。不過通常當他使出第一招後，該名員工便立刻「明白」，自動收拾包袱而去。

這位老闆究竟怎樣做呢？

首先他會在公司內散播某某人有意離去的消息。請注意，當他這樣做時，還在別人面前裝作很煩惱、很憂慮的樣子，然後配以適當的對白：「唉，A君又說要走，看來那個部門的工作，又要亂好一陣子了。」

老闆的目的，是要讓其他職員把這個「消息」傳到該名員工耳中。當所有人反覆問後者他是否打算離開公司另謀高就時，正所謂空穴來風必有所因，無須別人開口，自己也該做了。

若碰上一名資質愚鈍，或者故意賭氣，賴著不走的下屬，老闆便會把行動升級，專找這名下屬工作上的雞毛蒜皮錯處，在開會時加以揭發，不留情面的批評，令下屬難以下臺。假如這名下屬仍然不肯離開，老闆才使出最後一招，實行面交大信封，直接炒魷魚。據聞，老闆從未使出過最後一招，頂多第二招，便已奏效。

第三十一計
從諫如流

讓部下訴訴苦

　　從業人員內心總有許多苦衷，希望能說給上司聽，但一般說來大多憋在心中，有時忍久了可能會忘掉這些不愉快，但有時越積越多就可能爆發出來，有許多人說：「因為薪水過低，我不做了。」實際上這僅是表面的藉口而已，其實心中已潛伏了許多的不滿。

　　不滿與苦衷裝滿內心，一旦再也裝不下時，就會轉變成激烈的反抗，即使沒有強烈表現出來，也可能形成輕微的精神分裂狀態。

　　到底何種不滿會攻至內心或有爆發的危險，這並非外人所能理解，故儘早找機會一吐為快，這才是聰明的方法。

　　為消除部屬內心的不滿，就要讓他自由的發言，使他發洩怒氣，這點很

重要。此時上司若不誠心誠意聽他傾訴,他會覺得說出口反而是多餘的,更覺不滿。

　　一個人在訴苦之時可能邊說邊反省,或許由此覺得自己過於任性。傾聽者在傾聽時絕不可保持沉默,不妨偶爾插幾句「是的」、「以後⋯⋯」,如此會令傾訴者自覺發表得很有意義,更會覺得你是個有修養、有同情心的上司,會更加信賴你。

　　有著寬闊的心胸、柔和的態度,令人自由自在暢順談話的上司,會使員工無形中減少許多困擾。在這種上司底下工作的從業人員,可以當場將心中的不滿完全透露出來,轉而以開朗的態度工作。

「懇談會」要開誠布公

　　開會是一門藝術 —— 一門相當高深的藝術 —— 凡是懂得利用它的領導者,可以乘著這個機會達到展示自己組織能力的目的。透過第一次會議建立你可信賴的形象,推銷你的組織魅力。

　　新調到一個工作單位,對眼前觸目可及的職員,應當處處留心,而對那些平日不易接觸到的部屬,更應多加注意,也許他們正等待著你的指揮與發掘呢!

　　因此,一個開誠布公的「懇談會」是必要的。不過,召開此種會議時,務必要多費點心思。氣氛的培養最為重要,千萬不可過於嚴肅,必須在自由談論的方式下,才能真正互相交換意見。

　　某貿易公司的企劃單位,利用每月發薪之日,舉行全體員工「懇談會」,主管們就與所有的職員一同進餐。可是第一次活動時,A科長就偷偷的向出席的職員說:「你們說話要小心點,免得出問題。」

在第二次活動之後，未出席之 B 科長，也向出席的員工查問：「這次會議，有沒有人說錯了話？」

第三次會議時，C 科長雖在席上說：「請大家隨意自由發言。」但在事後卻將發言者姓名記下，並將其發言內容一一通報所屬主管。

像這樣的做法，開再多的懇談會也於事無補，因為部屬不會說真話。

千萬不可流於形式

有許多會議，由於領導組織不得力，或者由於參加者不積極，造成光開花不結果、乾打雷不下雨的局面，這是值得反省的。作為一名優秀的領導者必須熟悉組織會議的要訣，從而開好會議，使會議上的決定付諸實施。

人們在批評那種流於形式的會議時，常常用這樣一句話：「會而不議，議而不決，決而不行，行而不果。」

會議的領導者或參加人員欠缺民主的修練，對會議的任務及會議的態度未有充分的訓練。又因對會議的目的、機能、許可權等未有明確的認識等，導致會議終於議論，或陷於消極的沉默之場面。

上面的情形即稱為「會而不議」。在集團之討論進行不佳者，其後意思決定也難。於是產生了「議而不決」的批評。

此外，更對會議所決定的事項，沒有明確的決定「何人」、「何時」、「以何手續及方法」來執行。因為職務權責、事務手續都不明確，所以會議的決議無法完全去推行。所謂「決而不行」即批評這一情形。

我們自己也都有這種會議的經驗。在會議之後所感受的是不能令人十分滿意的，只有浪費時間而極少成果的不滿感。

但是，會議的成果並不是在於會議完成之後才能知道的。事實上是在會

議未開始之前，其成果大概已可以預知並且已經決定了。這種說法，絕不言過其實。

這是因為從會議的主持人，在會議開會之前，對下列各點是否都已做了充分的檢討，會議成果就可以決定了的緣故。

（一）本會議有何具體的課題（會議的目的）。

（二）對本會議之期待程度如何。即對課題有決定權，或者是收集意見加以歸納整理即可。

（三）根據以上的情況，要使會議順利進行，應該預定多少會議時間。一次開完或繼續開幾次會，需要準備那些資料。

（四）就會議的目的來講，應該請那些人出席參加。

（五）會議之結果有義務向那些人報告或對何人負責。

上述各點未明確的話，就會成為沒有成果的會議，而結果是徒勞無功了。

這樣運作會議，不但會議本身得不到成果，假定會議上決定的事項付諸實施，其結果也會變成責任不明確而不了了之。此即所謂「行而不果」者。

胸底無私天地寬

作為一名領導者，你必須是一個有涵養的人。

領導者首先要有寬廣的心胸，善於求同存異，虛心聽取各種不同的意見和建議，不要總是對一些細微末節斤斤計較，更不要對一些陳年舊帳念念不忘，領導者的一言一行，都可以成為屬下在意的對象。

處變而不驚，以不變應萬變，以寬容對待狹隘，以禮貌謙恭對待冷嘲熱諷，不將心思牽於一事一物，不將一絲哀怨氣惱常掛在心頭，這是你作為一

位領導者，理應具備的容人雅量。

古語說：「宰相肚裡能撐船。」對於現代人來說，領導者的肚子裡要能跑火車才行。對於具有不同脾氣、不同嗜好、不同優缺點的人，你要學會去團結他們，因為你是一位領導者，你必須具備一顆平常之心。

如果你的下屬看不起你，不尊重你，並且還和你鬧過彆扭，甚至你吃過他的虧，上過他的當，你仍要掌握好自己的心態，去團結他。

也許你會說：我也曾努力試圖這樣做，但我就是做不到。

是的，這樣做，也許對你來說有些太苛刻了一點。但是如果你想一想，你有一天走進一家百貨商店購買商品，或者到一家理髮店接受服務，如果服務人員對你態度溫暖如春，你自然是心情舒暢，十分滿意。如果對方是一副鐵板一般冷冰冰的面孔，話語寒人，對你的合理要求不理不睬，進而聲色俱厲，你又會如何應對呢？

這種情況下，生氣是難免的。如果你每每遇到此類情況，就和對方大吵大鬧一場，最後以悻悻離去而收場，冷靜下來，仔細想一想，難道你不該捫心自問：這樣兩敗俱傷，又何必呢？其實仔細考慮一番，事情就是這麼簡單。

領導者只有敞開胸懷，團結各種類型的人，包括那些與自己有過節，有矛盾，甚至經常對你評頭論足、抱怨不息的人，才能群策群力，集思廣益，使自己所在單位的事業和自己的工作與日齊升。

傾聽不同的聲音

有些企業的領導者把「人和」理解得簡單化，認為不吵不鬧，沒有反對意見，開什麼會都掌聲雷動，一致通過，這便是「人和」。

他們通常不願下屬間發生任何爭端。當下屬之間稍有異議時，就皺眉

說：「你們在一起工作，像這種小問題都無法獲得一致的見解，你反對我，我反對你，怎麼行呢？」

同樣，這種領導者也不喜歡下屬反對他的意見。如果恰巧有四五種不同的看法同時提出來，他往往會覺得焦頭爛額，不知所措，最鎮靜的辦法也不過是說：「今天有許多很好的意見被提出來了，因為時間關係，會議暫時就到此為止吧。以後再找機會，大家好好討論。」想盡辦法要追求他心目中的「人和」。

這種害怕反對意見的領導者，忘記了一件最重要的事，那就是，一致的意見不見得就是最好的。

假如下屬對你的方案沒有異議，並不能證明此項提案就是完美無缺的，也許別人只是不好意思當面批評你而已。這時領導者切不可沾沾自喜，應該盡量鼓勵別人發表不同意見。鼓勵的辦法有兩種：

一是放棄自信的語氣和神態，多用疑問句，少用肯定句。不要讓人覺得你已然成竹在胸，說出來不過是形式而已，真主意假商量。

二是挑選一些薄弱環節暴露給人看，把自己設想過程中所遇到的難點告訴別人，引導別人提出不同意見。

只有集合多方面的意見，不斷改進自己，才能更上一層樓。

良好的相處，往往不是相互忍耐而得到的，有很多時候，反而是爭吵的結果。

要注意的是：當你在下屬的不同意見中選擇一種來用時，切記不要傷害未被選用意見的人的自尊心。首先應該肯定的辛苦是有價值的；其次要以最委婉的方式說明不採用意見的原因。不要讓持不同意見的下屬有勝利者和失敗者的感覺，不要讓他們之間產生隔閡和敵意。

第三十二計
未雨綢繆

抓住每一個機會

　　理想而言，領導者最好不要有不好的人際關係。但是，現實生活中有許多事情，是不能用漂亮的話來解決的。這個時候，為了不使你的人際關係再度惡化，你所做的最低限度的努力，對自己及對周圍的人都是必要的。這裡先舉幾個努力的目標。

（一）用善意的表情和態度對待

　　對方以善意的態度對待我們時，我們也要極力的回應對方。如此一來，你們二人就會越來越契合。

　　不過，無目的傻笑反而會招來反感。如果能用自然開朗的表情面對對

方，對方也會有善意的回應。努力做到不要讓對方採取抗拒的態度。

（二）無論如何不要忘了打招呼

即使一如往常，跟對方打招呼，對方仍然堅持轉過頭去，你也不要急，終究還是會出現曙光的。再一次呼喚他，當他有了善意的回應時，不要忘了，就是這個時候，是轉換人際關係的最好機會。至少這個努力，可以防止人際關係再度惡化。

（三）要特別注意說話的語調

即使你用多麼美的詞句，語調不當仍會使其效果大打折扣。所以有沒有說出凶狠的話或聲調，都是要非常小心注意的。

（四）對他的主意大聲的說贊成

比如在會議等場合，如果與你對立的下屬提一個很不錯的提議，這時你要趁機毫不猶豫的表達贊同之意。如果能將你同意的原因也清楚的講出來更好，這樣一來，才不會被人認為是在迎合某人。

（五）當著別人的面說他的好話

與你對立的下屬，也會有其良好的人際關係。如果有機會和他的朋友聊天，就多說一些有關他的事。特別是，多說一些他的優點。如果當著他的面直接說，會令人覺得你是裝模作樣，或是有什麼企圖。透過第三者傳話，能收到很好的效果。

（六）他忙的時候，伸手拉他一把

與你對立的下屬如果工作多得忙不過來，或是有不知如何處理的難題，正在苦惱時，你要積極的表現出願意幫忙的態度。也就是下定決心，一定要

接近他。

如果你期望你的人際關係不會惡化，那麼，不要讓任何機會從你眼前溜過。

人是會改變的。再怎樣激烈的對峙，眼淚也會有哭乾的時候，最後反而會開始懷念起對方了。

要打開頑固緊閉的心扉，只能靠著一顆「不著不急、等待的心」。也有人說：「好命不怕運來磨」。藉著最後的努力也或許能夠轉禍為福。如果上下之間的關係已經陷入僵局，你卻放任不管的話，對雙方都沒有好處。遇到良機時，就要好好把握，積極改善。

找準導火線

下屬之間產生摩擦，如何處置，是擺在企業管理者面前的一個棘手的問題，搞不好，會影響全盤工作。在正式處理這種摩擦之前，弄清楚摩擦產生的原因十分重要。

（一）處事策略不同產生摩擦

人們由於處理事情的方式、方法，以及對問題所抱有的態度與重視程度不盡相同，在很大程度上會導致人與人之間的正面交鋒，出現人際摩擦。

處於摩擦中的當事人是不會輕易放棄自己多年的辦事作風的，除非你真正讓當事人雙方認清他們各自的方法對工作問題的解決是有利還是有弊，並且用實際行動告訴他們正確的處事方法將會帶來的龐大收益，這樣才有可能化解矛盾，消除摩擦。

處於「情緒激動」狀態的人，對於對方的任何辯解是無法聽進去的，甚

至會產生「面目可憎」的感覺，這時候第三者的介入會把雙方的注意力引向一個共同的方向，為最終的諒解提供了可能。

你不能武斷的就斷言某某說法可行，而對某某貶得一無是處。最好的辦法就是用事實說話，這樣做的目的不僅會讓當事人雙方親眼看見彼此的優劣，而且也會為他們提供更好的方法與思路去有效的解決問題。你可以拿出公司關於這方面的問題案例，或是借用別的公司處理問題時的成功作法，讓他們從中受到某種啟發，自我反省各自方法的可行性。

你當然也可以讓他們各自試著去做一下，或者來個競賽，將任務問題分成若干部分，讓他們分頭處理，用最後的成效來讓當事人心悅誠服。

(二) 責任歸屬不清產生摩擦

許多人際關係方面的摩擦與責任方面的混淆不清纏雜在一起。也許摩擦的雙方對問題都負有責任，然而，若論主要的關鍵：認清所有權。

所有權對責任來說可不是什麼好的事物，從人的本性而言，人們都有推卸責任的傾向，這就使得你要處理的問題變得複雜了。

第一步就是要查明問題的真相，注意搜集有關這方面的情報資料，好在當事人有「矢口否認」的動機之前，就用它們為當事人提醒一下，以免他們以後尷尬。

在有了足量的資訊，明確了責任的歸屬之後，你所要做的就是讓雙方都承認自己的責任所在，而後再將責任的所有權移交那個應當負主要的責任人，你最好把責任轉化為新的工作任務或問題，而不是員工身上的包袱，這對問題的最終圓滿解決，雙方能否握手言和至關重要。

(三) 資訊謬傳產生摩擦

企業是一個很大系統，它的高效營運，不僅需要有訓練有素的員工，還

要有發達的資訊傳遞系統，資訊的準確傳遞會讓企業成員迅速理解上司的工作意圖、對工作具體的要求和策略變動情況。

但是，在一個企業中由於資訊系統的不健全，或是資訊發出與接受的雙方引起的誤會導致資訊的謬傳，直接引發人際摩擦的產生。

如服裝公司準備上夏季的新款女士短裙，而放棄生產冬季熱銷的裙褲，但由於資訊的傳遞的延誤，使工廠還在生產過了時令的裙褲，導致大量商品的積壓與資金的周轉不靈。

這一實例，正是反映了資訊謬傳所造成的危害，上級向下級問罪，下級間的互相責怪使企業內硝煙不斷。

處理資訊謬傳所造成的人際摩擦要求你有很大的魄力和勇氣，由於這種資訊的謬傳所引發的責任是很難算到個人頭上，人們的常識會告訴他們：命令總是從上面來的。

所以，你在處理這樣的人際摩擦時，首先就要將責任攬在自己身上，這使你成功了一大半。人們再不會為誰該負責大嚼舌頭，只會偶爾發幾聲牢騷埋怨一下，或嘆幾口氣。你的下一步就是去著手挽回損失，帶領相關力量在明確了具體的資訊要求之後，展開補救工作。這樣做會使捲入衝突的雙方將注意力轉到同一個對象上，從而在工作中找回昔日的感情。問題解決到這裡，對你來說，似乎還沒有結束。因為引起摩擦的根源尚未徹底清楚，你的最後一步就是去迅速建立起有效的資訊傳遞系統，以求將摩擦杜絕在資訊發出之前。

（四）情緒衝突產生摩擦

在所有的摩擦過程中，這種關於情緒衝突而產生的人際矛盾是很難處理的，這正如人的情緒難以捉摸一樣。

人們在工作中即使不會因為上述原因而產生摩擦，也會因為自身情緒的變化與共事的其他人產生無意的「情感碰撞」。這些情緒並非源自工作的本身，它們是企業之外一些事件在人們心理造成的不快的延續。

情緒摩擦有它的短暫性，正如情緒變化一樣，但你若不認真對待，它也會在組織人際關係的和諧上留下深深的痕跡。

是的，你無法預測他們的情緒，更無法控制它們，但你可以設身處地的替他們著想。如你的一位員工在一大早趕來上班時，由於急著趕車忘記了拿傘，在路上被淋得渾身濕透，更糟糕的是這個員工在擠車時又不慎丟失了錢包，雖然沒有什麼特別貴重的東西，但還是將半個月的薪資賠了進去。當他氣沖沖跑進公司，已經遲到十分鐘了，顯然，這個月的獎金又沒了。這一切的遭遇對一個個性暴烈的人來說，是根本無法容忍的，他要發洩，最終口角發生了，摩擦產生了。解決這類情緒所造成的摩擦，你最好用一顆愛心，與帶有母性的理解來處理，對無辜的受害者在拍了他的肩膀，微笑的表示了無奈之後，就要迅速與受害者一起來幫助那位受害更深的人。

記住，這裡要贏得那位無緣無故忍了一身氣的員工的支持。要與他一起展開工作，當他設身處地的將他人的遭遇在腦子裡經歷一番時，同情會化解怨恨的。

不妨來個冷處理

當下屬之間出現矛盾時，處理這種矛盾是很講技巧的。處理得好，化干戈為玉帛，共同進步；處理不當，矛盾終會導致「白熱化」，至此程度，作為領導者你也就很棘手了。

當下屬間出現摩擦時，你首先要保持鎮靜，不要因此不高興，甚至火冒

三丈，這樣你的情緒對矛盾雙方無異於火上澆油。

不妨來個冷處理，不急不徐之中，會給予人此事不在話下之感，人們會更相信你能公正處理，假如你自己先「一跳三尺」，處理起來顯然不太合適，效果也不會很好。

雙方因公事而產生矛盾時，「官司」打到你的跟前，這時你不能同時向兩人問話，因為此時雙方矛盾正處於頂峰，此時談來，雙方定會在你跟前又大吵一頓，讓你也捲入這場「戰爭」，雙方可能由於誰最先說一句話，而爭論不休。

到底是先有雞後有蛋，還是先有蛋後有雞，此時是爭論不出個一二三的。這種細節的問題，也委實難以證明誰是誰非。

不妨倒上兩杯茶，請他們坐下喝完茶讓他們先回去，然後分別接見。

單獨接見時，請他平心靜氣的把事情的始末講述一遍，此時你最好不要插話，更不能妄加批評，要著重在淡化事情上下工夫。

事情往往是「公說公有理，婆說婆有理」，兩個人所講的當然會有出入，且都有道理，你在一些細節問題上也不必去證明誰說得對。

但是非還是要由你斷定，當你心中有數了，此時儘管黑白已有，也不要公開說誰是誰非，以免進一步影響兩人的感情和形象。假如你公開站在一方這邊，顯然這方覺得有了支持而氣焰大漲，而另一方則會覺得你偏袒一方。

你不妨這樣說：「事情我已經清楚了，雙方完全沒有必要吵得這麼凶，事情過去了就不要再提了，關鍵是你們要從大局出發，以後不計前嫌，精誠合作。」想必經過幾天的冷靜，雙方都有所收斂，你這麼一說，雙方有臺階下，互相道個錯，也就一了百了。

如果純屬私事，你也應該慎重處理，切不可袖手旁觀，因為兩人私事上的衝突會直接影響到工作，也要分別召見兩人，但和處理公事不同。

對於他們之間的私事，你沒有必要「明察秋毫」，評定誰是誰非，有許多私事是十分微妙的，看似簡單，實則越處理事情越複雜，可能會扯進來很多人，事情越鬧越大，定會影響公司的整體工作。

　　你不妨說：「我不想知道你們之間的那些事，但基於工作我要求你們通力合作，不容許工作受私事影響，希望你們清楚這一點。」

　　俗話說：「釣魚不在急水灘。」選擇風平浪靜的地方，選擇風和日麗的時間，才能有所收穫。否則的話，不但可能於事無補，說不定自己還會被捲入漩渦。這一切必須牢記在心。

團結對自己有意見的員工

　　在企業中，總有一些員工對領導者有意見，不管是對還是錯，他們都會對你提出意見，對這些人不能進行打擊、報復。這樣做讓你失去一部分員工對你的信任。因此團結對自己有意見的員工，能夠擴大自己在員工中的威信，進一步提高自己的魅力。

　　在工作中不可能沒有衝突，不可能沒有摩擦和誤會。專業領導者在領導活動中與員工的不協調是絕對的，協調是相對的，重要的是出現矛盾和出現分歧後怎樣處理。

　　（一）領導者的氣量要大，胸懷要寬大。尤其是當被下屬誤解時，更要有一定的氣量，不可遇事斤斤計較，耿耿於懷。

　　（二）溝通上要主動。當上下級發生衝突後，下級的心理壓力往往要比上級大。此時，領導者要主動接觸，減緩下級心理壓力，化解矛盾，不能坐等下級來「低頭認錯」，要為緩解關係創造有利的條件。

（三）當下級遇到困難時要備加關注。當那些反對過自己，對自己有成
見的下屬遇到困難時，領導者更應關心，促其感化。

（四）要勇於任用那些反對過自己，包括實踐證明是反對錯了的人。對
那些反對過自己包括反對錯了、知錯改錯的下屬，只要他們確有
真才實學，就要給予平等的任命，以激發他們的積極性。

傾聽抱怨

當人們受到不公正的待遇時，通常會有情緒化的反應。他們反應的第一
步就是發牢騷。我們對任何事情都有牢騷，從早晨上班尖峰時間的交通擁擠
到不正常工作的影印機所帶來的煩惱。

通常，發牢騷只是一種消氣的手段。如果這種令人苦惱的問題仍未得到
解決，牢騷就可能累積成為抱怨；如果抱怨未得到正確處理，他們會覺得很
委屈，並會嚴重影響員工和組織的工作表現。

解決這一問題的辦法就是要對牢騷保持敏感，對抱怨則要保持高度注
意。當你的員工抱怨某件事時，要以關切的態度迅速做出反應。要讓他們知
道在關注著這個問題。

要徵求他們解決問題的辦法，聽聽他們的建議，然後決定可以採取哪些
應急的和長期的方案，然後就要著手進行解決以確保方案的執行，以減緩抱
怨並解決問題。

隨著時間的推進，那些未得到解決的問題會引起越來越多的抱怨。如果
你仍不採取可行的辦法對抱怨做出反應，人們就會認為你不關心這件事。如
果處理不當，這些態度會在你和你的員工之間造成裂痕。

那些不想成為有分歧組織成員的員工會改變他們的工作機會。你可能難

以設想一個未被解決的抱怨會在領導者和團隊成員之間激化成嚴重的衝突，但它的確會發生，而且發生得比我們想像的更為頻繁。

　　要傾聽抱怨，傾聽人們那些不得不說的話。要以行動做出反應，不要傲慢的一說了之或草草許諾了事，要切實採取行動。

第三十三計
勤於溝通

溝通的影響

「溝通」，可說是許多領導者成功致勝的重要法寶之一。

一次，某廣播公司對一位著名的主管進行現場訪問，主持人劈頭就問：「做個受人尊敬的領導者，請問，最難學習的管理課題是什麼？」

那主管本能直覺脫口說道：

對一位成功的領導者來說，應該沒有什麼所謂最難的課題，如果要問我，在管理上我獲得最大的成就是什麼？我認為答案應該是透過嫺熟的「溝通技巧」而贏得大家對我的認同與忠誠。這些讓我能立於不敗之地的溝通技巧，可說是我一生最珍貴的資產，也是我終身一直不斷努力學習與精益求精的人生課題。

第三十三計　勤於溝通

從你開始擔任主管第一天起，你就應該一直深信不疑：溝通能力和專業知識同等重要。

你必須反覆告訴自己兩件事：管理實務中沒有不可能的事，以及一有機會，就不厭其煩增進你的溝通能力。假如能謹記這兩項原則，成功是毫無疑問的。有相當多的主管確實遵行上述兩項原則而獲益不淺，你不妨借鏡參考。

你可曾發現一項驚人的事實：績效的高低與領導者花在溝通上面的時間多寡往往成正比。許多成功企業的總裁、總經理、專業經理人，他們花在溝通方面的時間的確都高達50%以上，有部分人更高達90%。一位資訊業的總經理在一項命名「成功的溝通」座談會中，就直言不諱溝通的重要性，他說：

「……當我開始完全學會溝通技巧之時，也是我事業正式起飛，踏上成功大道的關鍵時刻。現在我每天要花掉平均約70%的時間，和我的夥伴、部屬們面對面開會溝通，當然，我也必須和外界的供應商、經銷商、顧客、政府單位等有利害關係的人們進行溝通，總之，我現在每天都重複不斷要做的唯一大事，就是『溝通』。」

同時，一個人爬得越高，他學習更新、更好、更多進行有效溝通的技巧，就更加迫切。所謂成功的經理人們，無一不是溝通的佼佼者，他們個個都是最擅長將自己的夢想、理念、目標和熱情傳播給別人的成功人士。不但如此，他們平常最喜愛閱讀有關「溝通」方面的書刊，一有機會，就參加「溝通」訓練課程。總之，他們喜歡與人溝通，並努力學習做個成功的溝通者。由於他們擁有比平凡者更高明的溝通能力，受人賞識，嶄露鋒芒而出線的機會就自然比一般人多了許多。

如果有人說：「溝通能力是決定管理者是否有潛力平步青雲的關鍵因素之一。」你會不會舉雙手贊同呢？

成為受人尊重的領導者

「溝通、採納意見、願意傾聽」，是在一份針對兩千多位主管做過的調查報告中，被受訪者評定為領導者博得眾人尊重的最重要的第一個特質。

你想成為真正受人尊重的領導者嗎？建議你趕快再多花些時間、精力、學習和增強你與人溝通的態度、能力和方法。

有些管理者可能是天生的領袖人物，但絕大多數的人，在溝通方面的潛能，需要加以開發、培養和發展。

在企業管理工作中，領導者必須有前瞻的眼光、神聖的目標，指引全力衝刺的方向帶頭前進。然而，卻有許多的領導者在和別人進行溝通時，喜歡大聲咆哮、逞口舌之快、專斷拔扈，強迫別人接受他的意見。請教大家，如此的領導風格和溝通方式，會獲得成功嗎？相信你的答案肯定是：不會。因為，大家都心知肚明：沒有能力做有效溝通的人是無法真正激勵別人的，縱然他雄心壯志、才華蓋世，由於缺乏良好的溝通能力，還是很難獲得更美好成果的。「溝通」是一切成功的基石。

溝通並不是一件挺困難的事，要學會有效溝通，說穿了並沒有什麼特殊的竅門，只有五點最基本的觀念。以下是一些達到有效溝通的條件，對想要有效成為溝通聖手的領導者特別有助益。

（一）溝通永無止境。任何時間、任何地點，你都可以和別人進行溝通。如果你要做得更好的話，建議你建立一個固定溝通的時間，並給每一位夥伴一對一溝通的機會，尤其當你是位高階管理人時，特別有效。記住，有效的溝通並不限於在辦公室內進行，任何與人會見的地方，如教室內、教堂內、高爾夫球場上、展示會中、藝廊、餐館……等場所，只要時機適宜，就可以進行溝通。

（二）溝通要有充分的時間。當決定要和別人進行面對面溝通之前，最好先確定自己有足夠的時間，不會受到其他事情的干擾，以免良好的溝通氣氛、情緒因突發狀況發生而受到影響，讓對方誤認為我們缺乏誠意。

（三）溝通之前不妨盡量做好準備。當然，你不必針對每天都在進行的例行性或隨興式的談話特別做準備，不過，當你遇到了下列這些特殊情況時，就應做好萬全的準備。

1. 解釋公司的重大政策有了一百八十度的轉向。

2. 準備推動一項史無前例的改革方案。

3. 對於溝通對象的前途或權益有重大影響。

4. 宣示大家共同建立一種嶄新強而有力的企業文化。

建議你在溝通之前，先探討一下下面的各種問題。

1. 我想做的是什麼？

2. 我主要的目的是什麼？

3. 誰會接收到這訊息？

4. 接收訊息的人，對這項溝通主題，可能會有怎樣的態度？

5. 他們對這件事情應該知道多少？

6. 溝通的時機是否合適？

7. 溝通的內容是什麼？

8. 我想表達的重點是否清楚？

9. 使用的語氣與辭句，是否恰當？

10. 細節資料是否足夠或會不會太多？

11. 要求對方採取的行動是否清楚？

12. 訊息有沒有任何曖昧不清之處？

13. 所提述的事實資料，有沒有經過求證？

14. 是否需要對方回饋？

15. 是什麼方式溝通最好？寫紙條、打電話還是當面晤談？

（四）展現你有想建立信賴關係的言談舉止。你可以藉著互相稱呼對方名字，來塑造開放、友善和輕鬆的氣氛；你可以把你辦公室的大門永遠敞開著，讓別人知道你真正隨時願意接受別人和你溝通；你也可以用肢體語言表達你願意放下身段的誠意。總之，只要你願意，你可以想盡任何方法，讓對方對自己和對你有美好的感覺，你就贏在溝通的起跑點上了。

（五）做一位好聽眾。有位經驗老到的溝通好手的建議相當詼諧又發人深省，他說：「溝通之道，貴在於先學少說話。」多聽少說，做一位好聽眾，處處表現出聆聽、願意接納對方的意見和想法的模樣。這時候，你會慢慢發現到對方也比較願意接納你，並且提供你所需要的答案和訊息，甚至把他的真正想法告訴你，讓你一切事事順心如意。

一位成功的領導者必須經常花相當多的時間，和他的夥伴及上司做面對面的溝通時，最常被運用到的兩項能力：一是洗耳恭聽，另一項能力則是能說善道。

所謂「洗耳恭聽」，指的就是「傾聽」的能力，這是邁向溝通成功的第一步。至於「能說善道」，則是「說服」的能力。當別人來跟你做當面的溝通，或者你主動與別人進行面對面的晤談，爭取夥伴支持你的計畫並爭取他們的通力合作時，你是否善於運用「傾聽」與「說話」的藝術、工夫，來達成你的目的呢？在談到這些原則、技巧之前，你不妨反覆思考一位受人敬重的政治家邱吉爾的一句金玉良言：

站起來發言需要勇氣，而坐下來傾聽，需要的也是勇氣。

改善傾聽技巧，是溝通成功的出發點。

上天賦予我們一根舌頭，卻賜給我們兩隻耳朵，所以我們從別人那裡聽

到的話，可能比我們說出的話多兩倍。希臘聖哲這句話的用意，就是告訴我們要多聽少說。

溝通最難的部分不在如何把自己的意見、觀念說出來，而在如何聽出別人的心聲。

敞開辦公室的門

如果你注意一下，就會發現，傲慢型的領導者辦公室的門從來都是緊閉的，就好像領導者的臉一樣總是緊繃著。原因在於，他從來不徵求下屬的意見。

這是註定要失敗的！

使一個人感到自己很重要，並能使你贏得支配他的無限能力的最為快捷的方法，就是請求他的幫助或者徵求他的意見。所有需要你做的，只是說一句「對這個問題你有什麼看法？」你這樣做甚至能使保全人員回家向他的老婆吹噓，說連公司的經理都向他徵求解決問題的辦法了。

不過，這裡有一點需要你加以留意：當你向某人徵求意見的時候，你要認真有禮貌的傾聽人家的回答，不管對方的話在你聽來會感到有多麼的離奇，你都得耐心的聽，一直要把人家的話聽到底，不管其觀點是否與你的看法一致，都不能有任何表示懷疑的態度，甚至你明知道他的建議毫無用處，也不能說出來。否則，你就會挫傷他的自尊，就會降低他的自我價值，導致與你的初衷背道而馳。當他講完話以後，你要由衷的謝謝他，你要告訴他，你會想盡一切辦法按照他的建議去做。你會發現，你這種肯於聽取意見的做法，會促使員工動腦筋思考更好的工作方法。這樣做對你是極有好處、極為有益的。聽取別人意見頗像淘金，你看著的是沙子要比金子多得多，但當你

發現一塊金塊的時候，你會狂喜得情不自禁。

坦率的講，我不喜歡意見箱。我認識的一些高階管理人員也不大喜歡這種東西。例如，一家知名企業的領導者就不使用意見箱。

「我知道有不少公司用意見箱的方式徵求員工們的新想法和新辦法，」他說，「我們這裡也曾經放了一個意見箱，但後來就拆掉了。因為這種做法太不近人情。此外，提意見的人從來不知道他提的建議是否真的被上司看過了，還是被當作垃圾扔掉了。現在，我的辦公室的門整天都敞開著，任何一個員工只要感覺有什麼可建議的事情，就可隨時進來談一談。如果他的建議內容比較複雜，需要一些圖示或者詳細描述，無論需要什麼樣的協助，我們辦公室的工作人員都會向他提供。當我們一開始推行這個辦法的時候，確實收到不少各式各樣的建議，其中有用者微乎其微，但我們沒有灰心或者放棄。現在，如果有人進辦公室來提新的建議，就很少是沒有實用價值的。」

把門開著是使人感到自己重要的一種極好的辦法，這種方式會使你的員工知道你是真正的對他發生興趣，是真正的對提出的建議發生興趣。他們會感到他們很容易見到你，他們可以把他們的想法和問題隨時告訴你，你也會認真的聽他們的講話。一扇敞開著的門，就能把你是一種什麼類型的人向你的員工講清楚了。它會幫助你獲得駕馭他們的無限能力。

傲慢型的領導者要想改變形象，再沒有把門打開更好的辦法了。

尋找共鳴點

校友、同鄉、性格和遭遇，都可成為團體成員的向心力。

據說以面談為職業的人，都是在事先調查對方的資料之後，根據此資料，再找出談話的內容。

一個傑出的面談者，必然都了解此一訣竅。

亞洲人性格內向，不易在第一次謀面時，就與人坦誠相待。但是如果對方與自己具有親戚關係，或是校友、同鄉等，那麼即使是第一次謀面，也往往會表現出友好的態度，甚至更會因此團結起來對付外人。此種情況委實屢見不鮮。

所以，上司如果能讓下屬產生「自己人」的意識，自然可加強學習的意願。對於下屬，找出共通之點，據此加以強調，是很重要的。

從心理學而言，使對方與自己的心理連在一起的作用稱為「促進彼此信賴的關係」。

尋找與下屬的共通之點，便相當於此種「促進彼此信賴的關係」。

這種共通點越多越好，而且關係越近，越有效果。

例如出生地、畢業的學校、性格、類似的遭遇等，只要能找出二三項，即不難加強團體內成員的向心力。

事實上，若要找出彼此的共通點並不困難。就出生地而言，對於是否在該地出生並不重要，只要是曾經在當地住過，即可成為談話的資料。

如同校畢業者、同鄉形成一個圈圈時，則多半會引起其他同事的反感及排斥，此點應加以注意。

多交談是絕招

很多人認為「和下屬討論工作」，是「理所當然」的事；但真能這麼做的管理者，卻是少之又少。

領導者通常有以下兩種類型：

為人和藹可親，常和下屬輕鬆交談，對重要工作卻三緘其口。

雖然每天和下屬見面，卻很少交談，甚至不打招呼。

第一種領導者多半認為：「已經決定的事再多說也無益。」

第二種領導者則只說些例如：「喂！給我一杯咖啡！」「這些文件整理一下！」這類簡短的話，或許他天生就是沉默寡言的人吧！

如果主管連例行工作都要一一吩咐，那麼有時反而會讓彼此覺得礙手礙腳。

但是，每個公司至少一星期做一次意見收集整理、各部門狀況和資訊的交流。

此外，公司主管要在深思熟慮員工的經驗、適應性、能力後，再分配工作。

對待資深員工要像對待新進員工、兼職員工一樣公平，不要片面指示他們做這個做那個，這樣會抹殺了下屬的能力。

應該給能力強、經驗豐富的人做些「有系統」的工作。

在交付「有系統的工作」時，一定要明確的指示「何時完成」、「怎麼做」。

否則，主管想的和下屬做出來的東西，可能會完全不同，因而趕不上交貨日期，亂了方寸。雖然領導者要下「明確的指示」，但前提是要做整體的工作分配。要先清楚的告訴員工「必須做的工作是什麼」。

為了能將全部工作做適當的分配，和下屬討論是絕對必要的。

不論是和藹可親的管理者，或是沉默寡言、只做片面指示的管理者，不和下屬討論工作，都無法使下屬發揮能力。

因此，身為一位領導者絕對要「徹底和下屬討論工作」才行。

第三十三計　勤於溝通

聽比說更重要

傾聽別人說話，可說是有效溝通的第一個技巧。做一個永遠讓人信賴的領導者，這是個最簡單的方法。眾所周知，最成功的領導者，通常也是最佳的傾聽者。

「我認為不能聽取部屬的意見，是管理人員最大的疏忽。」玫琳凱・艾施在《玫琳凱談人的管理》一書，曾對傾聽的影響，做了如此的說明。

玫琳凱經營的企業能夠迅速發展成為擁有二十萬名美容顧問的化妝公司，其成功祕訣之一，是她相當相當重視每一個人的價值，而且很清楚了解員工真正需要的不是金錢、地位，他們需要的是一位真正能「傾聽」他們意見的領導者。因此，她嚴格要求自己，並且使所有的管理人員銘記這條金科玉律：傾聽，是最優先的事，絕對不可輕視傾聽的能力。現在，你應該了解到傾聽技巧好壞，足以影響一家公司變得平凡偉大的道理何在了吧！

有人說：在人類所有的行為中，高明的傾聽態度，最能夠使人覺得受到重視及肯定自己的價值。

有許多頂尖的行銷人員，他們幾乎都不是滔滔不絕，具有舌燦蓮花口才的人，說服能力也好不到什麼程度。然而，他們的業績卻高出那些表現平平的同事十倍、二十倍之多。你可知道，為什麼有這麼大的差別嗎？

一位高階傳銷商，畫龍點睛說出了他的成功之道：

「有人問我為什麼一直能保持佳績，月收入七位數字？我仔細分析過原因，我覺得所有的傳銷商的企圖心和能力都在伯仲之間。只是，我在每一次拜訪的過程中，設法讓準顧客說話的時間比我多出三、四倍以上，在面對面溝通時，我通常都扮演一位忠實的聽眾，也許這就是我贏過別人的地方吧！」

我們經常從報章雜誌，以及各種調查報告中，看到不少千篇一律的報導：善於傾聽的主管通常能夠獲得較好、較高的職位，其升遷速度也比那些忽視傾聽工夫培養的人快上許多。

事實正是如此，那些堪稱為傑出的成功人士們，十之八九都是典型的「最好的聽眾」，他們在工作上都不斷締造過驚人的記錄，而他們事事順利的成功，都歸功於當初最好的聽眾。

請想想看，你是世界上最好的聽眾嗎？

請銘記在心：成功的領導者都是真正貪圖傾聽人價值的人。

想想看，你是否承諾自己要做一位更好的聽眾？其實，要想增進傾聽技巧，並不困難。以下十項簡單易行的方法，希望有助於增強你真正的傾聽能力和技巧。

（一）首先，你要表現出很喜歡、很希望、很願意聽對方所講的內容。

（二）要有耐心，按捺住你表達自己的欲望、鼓勵對方淋漓盡致表達出來。

（三）要很專注的聽。不要被外在事物而分神，也不可因內在原因而分神。

（四）將對方的重點記錄下來，不過要看對方的立場、身分而定。

（五）應該避免幾個不良習慣：挑剔、存疑的眼神、不屑一聽的表情、坐立不安的模樣、插嘴。

（六）要反覆分析對方在說什麼，想想看有無言外之意，或弦外之音。

（七）設法把聽到的內容，和自己牽連在一起，從中找到有益的觀點、用途和建議。

（八）不妨在腦海中複述你要利用的訊息、觀點，直到記清楚。

（九）多聽少說。記住「飯可以多吃，話不可多說」的道理，但不妨適

時發問。

（十）不可驟下斷語。讓對方把話全部說完，再下結論。

如果你遵循上述各項建議，並確實設身處地為對方著想，專心聽別人說話，你就成功了一半。接下來，你要進一步學習另一項重要的技巧 —— 如何說服，如此，你的溝通能力才可以更上一層樓。

第三十四計
不即不離

真工夫全在進退間

　　是「進」，還是「讓」，對領導者而言，是使自己立於不敗之地的一種良策。只懂得「進」的領導者，性格過於狂烈，是在鋼絲繩上冒險；只懂得「讓」的領導者，性格懦弱，是對重大難題的迴避。也許，一進一讓是領導者打好關係、團結大多數人的一種方法。因此，進退之間見工夫。

　　有句俗話叫做「一勤天下無難事，百忍堂中有太和」。古人講究「勤」和「忍」，認為這兩方面是做大事、成大業的最根本要求。而且，事實也往往如此，一勤，一忍，往往能夠使一個人一步步的走向成功。古時成大事者多是忍中的高手。單從領導方面來說，韓信是將才之中的代表，諸葛亮是謀臣裡的代表，劉邦是皇帝之中的代表，他們都因為善忍而成就了一番事業。韓信

第三十四計　不即不離

少年時好遊俠，但曾經受過無賴子弟的胯下之辱而不動怒；諸葛亮心懷珠璣，縱橫天下之事於心中，但他卻甘願做一個躬耕自食的小農民；劉邦貴為萬萬人之上的皇帝，但當韓信求封齊王的時候，他仍舊忍了下來，溫順的封了韓信一個齊王。現在，要想做一個成功的領導者就更要學會忍。

小張是一家公司的領導者，工作勤奮努力，薪資也不低，但他卻過得一點也不快樂。回到家裡之後不是唉聲嘆氣，就是對妻子和孩子發脾氣，搞得家人總是膽顫心驚。但平心靜氣之後，他也對此深深自責，向妻子和孩子賠禮道歉，態度也變得非常溫和。他的前後態度為什麼會發生這麼大的變化呢？

熟悉他的人都知道他這個人處處都好，就是有一處欠缺，那就是脾氣躁，火氣大，容不得別人對他的無端指責。老闆莫名其妙的臉色，同僚們的無聊玩笑和暗地裡的惡毒攻擊，下屬們的令行不力和陽奉陰違，常常惹得他肝火大犯，搞得家裡人只得唯唯諾諾。

有一天，一位故友來訪，他以在公司裡受了一番惡氣的事情向老友訴說了一番。朋友聽後未置可否，先是笑了幾聲，隨後才說道：「你只知道自己不快樂，那麼你有沒有想想別人的遭遇呢？在公司受點怨氣本來就是很正常的事情，你卻因為這個而整天唉聲嘆氣，在你發脾氣的時候，你有沒有想過嫂子的感受呢？」

至此，小張才真正醒悟過來：其實妻子比他在公司裡受的委屈更大，但妻子卻為什麼能夠一言不發呢？從此，他開始有意識的改變自己的壞脾氣，開始不卑不亢，開始禮賢下士，開始學會涵養自己的胸襟。他彷彿一下子換成了另一個人，一系列對待老闆、同僚和下屬的成熟策略被他動用得純熟無比，人際關係也變得無比融洽起來，他甚至獲得了一個一貫挑剔、嚴厲和不講人情的主管的讚賞。雖然在公司裡仍舊會發生一些令他不開心的事情，但

這已經不會影響到他的工作情緒，他始終保持著良好的精神狀態，工作也越來越出色。

其實，在一家公司之內產生一些爭鬥是非常正常的事情。作為一名領導者，誰都希望自己的下屬溫善馴良卻又能力非凡，令出必行，必然及時而圓滿的完成自己交給他們的任務，這就產生一種領導者對下屬的壓力；而作為同僚，誰又都希望自己能輕鬆工作，繁重的任務則盡量藉故推託，所以同僚之間常多互相攻擊，互相指責，互相拆臺，甚至互相爭搶，這也就造成了一種同僚之間的壓力；而作為下屬，則希望上司英明決斷，頭腦聰慧，雷厲風行，能夠體恤下屬，能與下屬打成一片，善於發現下屬的成績與可貴之處並加以適時適地的讚揚，同時又要求上司善做伯樂，甚至不忌諱功高蓋主，給下屬一個盡量發展的自由空間，這種要求也就形成了一種下屬對領導者的壓力。對於一個中層領導者，這三個方面的壓力在所難免。

公私分明眾人敬

領導者指使他人替自己辦私事，其後果是相當嚴重的。如果只偶然為之，如將球袋放入車內、順道去銀行提款等，還可以諒解。即使這樣，也不能成了習慣，動不動就指使對方為人服務，時間長了，你就會失去對方的尊重。

還有些事是不可讓下屬代勞的，比如讓祕書替自己寫書信，這種行為會讓對方覺得自尊心受到嚴重損害，會對你產生敵意，不長時間會離你遠去。還有一類人，在請人做事不成後反而惱羞成怒，這種行為更讓對方瞧不起你。這只表示你缺乏修養，缺乏自知之明。

當然，每個人在私底下都有求人之事，如果你態度親切和氣，他們當然

樂於幫你。你千萬不可自視高人一等，得了便宜又賣乖，更以命令的口氣指使他人。同時，應注意的一點是，在請同事辦理公務以外的私事時，不得用公務時間辦理，弄得不好告你「擅用職權」，你吃不了可要兜著走！

與下屬保持距離，不可與部下太親密

孔子說過一句話：「臨之以莊，則敬。」

這句話意思是說，領導者不要和下屬過分親近，要與他們保持一定的距離，給下屬一個莊重的面孔，這樣就可以獲得他們的尊敬。

領導者與下屬保持距離，具有許多獨到的駕馭功能：

首先，可以避免下屬之間的嫉妒和緊張。如果領導者與某些下屬過分親近，勢必在下屬之間引起嫉妒、緊張的情緒，從而人為的造成不安定的因素。

其次，與下屬保持一定的距離，可以減少下屬對自己的恭維、奉承、送禮、行賄等行為。

第三，與下屬過分親近，可能使領導者對自己所喜歡的下屬的認識失之公正，干擾用人原則。

第四，與下屬保持一定的距離，可以樹立並維護領導者的權威，因為「近則庸，疏則威」。作為一名領導者，要善於掌握與下屬之間的遠近親疏，使自己的領導職能得以充分發揮其應有的作用，這一點是非常重要的。

有些領導者想把所有的下屬團結成一家人似的，這個想法是很可笑的，事實上也是不可能的，如果你現在正在做這方面努力，勸你還要趕快放棄。

退一步說，即使你的每一個下屬都與你八拜結交，親如同生兄弟。但是，你想過沒有，你既然是本部門、單位的領導者，那麼，你與下屬之間除

去有親兄弟般的關係以外，還有一支上下級的關係。當部門、單位的利益與你的親如兄弟的下屬利益發生衝突、矛盾時，你又該如何處理呢？

所以說，與下屬建立過於親近的關係，並不利於你的工作，反而會帶來許多不易解決的難題。

在你做出某項決定要透過下屬貫徹執行時，恰巧這個下屬與你平常交情甚厚，不分彼此。你的決定很可能會傳到這個下屬的手中，他如果是一個通情達理的人，為了支持你的工作，會放棄自己暫時的利益去執行你的決定，這自然是最好不過的。

但是，如果他是一個不曉事理的人，就會立即找上門來，依靠他與你之間的關係，請求你收回決定，這無疑是給你出了一個大難題。

你如果要收回決定的話。必然會受到他人的非議，引起其他下屬的不滿，工作也無法展開。不收回，就會使你與這位下屬的關係出現惡化，他也許會說你是一個太不講情面的人，從而遠離你。

與下屬關係密切，往往會帶來許多麻煩，導致領導工作難以順利進行，影響領導者形象。所以，請你記住這句忠告：「不即不離最好，不必稱兄道弟。」

作為一個公司的老闆，如果想組織一支一流的員工團隊，要記住另一個原則，那就是不要對你的任何下級人員太親密。你們可以友好相處，但必須保持一定的距離，員工和同事不是朋友，不可推心置腹。要不然，你的員工就不會那麼勤奮工作，而是把心思放到如何去迎合他們上司的好惡上去了。不僅如此，做老闆的與下屬過分親密，常會暴露自己，不自覺便失去老闆尊嚴和威信。特別是遇到了問題，又會顧慮感情下不了手，猶豫不決，苦了別人也毀了自己。要知道距離本身就是一種美，君子之交淡如水。

說保持距離，並非是讓你冷落下屬，下屬中有很多熱心腸的人，都是講

友情，講義氣的，而且也不排除有以後會成為大老闆的人，但是我們都應該認知到友誼和良好的工作秩序是並行不悖的，真正的友誼應該有能促使下屬更努力奮鬥的作用。

保持神祕

　　領導者的一些與工作無關的私人交往，或者不易於公開的私下交往，最好要到自己家中，而不宜在辦公室密談。領導者的一些私人關係應盡量避免糾纏到辦公室裡。

　　領導者的家庭住址最好與公司地址距離較遠。雖然每天上班還要來回坐車，但卻可以有效的把公事、私事分別開來。領導者在與自己的親戚朋友之間私人往來時，留給他們的個人地址，應該是家庭住址，而不是辦公室。留給他們的電話號碼也應是家中的而不是辦公室裡的。這樣你那些親朋好友在找你時，可直接找到家中；同樣也避免了那些送禮的人把禮物抬到你的辦公室裡的尷尬。

　　家醜不可外揚，不可把過多的私人關係捲入辦公室。領導者的一些重要的私人關係，不宜向職員、同事透露。如果領導者的親人、朋友過多的出入於他的辦公室，也會造成公司高層人物對你的不信任。

　　領導者還應管好自己的私人用品。往往你的一些生活小用品也向他人傳達了一定的資訊。細心的員工們不僅會根據跟你來往的人，也會根據你的日常用品來判斷你的行為。

第三十五計
謹防欺詐

提防陷阱

有一則笑話在民間流傳很廣。說有人在某官面前說,他出道之時,師長教給他諂媚之法,有「高帽子」九十九頂,用以送人,可以無往而有勝。

某官聽了,大不以為然,說:「我就不喜歡諂媚拍馬之人。」

其人連忙附和,道:「對對,您的情況不同,您是個例外,像大人這樣不吃馬屁的人,天下能有幾個呢?」

某官臉色頓時大為緩和。走出官邸時,其人道:「九十九頂『高帽子』已送走一頂了。」

這就是說,人人都知道諂媚不好,但真正的諂媚者送上門時,你卻未必能感覺得到 —— 那些實在低級的除外。

為什麼不能接受諂媚呢？因為諂媚並不是一件愉快的事情。諂媚者說的都是違心的話，這是諂媚和誠意讚美的根本區別。

他之所以願意說違心話，是因為在其他方面有所要求，這個要求又是絕對不應該滿足的。如果應該滿足，他也用不著諂媚了。

所以，接受諂媚，就是接受一通無用的假話，並以犧牲某方面的利益為代價，這顯然是不合算的。

怎樣才能做到不受諂媚呢？首先要能分辨得出什麼是諂媚。笑話中的那位官老爺，自以為不受諂媚，結果還是受了諂媚，問題就在於他分辨不出什麼是諂媚。

那人用的是「應付型」的諂媚方法，就是順著你的思路發揮，不太過分，因而也不在露骨，最容易為人接受。

另外有一種「阿諛型」的諂媚方法，屬於比較低級的諂媚，就是人們平時所謂的「說好話」。但不說到露骨與肉麻的地步，一般人也還是能夠接受的。

還有一種「反證型」諂媚方法，即以指責你周圍的人來間接的抬高你，拍你馬屁。他們能夠鑑貌辨色，貶低的人正是你所不喜歡的人，你不好意思說那人的壞話，他們代你一吐為快。這一招也是十分靈驗的。

不受諂媚，就要多聽反面意見（用以對付「應付型」）。順著自己的思路說話，等於沒說。說的是你已經想到的事，因此毫無價值。不要給予說話的人好處。

不受諂媚，還要摒除喜歡聽好話的習慣（用以對付「阿諛型」）。聽到讚揚的話就要提高警惕，以防對方藉以換取什麼東西。

對好話可以採取置若罔聞的辦法。假如好話一個勁的往耳朵裡鑽，就設想別人在說一個理想的領導者應該如此，而我還不是理想的領導者，我要朝

這方面努力。

　　不受諂媚，要特別警惕在你面前說別人壞話的人（用以對付「反證型」）。今日在你面前說別人壞話的人，明日也可能在他人面前說你壞話。尤其是表面和人要好，背後又說人壞話的人，或者背後說人壞話當面卻大加吹棒的人，更屬典型的諂媚者，有時還可能是挑撥離間者和兩面三刀的小人。這種人成事不足，敗事有餘，是萬萬不可相信的。最好連說人壞話的機會也不要給他。

不可偏聽偏信

　　這是發生在某一位中小企業科長身上的事，這位科長很民主。當他在擬定一個新企劃案的時候，一定會參考下屬的意見。然而結果卻令人失望，於是便召集下屬檢討，究竟是什麼原因造成失敗。

　　有位下屬表示是因科長的指導不恰當才造成失敗，又有下屬表示是因 A 君犯了某方面的過失才造成失敗。大家都把過失歸於他人，認為失敗和自己一點關係也沒有。科長採納了大家的意見進行改善，但結果還是令人大失所望。然後，科長再召開檢討會、再修正、再進行，結果還是失敗。在這不斷失敗的過程當中，科長被下屬弄得團團轉，最後還是一敗塗地。

　　當下屬推卸責任時，身為主管卻不加以制止而造成失敗。身為主管者不能光是依靠下屬的意見或想法，自己也要有主見或見識才行。

　　而且，身為主管者所提出的意見或想法一定要比下屬高明，讓下屬覺得你不愧是主管而對你口服心服。這位科長並沒有做到這一點，所以才連連受挫。

防止欺詐

　　從古至今，欺君之罪罪莫大矣。從歷史中我們看到，皇帝們很聰明，他們為了維護自己至高無上的權力，首先要慘澹經營不被臣屬們欺蒙的生活與工作圈子，如若有人欺君，動輒就會砍頭，輕些也會削職問罪。

　　當代的領導者們，為了維護自己決策的嚴肅性和正確性，也必須首先杜絕屬下對自己的欺蒙。

　　辨識欺騙，然後才可能懲治欺騙，防欺之先必有連環措施。

　　先說辨識欺騙。本是白，報是黑，是蒙；本是鹿，說是馬，是欺；凡是發生的事，將要去做的事，如若謊報，即是蒙，欺必須以蒙為形式。

　　辨識欺騙要法之一是，佯裝對正面問題聽後入耳，幾乎同時，或以直接方式，或從他處了解問題的各個側面，進行立體分析，綜合之後可知欺與未欺。

　　辨識欺騙第二要法是，常欺人者也可能偶爾欺己，欺語多者也可能欺我於行；辨識欺騙第三要不進，運用特務手段暗中察訪運用突然變換法，使欲欺騙於己者手足無措。

　　辨識欺騙要法第四是察顏觀色，見微知著，運用理性預感智慧。

　　再說防止欺騙。防止欺騙的原則是，有欺必懲，使欺者必食其果，或讓他搬起石頭砸自己的腳而懲之。知欺然後治欺，始能防欺。

　　要求別人講信用，自己先講信用；要求別人不欺，自己先不欺人，防止欺騙除了要有系統的懲罰措施外，還必須要有得力的組織措施。如三人牽制法、五人監督法等等。

　　防止欺騙的辦法在於按欺之內容或輕重，處以不同等的處罰措施，或誅或抑，以達到懲戒他自己以及更多人的目的。有時候，殺一儆百是絕對必要

的。治欺要公開處罰，才能有效。欲騙人入陷阱者，必處以貶；常發欺語，必有欺行，可旁敲側擊使其明白後處以抑。明明確確可以定的欺罔必治之以揭露。尚不明見的欺罔之行，必治之以疑。

此外，可對一些人平時的言行做好仔細察訪分類，在心中列順、疑、信名冊，可知常日不欺，單日多欺，常日多欺，單日必欺。

除了上述這一切，判定欺騙首要的還要智慧，《聖經》中有一則所羅門王判案的故事，兩位婦人同爭一個孩子，都說是自己親生，難分難解。所羅門王說：「既然如此難以分辯，就把孩子劈成兩段，妳們各取一段吧！」一位婦人表示同意，另一婦人放開孩子，說：「妳抱走吧，孩子是妳的。」所羅門王把孩子判給了後一位婦人，這就是智慧的力量。

辨識小人心

小人到處招搖撞騙、挑拔離間、見風使舵、過河拆橋、謠言惑眾，給人與人的關係蒙上了一層陰影。

只有充分認識小人的種種伎倆，才能及時識破他們，不致為其所迷惑，也才能對症下藥，及時採取對策，防止上其當、受其害。

（一）搬弄是非

靠搬弄是非挑拔人際關係，是實現個人目的的一種最簡單、最方便的方法。現實生活中，許多小人出於一點私欲，在達不到個人目的的時候，便常常會捕風捉影，大放厥詞，把白的說成黑的，把小的說成大的，把方的說成圓的，歪曲事實真相，使該親近的人疏遠，該疏遠的人反而親近了，造成人際關係的扭曲。

（二）謠言惑眾

小人們大多懂得「空話重複千遍就會變成真理」的道理，有時單靠自己的力量難以實現其私欲時，他們就會採用造謠惑眾的行徑。他們造謠時，往往偽裝得理直氣壯，給予聽者真實感、可信感，因而具有很大的欺騙性，很容易迷惑聽眾。

（三）狐假虎威

上有所好，下必甚焉。小人為了實現個人的私欲，往往會一味的討好上級，看上級的臉色行事，精心揣摩上級的心理，曲意奉承，博取上級的歡心。而後，就以上級為靠山，藉「虎威」去壓制別人，凌弱、凌下以諛上，諛上以進一步售其奸。

（四）見風使舵

古往今來，小人都沒有獨立的意志和人格，他們是道道地地的變色龍，只要需要、可能，立即轉變方向，或立即將自己說過的話改口。他們善於觀察和揣摩別人的心思，時時注意看上級的臉色行事，時時注意事物的發展趨勢，時時都做好「見風使舵」的準備。他們的絕招是眼觀六路，耳聽八方，為了私欲，隨機應變。

（五）過河拆橋

小人沒有真正的朋友；他們暫時結交的朋友，都是假的、靠不住的。對於小人來說，自身利益高於一切，只要需要，他們可以和朋友反目成仇，甚至不惜落井下石；一旦有利害衝突時，他們可以犧牲自己的恩人甚至親人，以此來換取自己的「幸福」。在他們心目中，只有對自己有用有利的人才算「朋友」。

（六）趁火打劫

古往今來的小人慣用的伎倆之一就是乘人之危。對小人們來說，把握時機至關重要。因為時機成熟，就可為他們的行動大開方便之門，而且時機把握得巧妙，還可使其不正當的行為變成「光明正大」的行為。反之，小人的行徑則易為人們所識破，尤其當力量對比發生變化時，小人會隨機應變。對方力量過於強人，他們就會暫時掩蓋其真實面目；對方若處境不妙，小人們就會乘虛而入。

（七）挑撥離間

縱觀古今的小人，他們行事大都喜歡在暗處偷偷摸摸，搞陰一套、陽一套。他們深知「鷸蚌相爭，漁翁得利」的道理，用種種卑鄙的方法離間別人，挑起別人之間的矛盾。等到被離間者相互爭鬥時，他們卻從中獲利，這種伎倆一旦得逞，其害無比。因此，當你在與人來往時，一定要明察，千萬不可偏聽偏言，以免讓小人鑽漏洞，上小人的當，給工作和生活帶來麻煩。

（八）欲擒故縱

這是一種極易迷惑人、使人上當受騙的伎倆。欲擒故縱，實則先退後進，退既可自守，又可使人放鬆警惕，一旦時機成熟，小人便會不顧一切的進行反擊，直到達到最終目的。當前這種小人的主要表現方法：一是故意在別人面前表現出自己寬厚仁慈、老實誠懇、公正博愛的形象，有時為了達到某一目的，不惜暫時忍痛割愛，投別人所好，以此贏得人心，一旦條件成熟，則反守為攻。二是先給予對方某些好處或小恩小惠，讓對方嘗到小甜頭，一旦對方真的落入圈套，則反手一擊，讓其被困挨宰。三是採取拉與打相結合的方式，打打拉拉、拉拉打打，先拉後打，拉的目的是為了打。這種

伎倆充分暴露了小人的虛偽，狡詐，對這種小人術，千萬不可大意，也不可
手軟、耳軟、心軟。

不可過於感情用事

親賢臣，遠小人。這一點每個人都是知道，但真正做到並不容易。

每個企業家身後都會有幾個人試圖緊跟著。他們有的是甜言蜜語，有的
是讚揚與稱頌。這些人中有的手段相當高明，他們奉承而不露聲色，拍馬屁
會讓你怡然自得而不覺察，就如金庸筆下韋小寶一樣，可是，他們卻沒有韋
小寶對康熙的忠心與義氣。

世界上沒有白吃的午餐。他們付出的是口吐蓮花時噴濺的唾液，看中的
只是企業家手中的金錢和權力。

這樣的人值得警惕。

首先是在用人方面要不分親疏。許多小人常常將企業當成官場來混，
他們刻意的與企業領導者打好關係，以贏得好感，從而為自己的升遷鋪
平道路。

而人性是有弱點的。理性與感性很難分開。人們都願意用那些自己看著
順眼，與自己比較接近、會說話，會來往的人。可是，這樣的人不一定是賢
人，不一定是良才。而且，企業家這樣用人，常常會使一些善於拍馬屁的人
混到重要職位上，影響工作不說，也傷了下面員工的心，使自己在員工中的
形象受損。

因此，企業家在用人方面，一定要注意將理性與感性分開，在用人的標
準方面，強調能力、才能與業績，而不是將個人好惡放在首位。

第三十六計
左右逢源

培養團體意識

團體意識就是公司職員對本公司的認可程度，把公司利益放在第一位的意識，在這種意識下，職員能夠相互協調，配合行動，將個人的利益服從於團體的利益。

有無團體意識決定著一個公司能否齊心協力，朝著既定目標前進。從現代很多成功企業的經驗看，培養員工的團體意識乃是企業破敵至勝的法寶之一。

舉例來說，九個人組成的棒球隊，與八個人組成的棒球隊比賽，得分的比數差不是九比八，而是九比零。鐵路局員工號稱 40 萬，只要其中一小部分人舉行罷工，40 萬人的勞動力即會化為零。

所以缺乏團體意識乃是造成集團組織工作無法順利進行的最大原因。

一般的公司，上班的職員都是分組進行工作，如果認為「我一個人休假，不至於影響公司的運作」的想法，則是大錯特錯的，這是忽視團體意識的一大表現。

因為整個公司像一個上滿發條的機器，少了任何一個零件，雖然未必會使機器停產，但至少也要影響其運轉的速度和效率。

不經意的請假，間接的就會減少當日上班者的薪水，因為他們必須替不上班的人處理許多工作，增加工作上的負擔。

所以，領導者必須對私自缺勤者嚴加警告，否則就沒有人願意上班了。

同時，團體意識也要靠領導者的大力提倡，才能逐漸在員工的腦海裡形成印象，進而形成指導思想。

涉及領導者個人利益時，領導者還要自覺捨棄一些個人利益，以在員工中樹立加強團體意識的表率作用。

獨善其身

對上司不滿、對公司不滿者永遠大有人在。遇上有同事來訴苦，大指某人有意刁難他，或公司某方面對他不公平，你應該做到既關心同事的利益，又置身事外。

例如，同事與某人有隙，指出對方凡事針對他，甚至誤導他。

你或許會很有耐性的聽他吐苦水，聽他細說端詳，但奉勸你只聽不問。尤其是切莫查問事件的前因後果，因為你一旦成了知情者，就被認定是當然的「判官」了，這就大為不妙。

你只須平心靜氣開導他：「我看某人的心地不差，凡事往好處想，做起

來你會更開心的。」要是對公司不滿,你的立場就更複雜,站在公司立場是應該的,站到同事那邊,有害無益。可是,人家來找你,保持緘默實在不禮貌。不妨這樣告訴他:「公司的制度不斷改進,這次你覺得不公平,或許是新政策的過渡期,你不妨跟上司敞開心談一下,犯不著堅持己見。」輕輕帶過才是上策。

一位向來忠心耿耿,已服務公司多年的同事突然告辭,惹得眾說紛紜,不少同事還細問當事人,發誓要找出真相。

其實,知道了真相,對你有好處嗎?肯定沒有,壞處倒有一大堆。例如,你會無端捲入人事漩渦,曉得行政層的祕密對你的工作態度多少有些影響。還有,你更有可能被列為「某類分子」。

所以,過去的即將過去,不必去追究了;除非這位同事向來與你頗為投契,自動向你傾訴衷情,但你亦只宜做聆聽者,萬萬不要做「傳聲筒」。

你應該做的是送上誠意的祝福,贈對方一件紀念品,當作紀念你倆的情誼吧!或者,請對方吃一頓飯,當作餞別。

至於其他同事的行動,可不必理會,也不必加以批評,這叫做獨善其身。

協調內部

一項重大決策在提交領導層討論時,往往會產生意見分歧。對此,領導者要有充分的心理準備,做好各個階段、各個方面的工作,統一大家的想法與認知。

要做到這些,下面幾條可以供考慮:

(一)事先做好預期。「凡事預則立,不預則廢」。領導者要充分盤算形

勢，分析可能出現的情況，做好預測，而且要有預測方案，做到
心中有數。

（二）要做好會前溝通。會前要和其他成員通氣，通報情況，徵求意
見，可能的話，做相當的調整。

（三）做好會上引導。當出現不同意見時，及時說明，做好協調，防止
出現僵持局面。

（四）要做好會後的工作。對仍堅持不同意見的員工，不能以多數票一
點了之，還要做好善後工作，允許別人有保留，允許別人有個再
認識的時間。

是非背後麻煩多

辦公室裡的是是非非幾乎每天都在發生著。你可能是個很有正義感的
人，忍不住要挺身而出「匡扶正義」；也可能你是個外向型的人，眼裡看不過
的事嘴上就要說出來⋯⋯

但不管你是什麼樣的人，奉勸一句，是非不要輕易招惹，是非背後
麻煩多。

甲乙兩位平日頗為要好的同事，最近竟然分別在你跟前數落對方的不
是，然而兩人表面上依然友好。你生怕兩面皆講好話，會被認為是「兩頭
蛇」。其實除了這點，你更該小心，因為另一個可能性是，甲乙是否在對你試
探點什麼？

先講前一種可能。有些人心胸狹窄，十分小氣，又善妒，所以因為某些
問題，令兩人發生心病，是不足為奇的，但表面上又不願意翻臉，故向較親
近的人傾訴心中隱情，是自然不過之事。

如果是這樣，那你這個夾心人並不難做，同樣冷淡對待兩人是妙法，對方發現沒有人同情，必然滿不是滋味，定會另找「有愛心之人」，那麼你就自動「脫身」了。

若發現兩人是別有用心，旨在試探你對他倆的喜惡程度，你就該小心了。既然對方動機不良，你亦不必過分慈悲，不妨還以顏色。分別跟他們說：「對不起，我的看法對你們並不重要呀！」他們必然無功而退。

有人請你做公事上的「和事佬」，你其實有不少應留意的要點。

部門主管之間，有太多的微妙關係存在，大部分是亦敵亦友的，無論私交如何要好。在老闆面前，既然是在競爭之下，他們就有數不完的爭鬥。今天，某甲跟某乙像最佳搭擋，在辦公室成了「好哥們」，很有可能幾天後，兩人卻反目變成仇人了。

某些人為了某些目標，希望化干戈為玉帛，以方便日後做事，但親自出面又太唐突，於是便找來「和事佬」。本來使人家化敵為友，是一件好事。但做好事之餘，請做些保護自己的工作，亦即給自己的行動定一個界線。

例如有人請你做「和事佬」，你不妨只做飯桌的陪客，或作為某些聚會的發起人，但不宜將責任全往頭上扣，反客為主。你最好對雙方的對與錯均不予置評，更不宜為某人去做解釋，告訴他倆「解鈴還需繫鈴人」，你的義務到此為止。

正確對待下屬紛爭

企業的內部競爭是必然的，只有競爭，員工才有危機感，才有進取意識，才有壓力，才會保持毫不鬆懈的鬥志。領導者應該懂得：

第三十六計　左右逢源

（一）有限度的鼓勵紛爭

競爭是促進進步的原動力。有限度的鼓勵紛爭，不一定要做出非常明確的表示，以暗示或默認的態度，即會讓紛爭的雙方獲得鼓勵。不過這種獲得上級鼓勵的紛爭，如果雙方不知自制的話，後果也是相當嚴重的。

鼓勵紛爭，應用於雙方都有爭勝的「野心」，欲求工作上的表現或建議。如果有「私心」介入的話，你應即刻出現澄清、調和，阻止紛爭的擴大。否則，將會產生不利的影響。

（二）把紛爭當作考驗部屬的機會

領導者常常需要物色一位接班人，這位接班人無疑要在自己得力的下屬中選擇。下屬的考核，平常當然是以能力、績效、品德等項目來評定。當下屬之間發生紛爭時，也可當作考核的機會。此時你可由雙方所爭論的問題、立場、見解或動機，去了解他們的修養、氣度、眼光、忠誠等。據此作為你物色接班人的參考。

但有時紛爭一開始，就被認為是一場無意義或不會有結果的爭執，為避免雙方將事態擴大，領導者應立刻出面阻止或表明態度。出面阻止或表明態度，很可能造成雙方或一方的不滿，所以你要立刻私下加以安撫，免得任何一方認為他已失寵或失去信任，造成對你的懷疑或猜忌，使你失去一位得力的助手。

除非紛爭的雙方都是有修養，識大體的君子，否則，圓滿和諧的結局很不容易達成。因為紛爭大多起因於名利的追逐，彼此的動機與目的大抵如出一轍，心照不宣。目前雖因領導者出面調和，雙方暫偃旗息鼓。可是，裂痕與尷尬卻一時難以消除，難免日後雙方又為一些爛舊帳，再起紛爭。

（三）調整職務

雙方的紛爭，有時很可能出於本位主義的作祟，以致攻擊對方所屬的部門或所掌的職權，盡力維護自身的立場。本位主義的產生，一方面固然是人的本能，另一方面也可能由於溝通不夠。如果可能的話，將雙方對調職務，也許紛爭的情形即可消解。不過，這也要看工作的性質及雙方的特長而定，不可盲目調整，以致局面越搞越糟。

下屬之間有紛爭，領導者切忌在不明情況時就偏袒某一方。除非你已準備失去另一方的忠誠，否則，最好不要介入。這樣，你才能處於客觀，出於公正，使企業不因紛爭而受到損害。

（四）兼聽則明

有句古話：「偏信則惘，兼聽則明」，是說只有同時聽到兩種不同意見，才能在分析比較的基礎上，避免片面性，得出正確結論。

有不同意見，透過爭論，各抒己見，可以找出其中的缺點與瑕疵，加以彌補，可以肯定優勢，加以發揚。在對立的衝突中，方案得到不斷的修改、更新、完善，真正成為經得起推敲的最佳方案。

所以，沒有反面意見時，不宜草率做出決策。

需要注意的是，企業領導者要引導好內部的競爭，如果造成爾虞我詐、勾心鬥角的內部自相殘殺，那就得不償失了。

保持中庸之道

在公事酬酢繁忙的圈子裡，許多不妙情況是無可避免的。例如在一些商務午餐或晚宴上，就有以下情況發生：甲與乙有心病，見了面互不理睬，但

兩人與你皆有一定的交情，必然會上前跟你交談，互道近況的。

在同一時間，兩人分別朝你走來，怎樣好呢？

比較理想的做法時，裝作看不到兩人，低頭去拿一杯飲料，或整理衣衫，看誰先走到面前，就跟誰說：「你好！」既然兩人不和，乙若見到甲正跟你打招呼，自然會卻步不前，就能夠避免二人與你一起的尷尬情形出現了。

好了，當你寒暄完畢，說過「再見」之後，請盡快主動找乙，忘記剛才跟甲有關的一切，只與乙盡情閒聊。

更糟的情況是，在一次聚會上，你發現你被安排的座位，剛好是夾在甲與乙中間。遇到這種情形，你怎樣做？你最好先發制人，去找主辦者，隨便說一個理由，請他替你調一個座位。總之，兩方俱不得罪，置身事外為妙。

最近，你發現自己處於十分尷尬的局面：兩個同事因私事交惡，互不理睬，而你成了「兩邊人」，成為兩人爭著拉攏的對象。

你本來深明公私分明之理，問題卻是兩位同事弄得混淆不清，令你不知如何是好。

中庸之法是，讓一切保持常態，就當作什麼事沒有發生過吧。

更清楚一點來說，進行公務時，心裡切莫以「這兩人不會合拍，由我去做吧」為本，硬要自己做些不在行的事，令事倍而功半，事情本來應由誰去負責，就讓誰去執行吧，以免吃力不討好，甚至白白惹禍上身。

即使有人不願意，請提醒他：「這任務一向是你的工作範圍，仍由你去處理，效果一定更理想。」

要是對方索性請你代勞，怎麼辦？不妨表明立場：「我的職責不在此，恐怕對你有害無益，幫幫忙我是願意的，但重要的決策還是由你決定吧！」

年輕人，想什麼？當個主管也太難了！

被動、自以為是、愛頂嘴、特立獨行……年輕人就是這麼愛搞怪，
身為上司應該怎麼辦？

編　　著：蔡宜潔，吳利平，王衛峰

發 行 人：黃振庭

出 版 者：崧燁文化事業有限公司

發 行 者：崧燁文化事業有限公司

E-mail：sonbookservice@gmail.com

粉 絲 頁：https://www.facebook.com/
　　　　　sonbookss/

網　　址：https://sonbook.net/

地　　址：台北市中正區重慶南路一段六十一號八
　　　　　樓 815 室

Rm. 815, 8F., No.61, Sec. 1, Chongqing S. Rd.,
Zhongzheng Dist., Taipei City 100, Taiwan

電　　話：(02)2370-3310

傳　　真：(02) 2388-1990

印　　刷：京峯彩色印刷有限公司（京峰數位）

國家圖書館出版品預行編目資料

年輕人，想什麼？當個主管也太難
了！：被動、自以為是、愛頂嘴、
特立獨行 …… 年輕人就是這麼愛
搞怪，身為上司應該怎麼辦？/ 蔡宜
潔，吳利平，王衛峰編著 . -- 第一
版 . -- 臺北市：崧燁文化事業有限
公司 , 2022.01
　面；　公分
POD 版
ISBN 978-986-516-968-8(平裝)
1. 管理者 2. 企業領導 3. 組織管理
494.2　　110020425

定　　價：480 元

發行日期：2022 年 01 月第一版

◎本書以 POD 印製

電子書購買

臉書